U0385331

编委会

多轴数控加工

汤振宁 主 编
杨志丰 张 宇 副主编

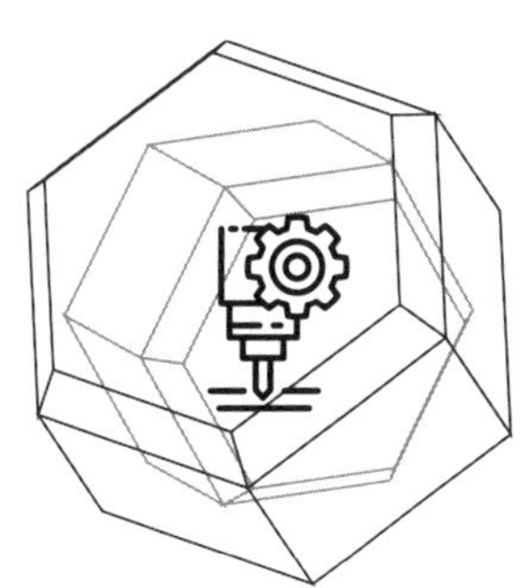

化学工业出版社
·北京·

内容简介

本书以培养应用型、技术型、创新型人才为目标，以职业能力为主线，以职业资格认证为基础，内容上充分体现职业技术和高技能人才培训的要求，紧扣多轴数控加工岗位需要，对多轴数控机床的操作安全、多轴数控机床基础、四轴加工中心编程与操作、五轴双转台加工中心编程与操作、其他五轴加工中心编程与操作、多轴数控机床系统维护及故障诊断等进行了详细讲解。

本书可作为各工厂、企业从事多轴加工人员的培训教材，也可作为各类中、高职院校的机械、模具、机电及相关专业师生的教材和参考书。

图书在版编目(CIP)数据

多轴数控加工/汤振宁主编；杨志丰，张宇副主编
.—北京：化学工业出版社，2024.6
ISBN 978-7-122-44881-1

Ⅰ.①多… Ⅱ.①汤… ②杨… ③张… Ⅲ.①数控机床-加工 Ⅳ.①TG659

中国国家版本馆 CIP 数据核字（2024）第 088954 号

责任编辑：王　烨　　文字编辑：郑云海
责任校对：李　爽　　装帧设计：王晓宇

出版发行：化学工业出版社
（北京市东城区青年湖南街 13 号　邮政编码 100011）
印　　刷：北京云浩印刷有限责任公司
装　　订：三河市振勇印装有限公司
787mm×1092mm　1/16　印张 14¾　字数 387 千字
2025 年 1 月北京第 1 版第 1 次印刷

购书咨询：010-64518888　　售后服务：010-64518899
网　　址：http://www.cip.com.cn
凡购买本书，如有缺损质量问题，本社销售中心负责调换。

定　　价：79.80 元　

前言

随着制造业的快速发展，多轴数控加工技术已成为当今制造业领域的一项重要技能。为了帮助读者更好地学习这一技术，掌握多轴数控加工的基础知识和编程技能，并达到独立操作的水平，我们编写了《多轴数控加工》一书。本书内容丰富，并通过大量的图表、案例等具象化手段，对多轴数控加工的各个方面进行了深入浅出的阐述。

本书具有以下特点：

1. 强调实践与应用。本书在介绍基本理论的基础上，重点强调实际操作和实践应用，包括大量操作实例和案例分析，帮助读者深入理解并掌握相关技能。

2. 系统性与完整性。本书内容覆盖了多轴数控加工的各个方面，从基本概念到实践操作，从编程基础到工艺制定，形成了一个完整的学习体系。

3. 图文并茂，通俗易懂。本书采用大量的图表和图示，帮助读者直观地理解相关知识和技能，同时辅以具体的实例和案例，使内容更加通俗易懂。

4. 注重职业素养的培养。除了技能方面的内容，本书还强调了职业素养的培养，包括安全生产、环境保护、团队合作等方面，帮助读者全面提升个人素质。

通过本书的学习和实践，读者将可以全面掌握多轴数控加工的核心技能，并能够独立完成各类复杂零件的加工工作。同时，本书还为读者提供了各类实用技巧和经验，帮助读者在工作中不断提升自己的技能水平。

本书理论部分有六个章节，实践部分有两个项目，每个项目又分成多个任务，每个任务既相互独立又相互联系。其中，理论部分第1章由刘阳老师编写，第2章和第4章由姜阳老师编写，第3章由张宇老师编写，第5章和第6章由汤振宁老师编写；实践部分项目一由张宇老师编写，项目二由杨志丰老师编写。全书的统稿及审核工作由汤振宁老师完成。参与本书编写的老师还有郭娜、金文龙、金亮、刘超、戴鑫、王宗哲。本书在编写过程中得到了陕西智展机电技术服务有限公司的组织和协调，在此表示感谢。

由于编者水平有限，书中难免有不足之处，恳请广大师生和各位专家批评指正，多提宝贵意见。

编者

目录

第1部分　技能基础

第1章　多轴数控机床操作安全 …… 002

1.1　多轴数控机床安全使用 …… 002
1.1.1　安全使用规程 …… 003
1.1.2　相关安全风险 …… 003
1.1.3　安全防范措施 …… 003
1.1.4　操作前安全准备工作 …… 004
1.2　多轴数控机床安全标识 …… 004
1.2.1　安全信号标识 …… 005
1.2.2　安全风险说明标识 …… 005

第2章　多轴数控机床认知 …… 007

2.1　认识多轴加工 …… 007
2.1.1　多轴加工特点 …… 008
2.1.2　四轴联动数控机床 …… 008
2.1.3　五轴联动数控机床 …… 008
2.1.4　数控车铣复合机床 …… 011
2.2　多轴加工工艺与机床基本操作 …… 012
2.2.1　多轴数控加工工艺 …… 012
2.2.2　多轴数控机床基本操作 …… 014
2.2.3　机床坐标系 …… 018
2.2.4　多轴加工中心的对刀 …… 019
2.2.5　相对对刀与绝对对刀 …… 019
2.2.6　常见对刀工具 …… 020

第3章　四轴加工中心的操作、编程与仿真 …… 023

3.1　立式四轴加工中心操作与编程基础 …… 023

3.1.1 四轴加工中心的坐标系 …… 023
3.1.2 工件装夹 …… 024
3.1.3 立式四轴加工中心的对刀 …… 025
3.1.4 FANUC-0i 系统四轴编程指令 …… 026
3.2 UG CAM 软件的四轴编程 …… 028
3.3 UG CAM 软件的四轴加工中心后处理的定制 …… 030
3.3.1 数据准备 …… 030
3.3.2 定制后处理 …… 031
3.4 立式四轴零件的软件仿真 …… 035
3.4.1 VERICUT 界面介绍 …… 035
3.4.2 四轴加工中心仿真流程 …… 037

第 4 章 五轴双转台加工中心的操作、编程与仿真 …… 041

4.1 五轴双转台加工中心操作、编程基础 …… 041
4.1.1 五轴机床坐标系 …… 041
4.1.2 工件装夹 …… 042
4.1.3 对刀 …… 042
4.2 UG 五轴编程 …… 042
4.2.1 用于定位加工的操作 …… 042
4.2.2 用于五轴联动加工的操作 …… 043
4.2.3 刀轴控制 …… 043
4.3 UG 五轴双转台加工中心后处理定制 …… 044
4.3.1 采集机床数据 …… 044
4.3.2 定制后处理 …… 044
4.4 五轴零件的加工流程 …… 046
4.4.1 工艺分析 …… 046
4.4.2 机床操作 …… 047
4.4.3 UG 编程 …… 048
4.4.4 VERICUT 仿真 …… 051
4.5 经济型五轴双转台加工中心 UG 后处理定制 …… 054
4.5.1 采集机床数据 …… 054
4.5.2 定制后处理 …… 054
4.6 五轴零件的加工流程 …… 055
4.6.1 工艺分析 …… 055
4.6.2 UG 编程 …… 055
4.6.3 VERICUT 仿真 …… 056

第 5 章 其他五轴加工中心的操作与编程案例 …… 057

5.1 案例工艺分析 …… 057

5.1.1 零件分析 …… 057
5.1.2 工件装夹 …… 057
5.1.3 刀具选择 …… 058
5.1.4 UG 编程 …… 059
5.2 双摆头五轴加工中心机床加工案例 …… 059
5.2.1 对刀 …… 059
5.2.2 定制后处理 …… 060
5.2.3 UG 编程 …… 064
5.2.4 VERICUT 仿真切削过程 …… 066
5.3 单转台单摆头五轴加工中心机床加工案例 …… 067
5.3.1 确定刀具长度和工件在机床中的位置 …… 067
5.3.2 定制后处理 …… 068
5.3.3 UG 编程 …… 071
5.3.4 VERICUT 仿真切削过程 …… 073
5.4 非正交双转台五轴加工中心机床加工案例 …… 074
5.4.1 对刀 …… 074
5.4.2 定制后处理 …… 075
5.4.3 UG 编程 …… 076
5.4.4 VERICUT 仿真切削过程 …… 077
5.5 非正交双摆头五轴加工中心机床加工案例 …… 078
5.5.1 选择刀柄，装夹刀具，并测量刀具长度 …… 078
5.5.2 定制后处理 …… 078
5.5.3 UG 编程 …… 081
5.5.4 VERICUT 仿真切削过程 …… 082
5.6 非正交单转台单摆头五轴加工中心机床加工案例 …… 083
5.6.1 确定刀具长度和工件在机床中的位置 …… 083
5.6.2 定制后处理 …… 084
5.6.3 UG 编程 …… 086
5.6.4 VERICUT 仿真切削过程 …… 087
5.7 带 RTCP 功能的双摆头五轴加工中心机床加工案例 …… 088
5.7.1 零件加工工艺 …… 088
5.7.2 定制后处理 …… 088
5.7.3 UG 编程 …… 090
5.7.4 VERICUT 仿真切削过程 …… 090
5.8 带 RPCP 功能的双转台五轴加工中心机床加工案例 …… 092
5.8.1 零件加工工艺 …… 093
5.8.2 定制后处理 …… 093
5.8.3 UG 编程 …… 094
5.8.4 VERICUT 仿真切削过程 …… 094
5.9 德玛吉 DMG_DMU50 双转台五轴加工中心加工案例 …… 096

5.9.1 零件加工工艺 …… 096
5.9.2 定制后处理 …… 097
5.9.3 UG 编程 …… 101
5.9.4 VERICUT 仿真切削过程 …… 102

第 6 章 多轴数控机床系统维护及故障诊断与处理 …… 104

6.1 多轴数控机床系统常规检查维护 …… 104
6.1.1 环境条件 …… 104
6.1.2 接地 …… 105
6.1.3 供电条件 …… 105
6.1.4 风扇过滤网清尘 …… 105
6.1.5 长时间闲置后使用 …… 105
6.2 多轴数控机床常见故障分类 …… 105
6.3 多轴数控机床故障排除思路及应遵循的原则 …… 110
6.3.1 排障原则 …… 110
6.3.2 故障诊断要求 …… 111
6.4 故障诊断与排除的基本方法 …… 111
6.4.1 数控机床的故障诊断技术 …… 111
6.4.2 数控机床的故障诊断方法 …… 112

第 2 部分 实操与考证

第 7 章 项目一：多轴四轴加工 …… 115

7.1 任务一：简易定轴四轴加工 …… 115
7.1.1 零件加工工艺 …… 115
7.1.2 对刀 …… 117
7.1.3 UG 编程 …… 117
7.1.4 使用 VERICUT 仿真切削过程 …… 127
7.2 任务二：刀路转曲线四轴加工 …… 129
7.2.1 零件加工工艺 …… 129
7.2.2 对刀 …… 129
7.2.3 UG 编程 …… 130
7.2.4 使用 VERICUT 仿真切削过程 …… 143

第 8 章 项目二：多轴五轴加工 …… 146

8.1 任务一：壳体零件加工 …… 146

8.1.1 壳体零件的工艺分析 …… 147
8.1.2 对刀 …… 147
8.1.3 UG 编程 …… 147
8.2 任务二：桨叶加工 …… 162
8.2.1 零件加工工艺 …… 162
8.2.2 对刀 …… 163
8.2.3 UG 编程 …… 163
8.3 任务三：叶轮加工 …… 177
8.3.1 零件加工工艺 …… 177
8.3.2 叶轮对刀 …… 178
8.3.3 UG 编程 …… 179
8.4 任务四：五角星零件加工 …… 194
8.4.1 五角星零件的工艺分析 …… 194
8.4.2 对刀 …… 195
8.4.3 UG 编程 …… 195

附录

附录 1 1+X 等级考试初级样题 …… 201
一、考核要求 …… 201
二、考核内容 …… 201
三、考核提供的考件及夹具要求 …… 202
四、考核图纸 …… 202
五、数控加工工艺过程卡 …… 205
六、零件自检表 …… 205
附录 2 1+X 等级考试中级样题 …… 206
一、考核要求 …… 206
二、考核内容 …… 206
三、考核提供的考件及夹具要求 …… 207
四、考核图纸 …… 207
五、数控加工工艺过程卡 …… 210
六、零件自检表 …… 212
附录 3 1+X 等级考试高级样题 …… 213
一、考核大纲 …… 213
二、考核要求 …… 220
三、考核内容 …… 220
四、考核图纸 …… 220
五、多轴数控加工职业技能等级实操考核（高级）考核准备单 …… 222
六、考核评分表 …… 224

第1部分

技能基础

第1章

多轴数控机床操作安全

知识目标

① 掌握数控机床安全操作规程；

② 熟悉数控机床使用风险，掌握相关安全防范措施；

③ 熟悉数控机床生产过程中周围的安全、警示标识及防护装置。

能力目标

① 能够按照安全操作规程操作数控机床；

② 具有防范和处理潜在风险的能力。

1.1 多轴数控机床安全使用

机床是一个国家制造业水平的象征，多轴数控机床是一种科技含量高、精密度高、专门用于加工复杂曲面的机床，在航空、航天、军事、科研、精密器械、高精医疗设备等行业有着举足轻重的影响力。

为了保证多轴数控机床的加工精度和安全使用，保护操作人员安全，排除车间危险隐患，不出现安全事故，机床应安装在远离振源、避免阳光直接照射和热辐射、环境温度低于30℃、相对湿度不超过80%的场所。一般来说，数控电箱内部设有排风扇或冷风机，以保持电子元器件特别是中央处理器的工作温度恒定或小范围的温度变化。过高的温度和湿度会使控制系统元器件寿命降低，导致故障多，还会使灰尘增多，导致电路板短路。电源电压有严格的控制，波动必须在允许范围内，并且保持相对稳定，要远离强电磁干扰源，否则会直接影响数控系统的正常工作。工作场地还应避免存在腐蚀性气体，避免因为腐蚀性气体造成的电子元件变质、金属零件腐蚀等问题，影响机床的正常使用。

1.1.1　安全使用规程

数控机床在运行过程中，操作者必须遵守安全操作规程，以免因为误操作而导致的安全事故和人员伤亡事件的发生。因此，在数控机床使用过程中，必须遵守以下安全使用规程：

① 加工过程中，操作者不得离开工位，应认真观察切削状况，确保机床、刀具的正常运行及工件的质量。如遇异常危急情况，可按下“急停”按钮，以确保人身与机床的安全。

② 加工过程中，禁止用手接触刀尖和铁屑，铁屑必须要用铁钩子或毛刷来清理。

③ 加工过程中，禁止用手或其他任何方式接触正在旋转的卡盘、工件或其他运动部位。

④ 设备如出现问题，操作者不得随意更改数控系统内部制造厂设定的参数，必须通知设备管理员，并及时做好备份。

⑤ 若发生事故，应立即按下“急停”按钮并关闭电源，保护现场并及时报告以便分析原因，总结教训。

⑥ 结束加工时，清除切屑、擦拭机床、工量具，工具摆放回原位，打扫工作场地卫生，使机床与环境保持清洁状态，并做好设备运行情况记录。

⑦ 机床导轨等运动部位上润滑油；检查润滑油、冷却液的状态，及时添加或更换。

1.1.2　相关安全风险

在使用数控机床进行生产加工的过程中，要充分进行安全风险评估，以判断是否会出现不可避免的风险。一般的安全风险包括以下几个方面：

① 劳保防护用品使用不当（戴手套操作，衣袖、衣襟不紧），易发生绞手、缠卷衣袖等危险。

② 安全防护装置有缺陷或被拆卸，产生安全隐患。

③ 用手直接抓砂布在工件上磨光；隔着正在加工的工件拿取物体；在加工过程中清理刀具上的铁屑、在切削过程中测量工件、擦拭机床等，极易发生伤害事故。

④ 切削工件产生的噪声、粉尘造成身体伤害。

⑤ 切削金属零件时，产生的火花、金属屑等造成的灼伤。

⑥ 动力源、控制、照明电路等的接线不好，易造成设备失效或触电事故。

⑦ 人为操作失误造成的伤害。

1.1.3　安全防范措施

（1）机床自带防护装置

① 防护装置　用来将操作者和机器设备的转动部分、带电部分及加工过程中产生的有害物加以隔离。如带罩、齿轮罩、电气罩、铁屑挡板、防护栏杆等。

② 保险装置　用来提高机床设备工作可靠性。当某一零部件发生故障或出现超载时，保险装置动作，迅速停止设备工作或转入空载运行，如行程限位器、摩擦离合器等。

③ 联锁装置　用于控制机床设备操作顺序，避免动作不协调而发生事故。如车床丝杠与光杠不能同时动作等，都要安装电气或机械的联锁装置加以控制。

④ 信号装置　用来指示机器设备运行情况，或者在机器设备运转失常时，发出颜色、音响等信号，提醒操作者采取紧急措施加以处理，如指示灯、蜂鸣器、电铃等。

（2）生产中的安全防范措施

① 根据被加工材料性质，改变刀具角度或增加断屑装置，选用合适的进给量，将带状切屑断成小段卷状或块状切屑，加以清除。在刀具上安装排屑器，或在机床上安装护罩、挡板，控制切屑流向，不致伤人。

② 高速切削生铁、铜、铝材料，除在机床上安装护罩、挡板以外，操作者应配备劳保用品。

③ 使用工具及时清除机床上和工作场所的铁屑，防止伤手、脚，切忌用手去扒铁屑。

1.1.4　操作前安全准备工作

① 操作前要穿好工作服，领口和袖口扣紧，上衣下摆不得敞开，不得在开动的机床旁边更换衣服；穿好安全鞋，戴好工作帽及防护眼镜，女工有长发的必须将长发放到工作帽内，不得穿裙子进入场地；不允许戴手套和围巾操作机床。

② 进入场地后，不允许嬉戏打闹，不要移动或损坏安装在车间、机床上的警告标牌，不要在机床周围放置障碍物，保持工作空间畅通。

③ 操作人员必须熟悉数控机床的使用说明书等有关资料。

④ 准备好与工作有关的工、卡、量具，并按照要求摆放在指定位置，物品摆放要整齐。

⑤ 打开机床前，应仔细检查机床各部分特别是运动部件是否完好，认真检查数控系统及各电器附件的插头、插座是否连接可靠。检查车床各手柄位置是否正常，传动带及防护罩是否装好。开始工作前机床要预热，慢车启动，空转数分钟，观察车床是否有异常。认真检查润滑系统工作是否正常，如机床长时间未开动，可先采用手动方式向各部分供油润滑；操作数控系统前，应检查散热风扇是否运转正常，以保证良好的散热效果。

⑥ 安装工件要放正、夹紧，安装完毕应取出卡盘扳手并放回指定位置；装卸大工件要用木板保护床面。刀具的安装要垫好、放正、夹牢；装卸完刀具要锁紧刀架，并检查限位。

⑦ 手动回机械原点时，注意机床各轴位置要距离原点 100mm 以上，机床原点回归顺序为：首先＋X 轴，其次＋Z 轴。

⑧ 对刀应准确无误，应注意选择合适的进给速度，刀具补偿号应与写程序调用刀具号符合。

⑨ 编完程序或将程序输入机床后，必须先进行图形模拟，准确无误后要进行机床试运行，并且刀具应离开工件端面 200mm 以上。

⑩ 使用手轮或快速移动方式移动各轴位置时，一定要看清机床 X、Z 轴各方向“＋、－”号标牌后再移动。移动时先慢转手轮观察机床移动方向无误后方可加快移动速度。

⑪ 无论是首件加工，还是重复的零件加工，都必须对照图纸、工艺规程、加工程序和刀具卡片。

⑫ 加工零件前，必须关好机床防护门。在加工过程中，无特殊情况不要随便打开防护门。禁止在机床正常运行时打开电气柜的门；禁止在主轴旋转过程中测量工件，更不能用棉丝擦拭工件，也不能清扫机床。

1.2　多轴数控机床安全标识

安全标识是由图形符号、安全色、几何形状或文字构成，是向工作人员警示工作场所或周围环境的危险状况、使人们采取合理行为的标志。安全标识能够提醒工作人员预防危险，从而避免事故发生。当危险发生时，能够指示人们尽快逃离，或者指示人们采取正确、有效、得力的措施，对危害加以遏制。安全标识类型要与所警示的内容相吻合，粘贴的位置要正确合理醒目，否则难以真正充分发挥其警示的作用。

1.2.1　安全信号标识

数控机床安全标识见表1.1。

表1.1　数控机床安全标识

标识	名称	说明
	小心触电	提示操作者当前设备或位置可能有触电的风险
	注意安全	操作者必须按照操作规程操作，小心使用设备，注意操作过程中的危险信号
	机械伤人	机械设备运动部件在工作时与人体接触引起的伤害
	防止静电	防止静电积累所引起的人身电击、火灾和爆炸、电子器件失效和损坏，以及对生产的不良影响而采取的防范措施
	注意高温	设备运转或摩擦而引起的表面高温，对接触者造成的烫伤
	皮带夹伤	设备中带传动机构运转中请勿靠近，当心卷入造成的伤害
	当心伤手	操作设备时，当心设备对手造成的伤害
	加润滑油	按照说明书对设备运转部分定期加注润滑油

1.2.2　安全风险说明标识

数控机床安全风险说明标识见表1.2。

表1.2　数控机床安全风险说明标识

标识	名称	说明
	防止撞击	设备在运转或移动过程中，请勿靠近，防止机械设备伤人
	禁止伸入	设备运行时禁止将手伸入危险区域，防止对手造成伤害
	禁止靠近	设备运行时，请勿靠近，防止机械伤人

续表

标识	名称	说明
	严禁靠近	机床运行时,禁止将手靠近旋转的主轴,防止造成伤害
	禁止开门	机床运行时,禁止开安全门,防止工件和切屑飞出伤人
	戴护目镜	操作设备时,必须戴护目镜,防止对眼睛造成伤害

第2章

多轴数控机床认知

知识目标

① 了解多轴数控加工特点；
② 了解多轴数控机床的结构分类；
③ 了解车铣复合机床的特点。

能力目标

① 能够独立进行多轴加工中心对刀；
② 掌握相对对刀与绝对对刀的操作；
③ 能够分析数控多轴加工工艺。

2.1 认识多轴加工

麻省理工学院于 1952 年在一台立式铣床上装上了一套试验性的数控系统，成功地实现了同时控制三轴的运动。这台数控机床被称为世界上第一台数控机床。中国于 1958 年开始研制数控机床，成功试制出配有电子管数控系统的数控机床。我国机床经过几十年的发展，国产机床已在工业界得到广泛应用。数控技术的应用给传统制造业带来了革命性变化，从而使制造业成为工业化的象征，在国民经济建设和国防工业中具有战略性地位。数控机床性能指标一般有精度指标、坐标轴指标、运动性能指标及加工能力指标等几种。对普通数控机床来说，其自动化程度还不够完善，刀具的更换与零件的装夹仍需人工来完成，只能实施一个工序的数字控制，而高档多轴数控机床的功能则更加丰富。

多轴数控机床是在传统的三轴机床已经具备的 X、Y、Z 三个线性轴基础之上再增加了至少一个绕线性轴旋转的轴（如 A 轴、B 轴或者 C 轴）的数控机床。有了第四轴的机床称为四轴机床，有第四轴和第五轴的机床称为五轴机床，这两种类型机床统称为多轴数控机床。

目前多轴加工技术应用的领域已经从原来的航空航天拓展到了模具行业、汽车制造行业、发电设备制造行业以及普通的机械制造行业中。

2.1.1　多轴加工特点

多轴数控加工准确地说应该是多坐标联动加工。当前大多数数控加工设备最多可以实现五坐标联动，这类设备的种类很多，结构、类型和控制系统都各不相同。

采用多轴数控加工，具有如下几个特点：

(1) 基准转换少，加工精度高

多轴数控加工的工序集成化不仅提高了工艺的有效性，而且由于零件在整个加工过程中只需装夹一次，使加工精度更容易得到保证。

(2) 工装夹具数量少，占地面积小

尽管多轴数控加工中心的单台设备价格较高，但由于过程链的缩短和设备数量的减少，工装夹具数量、车间占地面积和设备维护费用也随之减少。

(3) 生产过程链短，生产管理简化

多轴数控机床的完整加工大大缩短了生产过程链，由于只把加工任务交给一个工作岗位，不仅使生产管理和计划调度简化，而且透明度也得到明显提高。工件越复杂，它相对传统工序分散的生产方法的优势就越明显。同时由于生产过程链的缩短，在制品数量必然减少，这简化了生产管理，从而降低了成本。

(4) 新产品研发周期短

航空航天、汽车等领域企业的一些新产品零件及成型模具形状很复杂，精度要求也很高，传统数控加工已不适用。而具备高柔性、高精度、高集成性和完整加工能力的多轴数控加工中心可以很好地解决新产品研发过程中复杂零件加工的精度和周期问题，大大缩短研发周期，并提高新产品的成功率。

2.1.2　四轴联动数控机床

四轴联动数控机床可以同时进行四个轴的插补运动控制，即四个轴可以实现同时联动的控制，这个同时联动时的运动速度是合成的速度，并不是各自的运动控制，是空间一点经过四个轴的同时运动到达空间的另外一点，从起始点同时运动，到终点同时停止，中间各轴的运动速度是根据编程速度经过控制器的运动插补算法经内部合成得到的。有的机床虽然有四个轴，但其只能单独运动，只作为分度轴，就是旋转到一个角度后停止并锁紧这个轴不参与切削加工，只作分度，这种只能叫作四轴三联动。同样四轴联动机床总轴数可以不只四个，它可以有五个轴或者更多，但它的最大联动轴数是四。

四轴联动机床使用的数控程序特征是：在一段数控程序里可以同时出现如 X、Y、Z、A 这样的指令。工作情况一般是：工件在绕 X 轴旋转（即沿旋转轴旋转）的同时，刀具可以沿着 X、Y、Z 三个线性轴移动。这种机床结构特点是：在三轴联动机床的工作台上另外安装了一个旋转工作台（当然还可以是 XYZB 型或 XYZC 型）。图 2.1 和图 2.2 分别为四轴加工中心外观和旋转工作台。

2.1.3　五轴联动数控机床

五轴联动数控机床是一种科技含量高、精密度高、专门用于加工复杂曲面的机床，这种机床系统对一个国家的航空、航天、军事、科研、精密器械、高精医疗设备等行业有着举足轻重的影响力。

图 2.1　四轴加工中心外观

图 2.2　旋转工作台

五轴联动机床可以同时控制五个轴，它使用的数控程序特征是：在一段数控程序里，除了可以同时出现 X、Y、Z 三个数值外，另外还可以出现 A、B、C 三个中的两个旋转指令。

随着科学技术的发展，五轴以上的虚轴机床也已经出现，这种机床是通过连杆运动实现了主轴的多自由度运动。图 2.3 和图 2.4 分别为五轴加工中心外观和五轴加工中心示意。

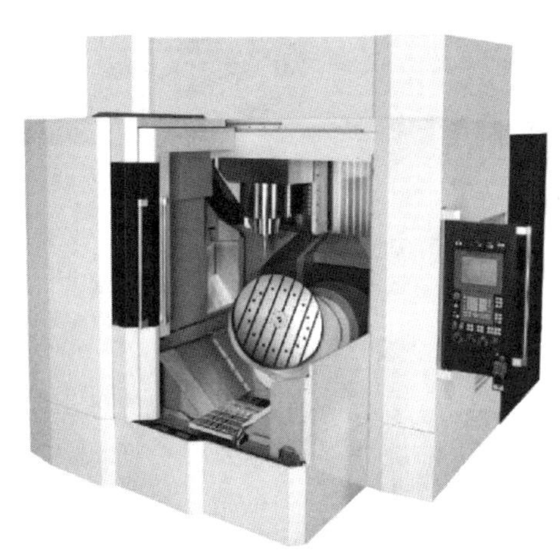

图 2.3　五轴加工中心外观

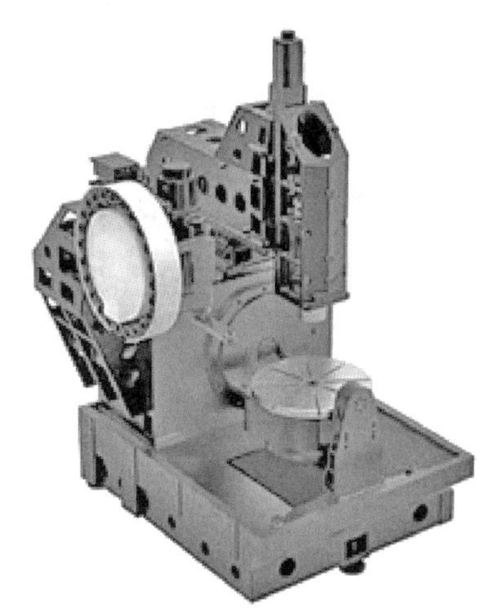

图 2.4　五轴加工中心示意

五轴联动机床根据其结构特点，可以分为以下类型：

(1) 双转台型五轴机床，如 XYZAC 型机床

① 结构：两个旋转轴均属转台类，*A* 轴旋转平面为 *YZ* 平面，*C* 轴旋转平面为 *XY* 平面。一般两个旋转轴结合为一个整体构成双转台结构，放置在工作台面上（3+2 轴）。

② 特点：加工过程中工作台旋转并摆动，可加工工件的尺寸受转台尺寸的限制，适合加工体积小、重量轻的工件；主轴始终为竖直方向，刚性比较好，可以进行切削量较大的加工，如电极、鞋模。图 2.5 所示为双转台五轴机床。

(2) 单转台和单摆头型五轴机床，如 XYZAC 型机床

① 结构：单转台单摆头五轴旋转轴 *A* 为摆头，旋转平面为 *ZX* 平面；旋转轴 *C* 为转台，旋转平面为 *XY* 平面。

② 特点：加工过程中工作台只旋转不摆动，主轴只在一个旋转平面内摆动，加工特点介于双转台和双摆头之间，图 2.6 所示为单转台和单摆头型五轴机床。

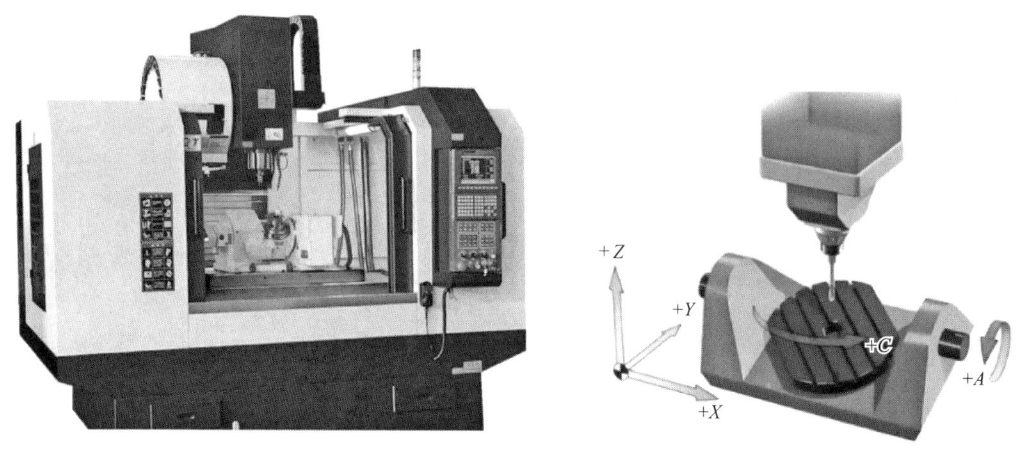

图 2.5　双转台五轴机床

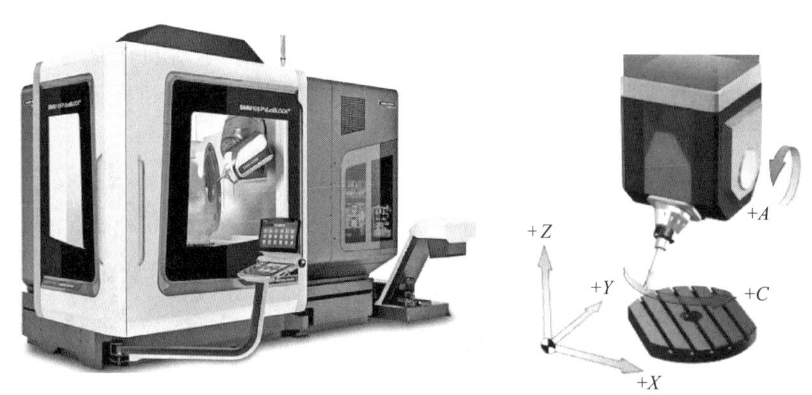

图 2.6　单转台和单摆头型五轴机床

(3) 双摆头型五轴机床

① 结构：双摆头五轴两个旋转轴均属摆头类，B 轴旋转平面为 ZX 平面，C 轴旋转平面为 XY 平面。两个旋转轴结合为一个整体构成双摆头结构。

② 特点：加工过程中工作台不旋转或摆动，工件固定在工作台上，加工过程中静止不动。适合加工体积大、重量重的工件；但因主轴在加工过程中摆动，所以刚性较差，加工切削量较小。由于自身结构特点，其加工范围小。图 2.7 所示为双摆头型五轴机床。

(4) 其他类型的多轴数控机床

① 非正交结构五轴机床，如 DMG 公司出的一种机床，其轴中心线与 XY 平面夹角为 45°。

② 在三轴机床工作台上附加旋转工作台成为五轴机床。这种机床没有联动功能，也称“3＋2”型机床。

五轴机床如果装有刀库就称为五轴加工中心，可以轻松地加工出一些三轴机床无法加工或者很难加工出的零件，如核潜艇上的整体叶轮、发动机涡轮叶片、飞机发动机上需一次性加工的复杂结构零件、具有倒扣结构的模具类零件。

机床是否具有联动功能将直接影响机床的性能和价格，其差异有时会很大，企业应该根据所生产零件产品的特点和实际需要慎重选购。一般来说，如果产品的倒扣曲面和正常曲面之间的过渡要求精确连接，则只有五轴联动机床才能达到满意的加工效果，若选用非联动机

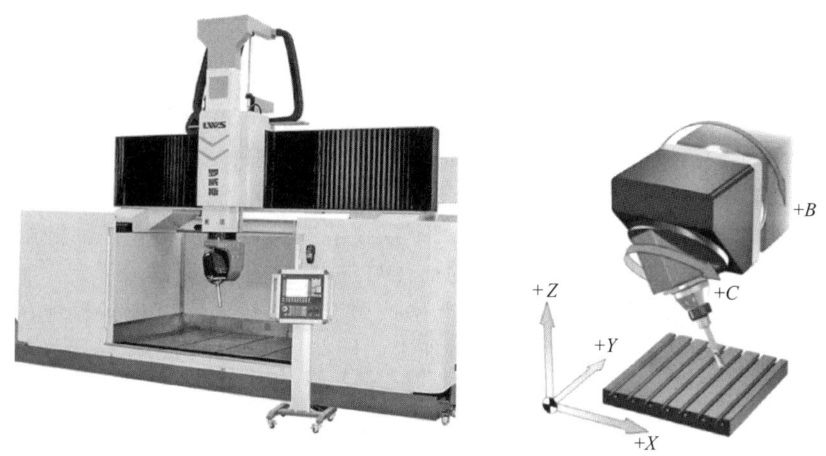

图 2.7　双摆头型五轴机床

床（如“3＋2”型机床），效果就会差一些。当然，不管哪种类型的机床都需要企业定期进行精度调整和校正，使其时时刻刻处于“健康”状态。只有这样才能真正精确加工出合格的产品，发挥机床的效能。

2.1.4　数控车铣复合机床

车铣复合技术是 20 世纪 90 年代发展起来的复合加工技术，是一种在传统机械设计技术和精密制造技术基础上，集成了现代先进控制技术、精密测量技术和 CAD/CAM 应用技术的先进机械加工技术。这种加工技术的实质是一种基于现代科学技术和现代工业技术的工艺创新并引发相关产业工艺进步和产品质量提升的新技术。图 2.8 为车铣复合机床。

车铣复合相当于一台数控车床和一台数控铣床或是加工中心的复合。车铣复合是在数控车床基础上发展起来的加工中心，以车削为主要加工方式，同时具备强大的钻镗铣攻等加工功能，因此它可以用来加工形状很复杂的混合体零件，如空间孔、空间外形等。

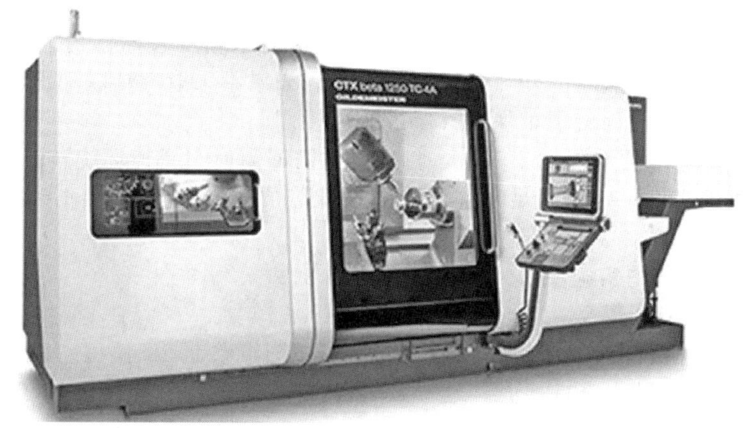

图 2.8　车铣复合机床

复合加工具有的突出优势主要表现在以下几个方面：

① 缩短产品制造工艺链，提高生产效率。车铣复合加工可以实现一次装卡完成全部或者大部分加工工序，从而大大缩短产品制造工艺链。这样一方面减少了由于装卡改变导致的生产辅助时间，同时也减少了工装卡具制造周期和等待时间，能够显著提高生产效率。

② 减少装夹次数，提高加工精度。装卡次数的减少避免了由于定位基准转化而导致的误差积累。

③ 减少占地面积，降低生产成本。虽然车铣复合加工设备的单台价格比较高，但制造工艺链的缩短和产品所需设备的减少，以及工装夹具数量、车间占地面积和设备维护费用的减少，能够有效降低总体固定资产的投资、生产运作和管理的成本。

车铣复合加工的程序编制难点主要体现在以下几个方面：

① 工艺种类繁杂。对于工艺人员来说，不仅要能掌握数控车削、多轴铣削、钻孔等多种加工方式的编程方法，而且对于工序间的衔接与进退刀方式需要准确界定。

② 程序编制过程中的串并行顺序必须严格按照工艺路线确定。许多零件在车铣复合加工中心上加工时可实现从毛坯到成品的完整加工，因此加工程序的编制结果必须同工艺路线保持一致。

③ 加工程序的整合。目前通用 CAM 软件编制完成后的 NC 程序之间是相互独立的，要实现车铣复合这样复杂的自动化完整加工，需要对这些独立的加工程序进行集成和整合。

2.2　多轴加工工艺与机床基本操作

2.2.1　多轴数控加工工艺

多轴数控加工工艺就是将原材料或半成品装夹在多轴数控机床的工作台上，通过铣削或者钻削等加工，使之成为预期产品的方法和技术。多轴数控加工工艺服务于零件的整体加工工艺，是整体加工工艺的一部分，其最终目的是高效地加工出合格产品。

（1）多轴数控加工工艺总体原则

① 尽可能保护机床、减少机床故障率和停机时间；尽可能减少多轴加工的切削工作量、尽可能减少旋转轴担任切削工作、避免旋转轴担任重切削工作。

② 尽量用车、铣、刨、磨、钳等传统切削方式来加工初始毛坯。

③ 尽可能采用固定轴的定向方式进行粗加工及半精加工。不到万不得已不用联动方式粗加工。如果必须采取联动方式进行粗加工，切削量不能太大。

④ 倒扣曲面与周围曲面之间要求过渡自然，如果要求精度较高，精加工就要考虑使用联动方式。例如，对整体涡轮的叶片进行精加工时，如果不采取五轴联动而采取多次定向加工，叶片的叶盆和叶背曲面就很难保证自然过渡连接。

⑤ 多轴数控加工时要确保加工安全，特别要预防回刀时刀具撞坏旋转工件及工作台。

⑥ 多轴加工的零件一定要满足零件的整体装配需要，不但切削时间要短，而且精度要达到图纸公差要求。

（2）多轴加工工艺的实施步骤

1）建立 CAD/CAM 模型

读懂图纸，根据 2D 图纸绘制 3D 模型，严格依据图纸绘制 3D 模型。绘制好模型后，必须将 2D 图纸中的全部尺寸进行检查，建立尺寸检查记录表。内容有：3D 模型的单位是英制还是公制，如果是英制，则需要转化为公制，但图形实际大小不能改变；原 3D 模型，尽可能采用 IGS、XT 或者 STP 格式转化，如果 3D 模型存在缺陷，就必须补全 3D 模型。

2）图纸分析、工艺分析

多轴机床图纸分析、工艺分析与三轴机床图纸分析、工艺分析类似。图纸就相当于工作指令，同时也是设计工艺过程的基本原始资料。工艺人员在拟定工艺方案的时候，首先要认真领会该产品的功用和各零件的结构特点，分析它的工艺性、基准情况以及应该采用什么样的加工方法。然后了解各项技术要求，分析关键所在，建立起如何保证加工质量的概念。必须在认真分析产品图纸，尤其是各个零件图的基础上，考虑工序安排及其他各项内容。

3）多轴数控加工装夹方案

多轴数控加工由于工序的集中和自动换刀，减少了工件的装夹、测量和机床调整等时间，使机床的切削时间占到机床开动时间的 80％左右，普通机床仅为 15％～20％；也减少了工序之间的工件周转、搬运和存放时间，缩短了出产周期，具有明显的经济效果。多轴加工数控机床加工零件时的装夹方法要考虑以下几点：

① 零件定位、夹紧的部位应不妨碍各部位的加工、刀具更换以及重要部位的测量，尤其要避免刀具与工件、夹具及机床部件干涉相撞。

② 夹紧力尽量通过或靠近主要支承点或在支承点所组成的三角形内，尽量靠近切削部位并在工件刚性较好的地方，不要作用在被加工的孔径上，以减少零件变形。

③ 零件的重复装夹、定位一致性要好，以减少对刀时间，提高零件加工的一致性。

4）数控程序文件

编制数控程序及制定加工工步是数控编程的核心内容，即在正式编程前，事先初步规划需要哪几个数控程序，给每个数控程序安排其加工内容和加工目的、所用刀具及夹具的规格、加工余量等粗略步骤。多轴加工和三轴加工类似，也应该遵守粗加工、清角、半精加工、精加工的编程步骤。

5）定义几何体、刀具及夹具

进入 UG 软件的加工模块，切换到几何视图，先定义加工坐标系，这时需注意：如果采用 XYZAC 型机床加工，编程用的加工坐标系的原点应该与机床的 A、C 旋转轴的轴线交点重合；再定义加工零件体、毛坯体；最后切换到机床视图，初步定义编程所用的刀具和夹具。

6）定义程序组

创建各个刀轨的轨迹线条，必要时在编程图形里创建辅助面、辅助线，选用恰当的加工策略，编制各个刀轨。

尽可能采取固定轴定向加工的方式进行大切削量的粗加工、清角，半精加工、精加工才采用联动的方式加工。要时刻确保不要使旋转工作台在旋转时承担过大的重切削工作。

7）UG 软件刀轨模拟仿真

多轴加工的刀轨由于刀具沿着空间偏摆运动复杂，数控编程工程师要力争在编程阶段排除刀具、夹具与周围的曲面产生的过切或者干涉现象。为此，编程时要特别重视对刀轨进行检查，发现问题及时纠正，初步进行处理后生成加工代码 NC 文件。

8）填写数控程序 CNC 工艺单

数控程序 CNC 工艺单是数控编程工程师的成果性文件，在其中必须清楚地告诉操作员以下内容：预定的装夹方案、零点位置、对刀方法、数控程序的名称、所用的刀具及夹具规格、装刀长度等。操作员必须严格执行。

9）VERICUT 刀轨仿真

对于多轴加工编程来说，最大的困惑就是，在 UG 软件的环境里检查刀轨并未发现错误，而实际切削时可能会出现一些意想不到的错误。这是由于 UG 软件模拟的刀轨里（指令和实际机床加工有差别）以及各个操作刀轨之间的过渡和机床实际运行有差别，导致 UG 软件的仿真与实际有差别。这一点应该引起特别注意。

而 VERICUT 刀路仿真可以依据数控编程 NC 文件里的 G 代码指令、刀具模型和事先定义的机床模型、夹具模型、零件模型进行很逼真的仿真，最后分析出加工结果模型和零件模型的差别：有无过切和干涉，一目了然。

10）在机床上安装零件

操作员按照 CNC 工艺单实施有困难，需要变更装夹方案或者装刀方案时，要及时反馈给数控编程工程师，不能自行处理，否则可能会导致重大的加工事故。

操作员根据工艺单，在机床上建立加工坐标系，记录零件的编程旋转中心相对于机床的 *A* 轴及 *C* 轴旋转中心的偏移数值，并将这些数值反馈给数控编程工程师。

11）加工现场信息处理

数控编程工程师根据操作员的反馈信息，检查或者更改数控程序，设置后处理参数进行后处理，将最终的 NC 文件及 CNC 工艺单正式分发给操作员进行加工。

12）现场加工

操作员正式执行数控程序加工零件时，其主要职责是正确装夹工件和刀具，安全运行数控程序，避免操作时出现加工事故。

操作员先要浏览数控程序，从字符文字方面检查有无不合理的机床代码；其次要适当修改程序开头的下刀指令和程序结尾的回刀指令，使刀具在开始时从安全位置缓慢接近工件，加工完成时在合理的位置提刀到安全位置。五轴联动加工时的提刀要确保正确。

一般情况下，应该先快速运行所有的数控程序并观察主轴及旋转台运动，没有问题以后就可以正式切削零件，加工时适当调整转速和进给速度倍率开关，完成后先初步测量，若没有错误就可以拆下，然后准备下一件的加工。

2.2.2　多轴数控机床基本操作

(1) 华中数控 HNC-848 型系统操作面板

以下以华中 HNC-848 型数控五轴系统为例，介绍操作面板布局。系统操作面板见图 2.9，它可分为显示屏区域、MDI 键盘区域、主菜单键区域、功能按键区域、机床控制面板区域。

显示屏区域见图 2.10，系统界面各区域内容如下：

① 显示屏最上方显示工作方式、报警、时间等。

② 主显示区域显示坐标、图形、正文、编辑程序等。在主显示区域中，显示坐标时，左边的坐标可通过显示列 1 进行设置，右边的坐标可通过设置显示列 2 进行设置。

③ 在主显示区域正下方有加工程序显示、说明显示等。

④ 主显示区域右上方有坐标显示，可通过设置显示列 3 进行设置，也可通过 ALT＋左

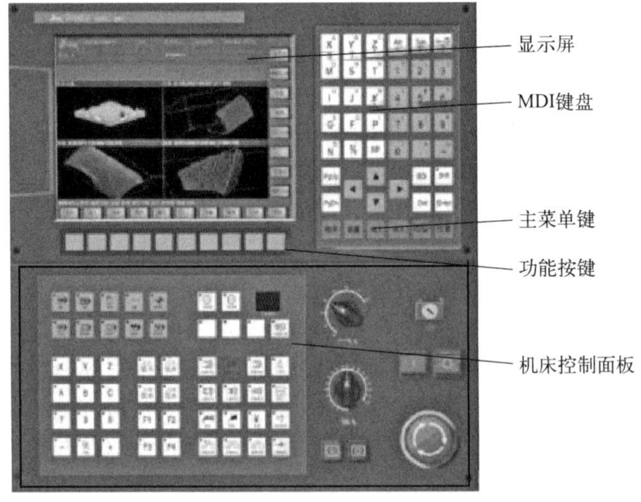

图 2.9　系统操作面板

右箭头进行显示指令位置/实际位置/剩余进给/跟踪误差/负载电流/补偿值的切换。

⑤ 右侧中部显示实时 F、S 值以及倍率状态。

⑥ 右下部区域显示当前 G 代码的模态码、加工件数、单次切削时间。

⑦ 功能菜单项显示各个功能菜单，与其下面的功能按键一一对应，使用功能按键来确定菜单。

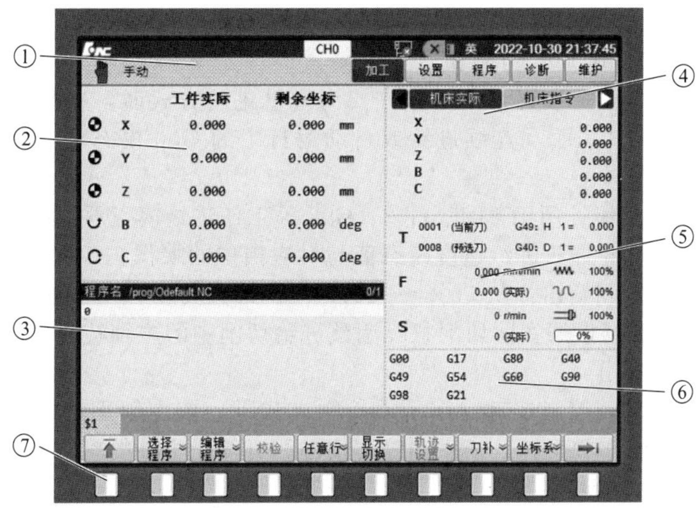

图 2.10　显示屏区域

(2) 机床控制面板基本功能

常用的控制面板操作按键功能说明如下。

① 工作方式选择键

a. “自动”按键：控制程序自动运行加工的按键。要自动执行 NC 程序或指令时，应按此按键。

b. “回参考点”按键：手动返回参考点方式。机床开机后，应先选择此方式进行手动返回参考点的操作，以初始化机床坐标系。

c. “手动”按键：手动连续进给方式。手动移动调整各运动轴时，应选择此方式。

d. “增量”按键：手轮或增量进给方式。手动微调或手轮调整各进给轴位置时，应选择此方式。

e. “MDI”按键：按下此按键至灯亮，程序运行处于 MDI 方式。在 MDI 方式下，可以输入一些简单的数控程序，用于机床调试、对刀等相关操作。

f. “空运行”按键：按下此按键至灯亮，自动运转将处于空运转运行方式。此时程序执行将无视指令中的进给速度，而按照快移速度移动，但会受到“快速修调”设定倍率的控制，常用于程序加工前的检查。再按一次按键断开，灯熄后即退出空运行状态。空运行时将伴有机械各轴的移动，如果同时按下机床锁定按键，则将以空运行的速度校验程序。

g. “程序跳段”按键：按下此按键至灯亮，程序跳段为有效状态，自动运转时将跳过带有“/”（斜线号）的程序段。再按一次按键断开，灯熄后即为跳段无效状态，带“/”的程序段会继续被执行。

h. “选择停”按键：按下此按键至灯亮，可在实施带有辅助功能 M01 的程序段后，暂停程序的执行，然后按“循环启动”可继续程序的执行。再按一次按键断开，灯熄后即为选择停无效状态，下次执行至 M01 指令时将不会暂停。

i. “循环启动”按键：用于自动运转开始的按键，也用于解除临时停止，自动运转中按键灯亮。

j. “进给保持”按键：用于自动运转中临时停止的按键，按下此按键轴移动减速并停止，灯亮。

② 轴运动倍率的修调（按键/旋钮）

a. 增量及快进倍率修调按键：当操作方式为增量进给方式时，这些按键用于增量进给的倍率选择；当操作方式为手动连续进给或自动运行中的 G00 模态时，这些按键用于快速移动修调对应的倍率选择。

b. 进给倍率修调旋钮：用于 G01、G02、G03 等工作进给模态下的进给倍率修调，此时实际进给速度为当前指定的 F 进给速度模态值与对应挡位的乘积。

c. 主轴转速倍率修调旋钮：从 50%～120%，以 10%为 1 挡对主轴转速指定的模态值进行修调，用于工作现场根据实际切削状况调整进给切削中的主轴转速。

③ 辅助功能控制操作

a. 主轴启停及正反转控制按键：在手动控制方式下，按主轴正转或反转按键，可使主轴按当前的 S 模态值正转和反转，按主轴停止按键即可停止主轴的旋转。

HNC-848 型数控系统中主轴的默认 S 模态值为 500r/min，通过 MDI 或自动运行设定了 S 指令数据，则当前的 S 模态值随之改变，实际主轴转速同时受到主轴修调倍率的控制。

b. 主轴定向手动控制按键：主轴装刀调整或需要做主轴定向相关操作时，可按此按键，则主轴将自动调整旋转角度，以处于设定好的角度方位，如使精镗刀尖朝向 $+X$ 方向，或使刀柄定位键槽处于 ATC 自动换刀装置所要求的角度方位。

c. 主轴点动控制按键：此功能按键可使静止主轴做一次微动调整。

d. 切削液启停控制按键：按此按键至灯亮，即可手动开启切削液，再按一次至灯熄即关闭切削液。

e. 工作灯控制按键：按此按键，即可打开机床内的工作照明灯，再按一次即可关闭照明灯。

(3) 多轴机床基本操作

① 手动回参考点。

将操作面板上的操作方式开关置上“回参考点”方式，然后分别选择各手动轴按键，再按下“移动方向”键，则各轴将向参考点方向移动，一直至回零指示灯亮。手动回参考点是开机后必须首先执行的操作，若因某些原因实施过急停操作，解除急停状态后必须再次进行各轴的回参考点操作，否则程序执行时将产生报警。

② 五轴加工的手动操作。

若已由参数 P400 和 P401 正确设置了机床的五轴结构类型，对系统支持的机床结构类型，可进行刀具固连坐标系中的手动进给。见图 2.11，所谓刀具固连坐标系，是指当刀具位于初始位置（刀具轴与机床坐标系 Z 轴平行）时，在刀具上建立的一个与机床坐标系平行的局部坐标系。在刀具旋转过程中，该坐标系随着刀具一起旋转，始终与刀具固连。不管刀具旋转到什么位置，都可以通过手动操作使刀具沿着刀具固连坐标系的坐标轴移动。移动操作包括手轮、JOG 和增量方式。其操作方法如下：

a. 按下手动或增量按键，以及数字 9 按键，开刀具固连坐标系进给功能。

b. 在刀具固连坐标系进给功能开启后，当使用手轮 JOG 或增量方式移动 Z 轴时，将使刀具沿着刀具固连坐标系 Z 轴方向（即刀具轴线方向）移动，可用于五轴加工的法向进退刀。同样，使用手轮 JOG 或增量方式移动 X、Y 轴时，将使刀具沿着刀具固连坐标系的 X、Y 轴方向移动。

c. 再次按下手动或增量按键，以及数字 9 按键，关闭刀具固连坐标系进给功能。

③ MDI 程序运行。

MDI 程序运行是指即时从数控系统面板上输入一个或几个程序段指令并立即实施的运行方式。其基本操作方法如下：

a. 置操作控制方式为“自动”。

b. 置菜单功能项为“MDI”运行方式，则界面的标题栏显示为 MDI 模式，当前各指令模态也可在此界面中查看出。

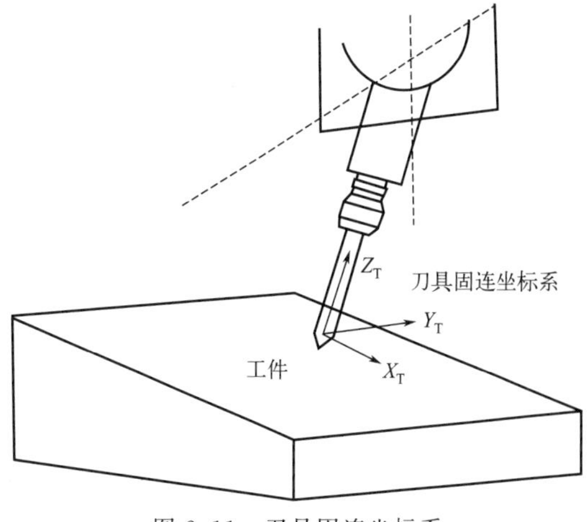

图 2.11　刀具固连坐标系

c. 在 MDI 程序录入区可输入一行或多行程序指令，程序内容即被加载到番号为%1111 的程序中。按“保存”软键可对该 MDI 程序内容赋名存储，按“清除”软键可清除所录入的 MDI 程序内容。

④ 程序的新建、编辑和复制。

在操作数控机床时，还有一个重要的事项，即新建程序、编辑程序和把程序复制到系统中。过程如下。

a. 新建程序：在自动（或单段）工作方式下，选择功能“编辑”→“新建”→输入数字或字母（系统已有 O 字母），即程序名→在显示屏的编辑区输入程序代码→保存文件或可另存文件。

b. 编辑程序：在自动（或单段）加工方式下，选择目录是系统时，把蓝底色光标移到选中编辑的程序→按后台编辑对应的功能按键→进入程序编辑区→通过上下左右箭头把光标移动到需要修改的位置进行修改→保存文件或进行另存文件、查找、替换等操作。

c. 把 U 盘的文件导入到系统盘中：首先把需要的程序复制到 U 盘（不超过 8G）根目录下（不要放在某个文件夹下），在自动（或单段）加工方式下，选择目录→通过上下箭头移动到 U 盘→回车确定→通过单击进入 U 盘中→上下箭头移到需要的程序→显示屏最下面的菜单复制→左移到目录中→上键移到系统盘粘贴。

d. 拔掉 U 盘：把所有的 U 盘的程序复制到系统后，首先在目录上，上下箭头到 U 盘，按操作面板上的“删除”按键，显示屏最下方提示删除 U 盘成功，可以拔掉 U 盘。

e. 选择程序自动（或单段）运行进行加工，此时程序在系统盘中；在自动（或单段）加工方式下，选择目录是系统盘→把蓝底色光标移到选中编辑的程序→回车确定→按“循环启动”按键进行加工。

f. 其他位置的加工方式：还可以直接使用 U 盘进行加工，方式与系统盘相同，但此时不能够拔掉 U 盘。也可以把 U 盘中的内容复制到 CF 卡中。复制过程与导入系统盘中相同，同样可以使用 CF 卡中的程序进行加工，方式同样。

g. 程序删除：在自动加工方式下，程序管理进入目录是系统盘时（或 U 盘或 CF 卡），右键移到程序区，上下键移到要删除的程序，按显示屏下方的“删除”对应的功能键。

h. 指定行运行：调入程序，使用 PageUP 或 PageDown，移到需要运行的位置，但是一定要把轴转速和冷却液等相关的 M 指令打开，红色行运行，还可以直接输入指定行，从需要的行号进行运行。

2.2.3　机床坐标系

五轴联动数控机床一般控制三个直线坐标轴和两个旋转坐标轴同时运动，使刀具和工件能够按照规定的运动轨迹进行切削加工，适合于加工叶片、螺旋桨、机翼等复杂型面的零件。两个旋转坐标轴可以是转台的回转及刀具的摆动，也可以是控制平转台和立转台的联动，或控制刀具作两个方向的摆动。

五轴联动机床因为有了运动旋转头控制部件，所以机床坐标系的确定必须要和运动旋转部件的机械定义结合起来，五轴联动机床的坐标系要在笛卡儿坐标系的基础上结合运动旋转部件定义出机床坐标系。最重要的原则就是要以工件不动为基准来确定坐标系和轴的运动方向。

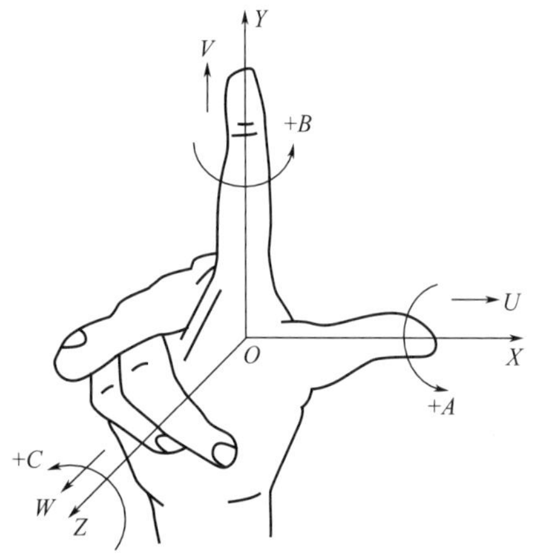

图 2.12　右手笛卡儿直角坐标系

数控机床标准机床坐标系中 X、Y、Z 坐标轴的相互关系根据 ISO 841 标准，用右手笛卡儿直角坐标系决定，见图 2.12。

伸出右手的大拇指、食指和中指，并互为 90°，则大拇指代表 X 坐标，食指代表 Y 坐标，中指代表 Z 坐标。大拇指的指向为 X 坐标的正方向，食指的指向为 Y 坐标的正方向，中指的指向为 Z 坐标的正方向。围绕 X、Y、Z 坐标旋转的旋转坐标分别用 A、B、C 表示，根据右手螺旋定则，大拇指的指向为 X、Y、Z 坐标中任意一轴的正向，则其余四指的旋转方向即为旋转坐标 A、B、C 的正向。

坐标轴的特点：

① X 和 Y 主运动位于机床的主工作平面。

② Z 平行于机床的主轴，垂直于主 XY 平面。

③ U、V、W 轴分别平行于 X、Y、Z 轴。

④ A、B、C 轴绕 X、Y、Z 轴旋转。

机床参考点由机床厂家设定，不允许用户修改。对于半闭环机床通常是在参考点处安装行程开关，对于闭环机床则是在光栅尺上标记一个特殊的刻度作为参考点。通常在数控机床上，机床参考点与机床原点是重合的，这时的返回参考点操作也可称之为“回零”。

机床坐标系的原点称为机床零点，机床零点是机床上的一个固定点，一般由制造厂家确定，它是其他所有坐标系，如工件坐标系、编程坐标系的基准点。用户只有经过厂家授权才可调整机床零点。机床零点的设定，是通过调整机床参数，从而使机床零点和机床上的某个特征点重合来实现。机床零点的设置一般遵循两个原则：一是简化机床操作，提高操作灵活性；二是保证机床运行具有较高的安全性。

刀长基准点是测量刀具真实长度的点，通常在主轴端面和主轴轴线的交点，见图 2.13。

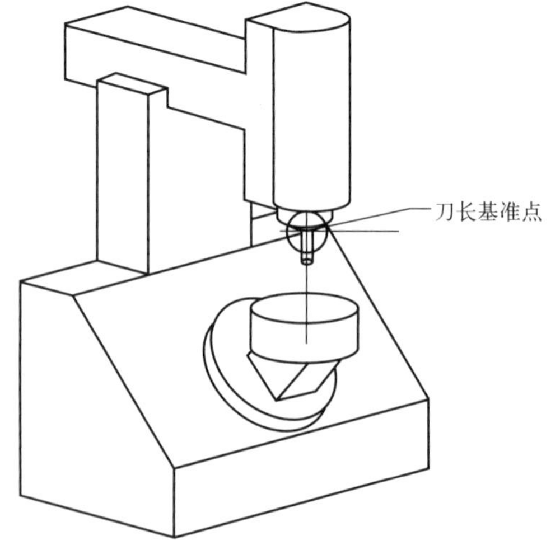

图 2.13　刀长基准点

工件坐标系是用于确定工件几何要素（点、

直线、圆弧）的位置而建立的坐标系，工件坐标系的零点即工件零点。工件零点的设置应遵循以下原则：简化编程、便于对刀。

立式四轴加工中心的编程零点一般在第四轴的轴线和回转工作台表面的交点。

立式双转台五轴加工中心的编程零点一般在第四轴的轴线和第五轴轴线的交点。

双摆头五轴加工中心的编程零点一般在工件上的某个特征点，设定原则类似三轴机床。单摆头单转台五轴加工中心的编程零点一般在回转工作台的表面中心。

2.2.4　多轴加工中心的对刀

对刀操作所做的工作就是将 CAM 软件的三维图形中的加工坐标系与实际机床上的加工坐标系统一起来。工件原点（加工坐标系原点）位置是由编程人员设定的。机床上工件的原点反映的是工件与机床原点之间的位置关系。工件原点一旦确定一般不再改变。

数控加工时，数控程序所走的路径是主轴上刀具的刀位点的运动轨迹。刀具刀位点的运动轨迹自始至终需要在机床坐标系下进行精确控制，这是因为机床坐标系是机床唯一的基准。编程人员在进行程序编制时不可能知道各种规格刀具的具体尺寸，为了简化编程，就需要在进行程序编制时采用统一的基准，然后在使用刀具进行加工时，将刀具准确的长度和半径尺寸相对于该基准进行相应地偏置，从而得到刀具刀位点的准确位置。所以对刀的目的就是确定工件坐标系和刀具的补偿值，从而在加工时确定刀位点在工件坐标系中的准确位置。图 2.14、图 2.15 为多轴数控机床典型数控系统 HNC848D 的工件坐标系设定界面和刀具补偿设置界面。

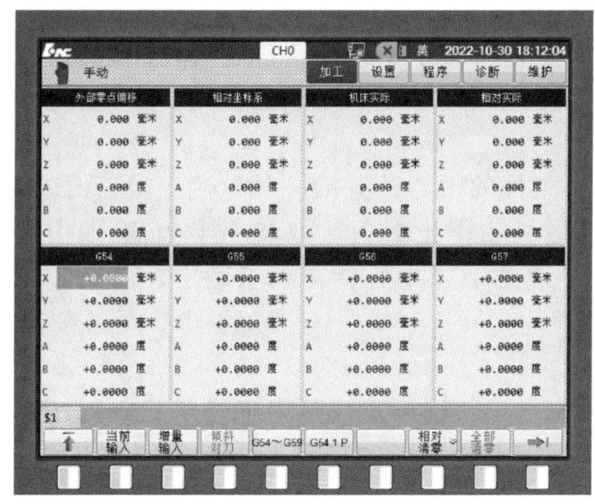

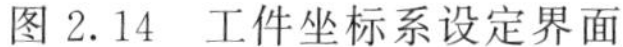
图 2.14　工件坐标系设定界面

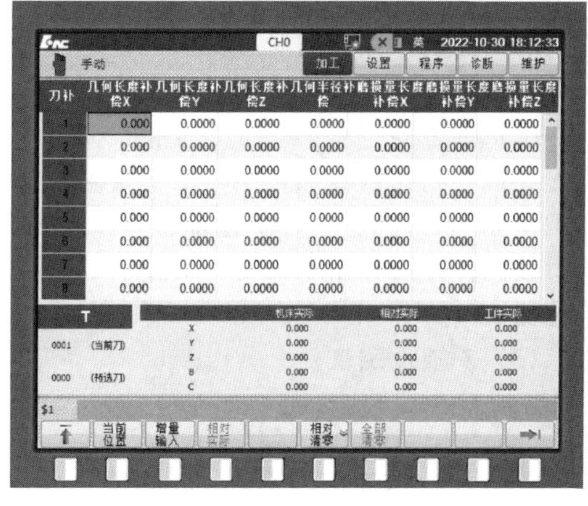

图 2.15　刀具补偿设置界面

2.2.5　相对对刀与绝对对刀

相对对刀，是指直接确定刀尖与工件零点的相对位置的一种对刀方法，直接测出图 2.16 中所示的刀具长度补偿即可。

绝对对刀，则要分 2 步，首先确定工件零点相对于机床零点的位置，再确定刀尖点相对于刀长基准点的长度，见图 2.17，要分别测出刀具长度和工件坐标系偏置。

采用相对对刀，要在工件装夹好后，在机床内部进行，需要占用一定的加工辅助时间。

但是由于操作简单，在立式四轴加工中心上普遍采用相对对刀。采用绝对对刀，则可以减少对刀次数，降低对刀失误所带来的加工风险。采用绝对对刀方式，通常要配备光学对刀仪，以减少机床加工辅助时间，如果有机内对刀仪，那么对刀将变得非常轻松。

在高档机床上，一般采用绝对对刀。对于经济型四轴、五轴机床，一般采用相对对刀。

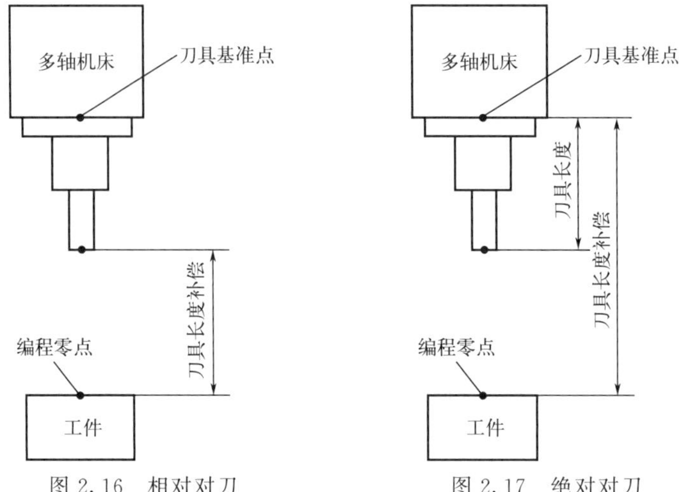

图 2.16　相对对刀　　　图 2.17　绝对对刀

2.2.6　常见对刀工具

要获得准确的对刀数据，保障产品加工质量，必须借助对刀工具。

(1) 对刀棒

可用来确定编程零点的 X 轴、Y 轴、Z 轴坐标偏置和刀具长度补偿。一般采用直径是整数的圆柱销，亦有用对刀块来代替对刀棒的。对于精度要求不高的工件也有使用铣刀棒作为对刀棒使用的。对刀棒价格低廉，使用方便，广泛应用于小型加工企业。

(2) 寻边器

寻边器是在数控加工中，用于精确确定被加工工件的中心位置的一种检测工具。寻边器的工作原理是首先在 X 轴上选定一边为零，再选另一边得出数值，取其一半为 X 轴中点，然后按同样方法找出 Y 轴原点，这样工件在 XY 平面的加工中心就得到了确定。图 2.18 为寻边器。

(3) Z 轴设定仪

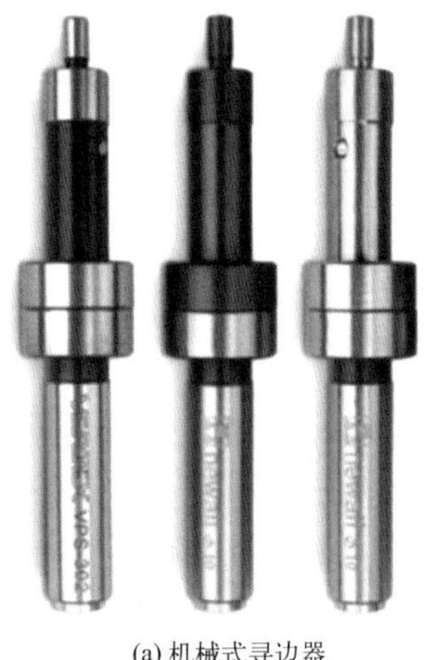

(a) 机械式寻边器

(b) 光电式寻边器

图 2.18　寻边器

Z 轴设定仪是用于设定 CNC 数控机床工具长度的一种对刀工具。Z 轴设定仪包括圆形 Z 轴设定仪、方形 Z 轴设定仪、外附表型 Z 轴设定仪、光电式 Z 轴设定仪、磁力 Z 轴设定仪等。其对刀安全系数要比对刀棒高，操作要求比对刀棒低。图 2.19 为 Z 轴设定仪。

将设定器放置于机台或工件的表面，移动推杆接触测量表面，小心阅读测定仪数字，当测定仪指示为 0 时，工具端与机台的距离为 50mm。

(4) 百分表

百分表是利用精密齿条齿轮机构制成的表式通用测量工具，主要用于测量制件的尺寸和形状、位置误差等。分度值为 0.01mm，测量范围为 0～3mm、0～5mm、0～10mm。图 2.20 为百分表。

图 2.19　Z 轴设定仪

图 2.20　百分表

(5) 杠杆百分表

杠杆百分表又被称为杠杆表或靠表，是利用杠杆-齿轮传动机构或者杠杆-螺旋传动机构，将尺寸变化为指针角位移，并指示出长度尺寸数值的计量器具。用于测量工件几何形状误差和相互位置正确性，并可用比较法测量长度。图 2.21 为杠杆百分表。

(6) 光学对刀仪

在绝对对刀方式中，光学对刀仪用于确定刀具长度，在使用前要使用标准长度的验棒进行校对，以确保刀具长度的准确性。图 2.22 为光学对刀仪。

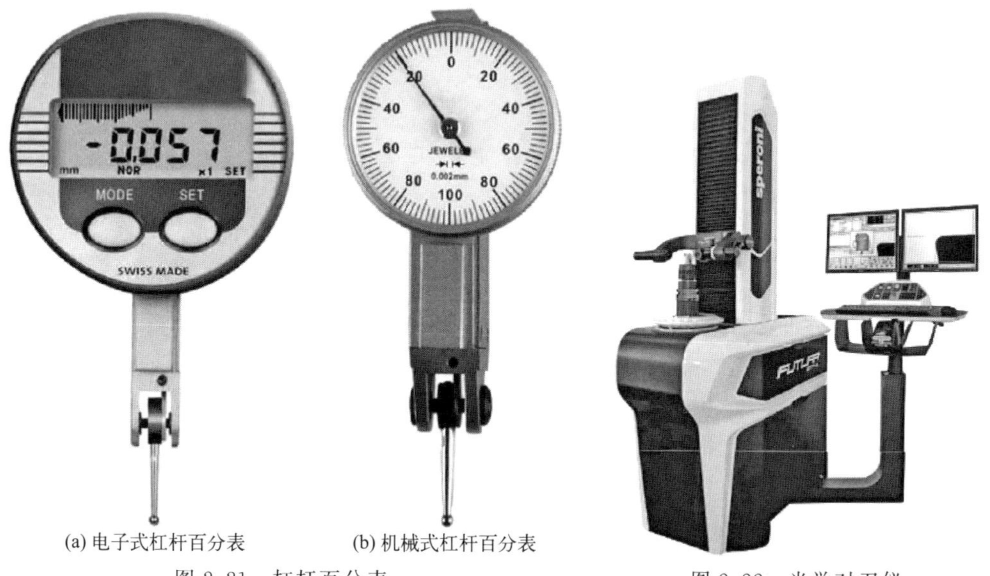

(a) 电子式杠杆百分表　(b) 机械式杠杆百分表

图 2.21　杠杆百分表

图 2.22　光学对刀仪

(7) 机内对刀仪

机内对刀方式是利用设置在机床工作台面上的测量装置（对刀仪），对刀库中的刀具按设定程序进行测量，然后与参考位置或标准刀进行比较得到刀具的长度或直径并自动更新到相应 NC 刀具参数表中。利用对刀仪进行机内对刀的主要优点是精确、自动、实时，对操作者没有技术要求。图 2.23 为机内对刀仪。

(8) 红外测头

绝对对刀方式中，红外测头一般用来自动测量工件编程零点的坐标偏置。通常采用宏程序实现自动测量，并把对应的坐标偏置值输入到指定的寄存器中。图 2.24 为红外测头。

图 2.23　机内对刀仪

图 2.24　红外测头

第3章

四轴加工中心的操作、编程与仿真

知识目标

① 掌握数控机床两个重要准则，能够判断机床的各个轴及方向；
② 掌握常用四轴刀轴的选择。

能力目标

① 通过定制后处理，生成加工程序判断各个设置参数功能；
② 通过搭建VERICUT仿真模板，提高程序的仿真能力。

3.1 立式四轴加工中心操作与编程基础

3.1.1 四轴加工中心的坐标系

四轴加工是在传统的三轴加工的基础上增加了一个旋转轴。一般一个工件在空间有六个自由度，分别是沿着 X、Y、Z 三个方向的平动，和绕着 X、Y、Z 三个坐标轴的转动，也就是 A、B、C 的转动。增加了一个旋转轴的四轴加工中心的加工范围要远远大于三轴加工中心。通过本章的学习，可以掌握四轴加工中心的坐标系以及旋转轴的方向判断、如何在四轴加工中心上正确装夹工件、四轴加工中心的对刀、常用的四轴手工编程指令、UG 软件四轴编程的基础、常用的四轴后处理的定制、四轴加工的仿真。

(1) 永远假定工件是静止的，刀具是运动的

数控机床的种类繁多，有的是刀具移动参加切削，有的是工作台带动工件移动参加切削。为了统一标准，规定永远假定工件是静止的，刀具是运动的。

第一种是工件静止，刀具相对于工件运动，如图 3.1。

第二种是工件运动，刀具不动，如图 3.2。

图 3.1　工件静止，刀具运动

图 3.2　工件运动，刀具静止

第三种是刀具和工件的各个部分进给运动，如图 3.3。

(2) 数控机床坐标系满足右手笛卡儿直角坐标系（见图 3.4）

① 各移动轴正方向为刀具远离工件的方向。

图 3.3　刀具和工件各部分进给运动

② 分别用 A、B、C 表示分别绕 X、Y、Z 坐标轴的旋转运动，符合右手螺旋定则，大拇指指向各轴的正方向，四指握拳的方向即为旋转轴的正方向。当主轴带动刀具发生旋转（即是刀具发生转动）则满足右手螺旋定则；如果是旋转工作台带动工件旋转时（即是工件发生转动），就需要右手螺旋定则判断后取反方向，也可以用左手螺旋判断工件发生旋转的方向。

③ 平行于 X、Y、Z 坐标轴的符加轴分别为 U、V、W。

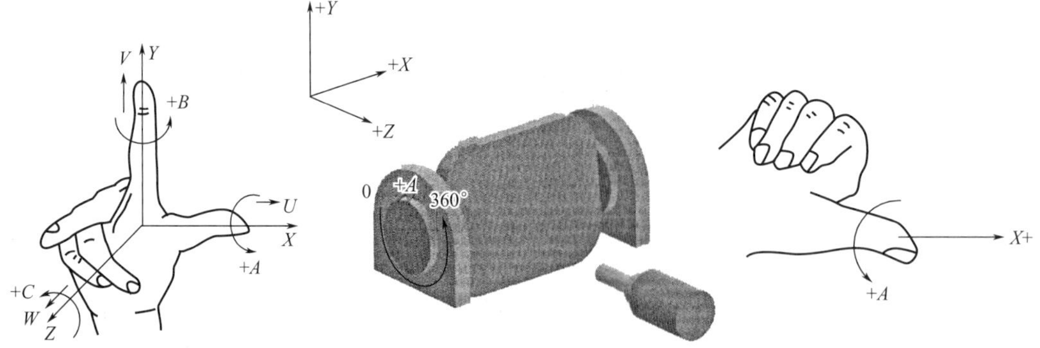

图 3.4　数控机床坐标系

3.1.2　工件装夹

(1) 三爪自定心卡盘装夹（图 3.5）

对于一般的轴类回转体零件装夹，四轴加工中心一般都会采取三爪自定心卡盘和顶尖装夹。

图 3.5　三爪自定心卡盘装夹

(2) 四轴桥板装夹 (图 3.6)

对于一些不规则的零件，不能用通用三爪或四爪卡盘装夹的，可以采用桥板装夹。

图 3.6　四轴桥板装夹

3.1.3　立式四轴加工中心的对刀

(1) 刀位点

刀位点是刀具上的一个基准点，刀位点相对运动的轨迹即加工路线，也称编程轨迹。

(2) 对刀和对刀点

对刀是指操作员在启动数控程序之前，通过一定的测量手段，使刀位点与对刀点重合，如图 3.7。可以用对刀仪对刀，其操作比较简单，测量数据也比较准确。还可以在数控机床上定位好夹具和安装好零件之后，便用量块、塞尺、千分表等，利用数控机床上的坐标对刀。对于操作者来说，确定对刀点将是非常重要的，会直接影响零件的加工精度和程序控制的准确性。

图 3.7　对刀

立式四轴加工中心的零点一般都设置在 A 轴的轴线上，X 轴零点可以根据工件的特征定义在不同的位置，Y 轴主要是通过巡边器找到 A 轴轴线中心，一般 Y 轴零点是不会变的；Z 轴主要是找到 A 轴轴心高度，这个有多种方法，可以使用一个标准的圆棒，通过刀尖和圆棒之间的移动使量块通过，这样可以测量出刀尖到轴线的距离。A 轴的零点对于完整的圆柱体可以默认零点，要是非整个圆柱体则需要使用百分表测量。

3.1.4　FANUC-0i 系统四轴编程指令

(1) 常用准备功能指令代码表（表 3.1）

表 3.1　常用准备功能指令代码表

代码	分组	意义	格式
G00	01	快速进给、定位	G00 X_Y_Z_
G01		直线插补	G01 X_Y_Z_F_
G02		圆弧插补 CW(顺时针)	G02 X_Y_R_F_
G03		圆弧插补 CCW(逆时针)	G03 X_Y_R_F_
G04	00	暂停	G04[X|U|P]X;U 单位:s;P 单位:ms(整数)
G20	06	英制输入	
G21		公制输入	
G28	00	返回参考点	G28 X_Y_Z_
G29		从返回参考点返回	G29 X_Y_Z_
G40	07	刀具补偿取消	G40
G41		左半径补偿	$\left\{\begin{matrix}G41\\G42\end{matrix}\right\}$ Dnn
G42		右半径补偿	
G43	08	正向刀具长度补偿	G00/G01 G43 H_
G44		负向刀具长度补偿	G00/G01 G44 H_
G49		取消刀具长度补偿	G49
G52	00	局部坐标系设定	设定局部工件坐标系:G52 X_Y_Z_A_
G53		机床坐标系选择	G53 X_Y_Z_
G54	14	选择工件坐标系 1	GXX
G55		选择工件坐标系 2	
G56		选择工件坐标系 3	
G57		选择工件坐标系 4	
G58		选择工件坐标系 5	
G59		选择工件坐标系 6	
G73	09	高速钻深孔、无孔底停留、快速返回	G98/G99 G17 G73 X_Y_Z_R_Q_F_
G74		左旋攻螺纹、到达孔底主轴正转、工进速度返回	G98/G99 G17 G74 X_Y_Z_R_Q_F_
G76		精镗、到达孔底主轴定向停止、快速返回	G98/G99 G17 G76 X_Y_Z_R_Q_F_
G80		取消钻孔循环	G80
G81		钻孔、无孔底停留、快速返回	G98/G99 G17 G81 X_Y_Z_R_F_
G82		钻孔(锪孔)、孔底暂停、快速返回	G98/G99 G17 G82 X_Y_Z_R_P_F_
G83		钻深孔、无孔底停留、快速返回	G98/G99 G17 G83 X_Y_Z_R_Q_F_

续表

代码	分组	意义	格式
G84	09	右旋攻螺纹、到达孔底主轴反转、工进速度返回	G98/G99 G17 G84 X_Y_Z_R_Q_F_
G85		镗孔(铰孔)、无孔底停留、工进速度返回	G98/G99 G17 G85 X_Y_Z_R_F_
G86		镗孔、到达孔底主轴停、快速返回	G98/G99 G17 G86 X_Y_Z_R_F_
G87		反镗、到达孔底主轴正转、快速返回	G98/G99 G17 G87 X_Y_Z_R_Q_F_
G88		镗孔、暂停-主轴停、手动操作返回	G98/G99 G17 G88 X_Y_Z_R_F_
G89		精镗阶梯孔、孔底暂停、工进速度返回	G98/G99 G17 G89 X_Y_Z_R_P_F_
G90	03	绝对坐标编程	G90
G91		增量坐标编程	G91
G92	00	设定工件坐标系或最大主轴转速限制	G92 X_Y_Z_A_ G92 S150
G94	05	分进给	G94
G95		转进给	G95
G96	13	恒表面速度控制	G96 S120
G97		取消恒表面速度控制	G97
G98	10	固定循环返回到初始点	G98 G17 G81 X_Y_Z_R_F_
G99		固定循环返回到 *R* 点	G99 G17 G81 X_Y_Z_R_F_

(2) 常用辅助功能指令代码表 (表 3.2)

表 3.2　常用辅助功能指令代码表

代码	意义	格式
M00	停止程序运行	M00
M01	选择性停止	M01
M02	结束程序运行	M02
M03	主轴正向转动开始	S_M03
M04	主轴反向转动开始	S_M04
M05	主轴停止转动	M05
M06	换刀指令	M06 T_
M08	冷却液开启	M08
M09	冷却液关闭	M09
M10	四轴锁紧	M10
M11	四轴松开	M11
M19	主轴定向	M19
M30	结束程序运行且返回程序开头	M30
M98	子程序调用	M98 Pxxnnnn(调用程序号为 Onnnn 的程序 xx 次)
M99	子程序结束	子程序格式: Onnnn … … … M99

3.2　UG CAM 软件的四轴编程

UG 的四轴编程就是在传统的三轴基础上添加了一个旋转轴，添加 X 轴的旋转轴为 A 轴，添加 Y 轴的旋转轴为 B 轴；以 A 轴为例，那么四轴编程就包括三轴半加工编程和四轴联动加工编程。三轴半加工是指旋转轴转到指定位置，然后 X、Y、Z 三个移动轴加工，旋转轴只是负责转动分度，不参加联动加工，这种情况与传统的三轴加工一样。四轴联动加工是指 X、Y、Z、A 三个移动轴和一个旋转轴同时联动加工。四轴加工相对三轴加工就是多了对刀轴的控制与选择，本节在三轴的基础上主要讲解常用四轴的刀轴的选择。

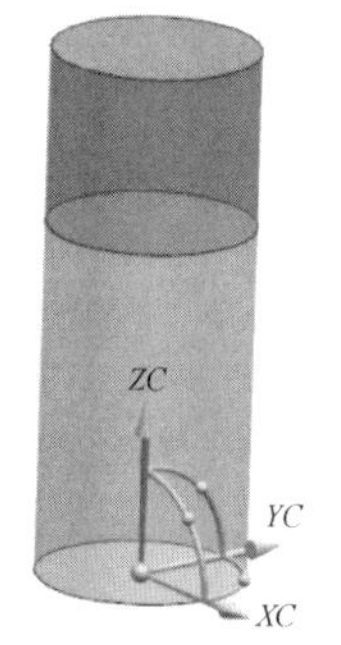

图 3.8　刀轴

刀轴就是从刀尖到主轴轴心的有向线段，图 3.8 中有向线段 ZC 就是刀轴，刀轴始终都是通过刀具中心的，也就是刀具轴线和刀轴是重合的，UG 的刀轴的方向始终指向主轴的方向。

(1)“远离直线”(图 3.9)

“远离直线”是控制刀轴矢量沿直线的全长并垂直于直线，刀轴矢量从直线指向刀柄，远离直线必须位于刀具和待加工零件几何体的另一侧。

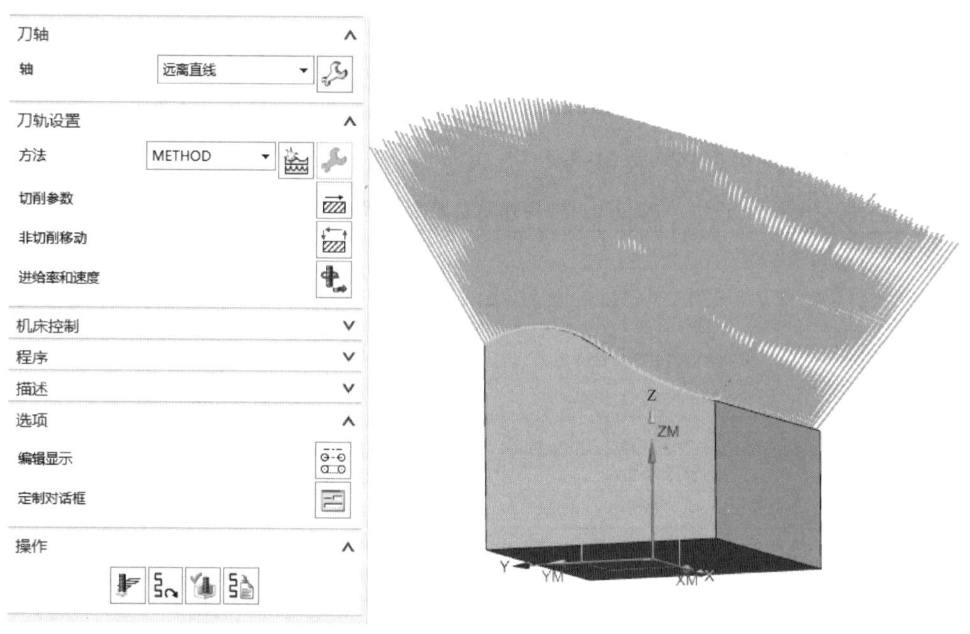

图 3.9　远离直线

(2)“4 轴，垂直于部件”(图 3.10)

“4 轴，垂直于部件”是控制刀轴矢量始终垂直所选择的部件表面，刀轴矢量从直线指向刀柄。注意，在使用“4 轴，垂直于部件”时投影矢量不能选择刀轴。

(3)“4 轴，相对于部件”(图 3.11)

“4 轴，相对于部件”是控制刀轴矢量始终与所选择的部件表面成一定的角度，角度包括前倾角和侧倾角，刀轴矢量从直线指向刀柄。注意在使用“4 轴，相对于部件”时，投影矢量不能选择刀轴。

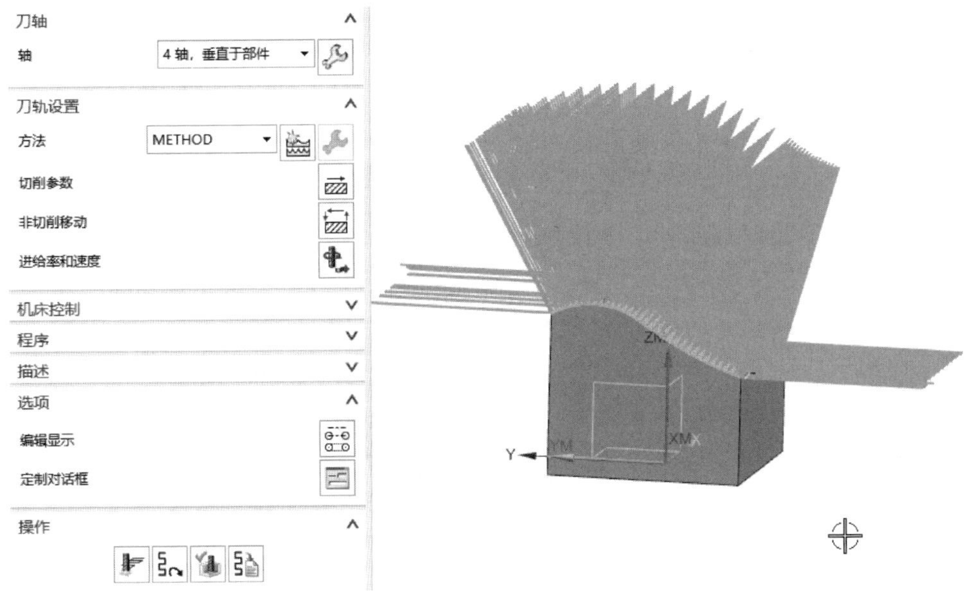

图 3.10　4 轴，垂直于部件

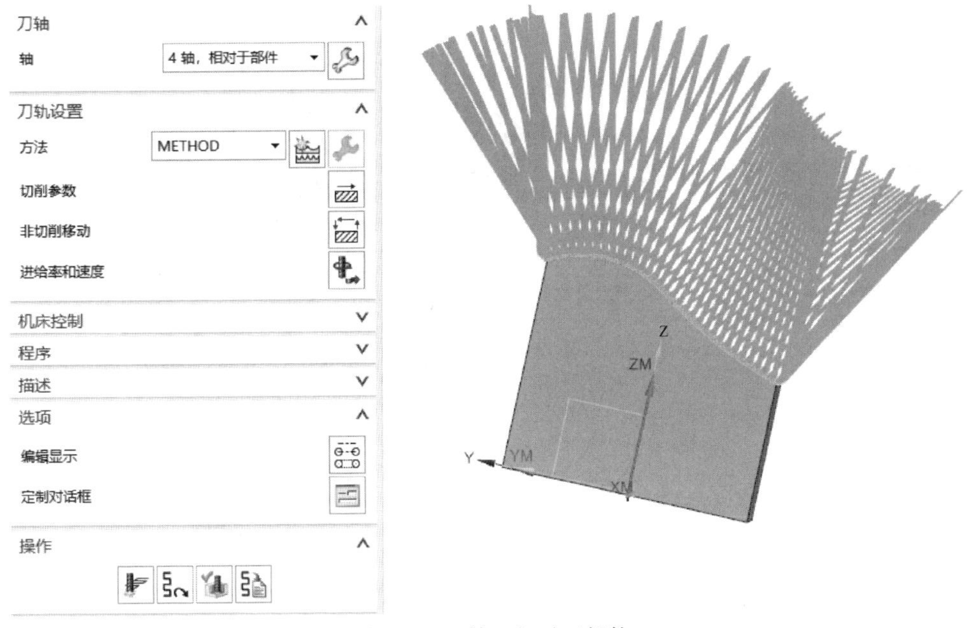

图 3.11　4 轴，相对于部件

(4) “4 轴，垂直于驱动体”(图 3.12)

“4 轴，垂直于驱动体”是控制刀轴矢量始终垂直所选择的驱动体表面，刀轴矢量从直线指向刀柄。

(5) “4 轴，相对于驱动体”(图 3.13)

“4 轴，相对于驱动体”是控制刀轴矢量始终与所选择的驱动体表面成一定的角度，角度包括前倾角和侧倾角，刀轴矢量从直线指向刀柄。

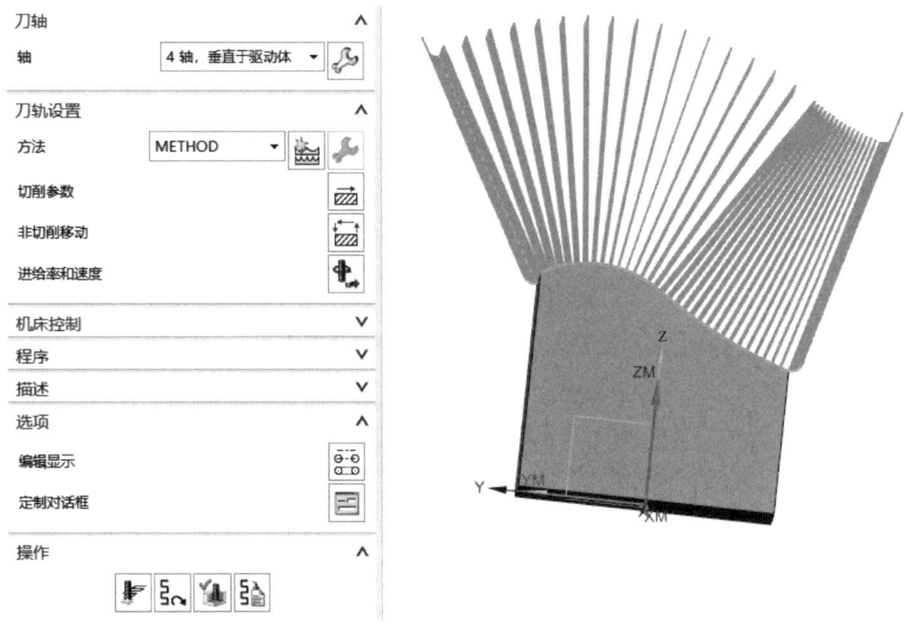

图 3.12　4 轴，垂直于驱动体

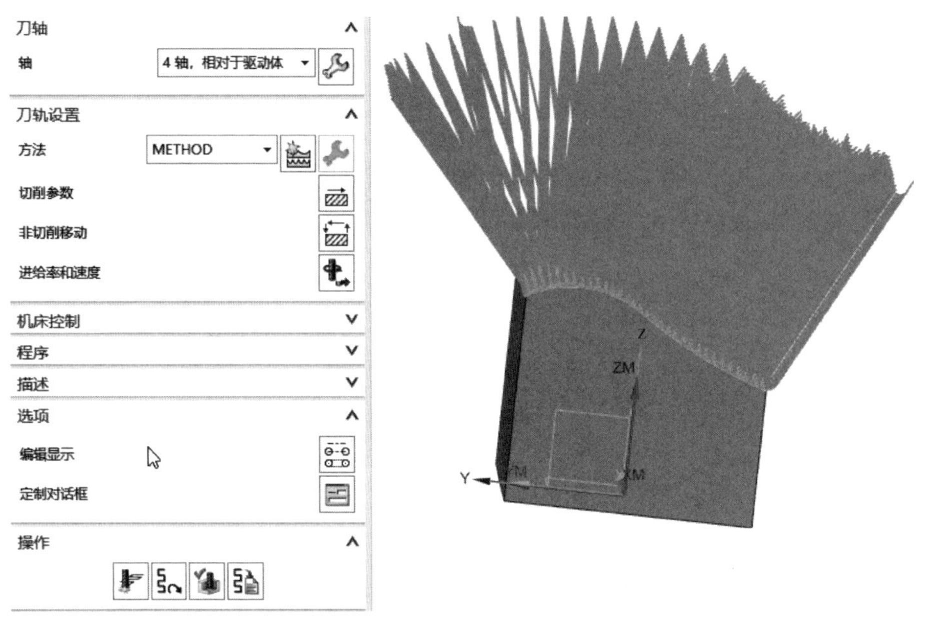

图 3.13　4 轴，相对于驱动体

3.3　UG CAM 软件的四轴加工中心后处理的定制

3.3.1　数据准备

前面已经通过 UG 的设置生成刀具加工轨迹后，需要根据实际机床结构、操作系统等信息制作相应的后处理。在制作后处理之前要知道机床的 X、Y、Z 轴三个轴的行程和 A 轴的

转动方向及 A 轴最大进给率等参数。

机床零点：工作台右上角点。

四轴回转中心：距离工作台 185mm。

A 轴转动方向：右手握住 X 轴，大拇指指向 X 轴正方向，四指旋转方向为 A 轴正方向，后处理时 A 轴要选择反向。

A 轴最大进给率：4000(°)/min。

X 轴行程 850mm；Y 轴行程 500mm；Z 轴行程 550mm。

数控系统：FANUC-0i。

3.3.2　定制后处理

(1) 启动后处理构造器（图 3.14）

在电脑桌面左下角单击开始菜单，找到 Siemens NX 文件夹，并单击打开文件夹，找到后处理构造器并单击打开。

图 3.14　启动后处理构造器

(2) 将后处理构造器设为简体中文（图 3.15）

在后处理构造器对话框中，单击 Options 菜单找到 Language 并选择中文简体。

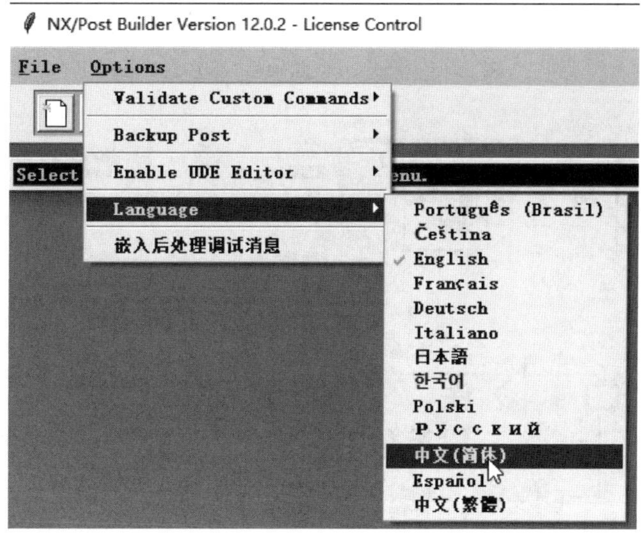

图 3.15　设为简体中文

(3) 新建一个四轴后处理文件（图 3.16）

在后处理构造器对话框中点击“新建”，弹出新建后处理器。

① 填写后处理名称“FANUC_4Axis”。

② 选择主后处理。

③ 选择后处理输出单位“毫米”。

④ 机床选择铣床，并单击下拉对话框选择“4 轴带转台”。

⑤ 控制器选择“一般”。

这五项设定好后单击“确定”。

(4) 第四轴设定（图 3.17）

在当前的机床对话框中单击“第四轴”，弹出右侧第四轴设置对话框。

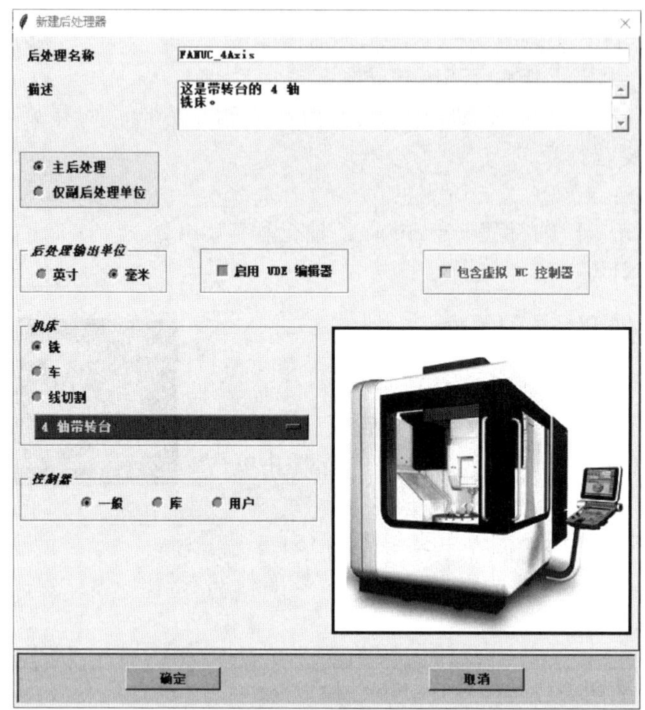

图 3.16　新建一个四轴后处理文件

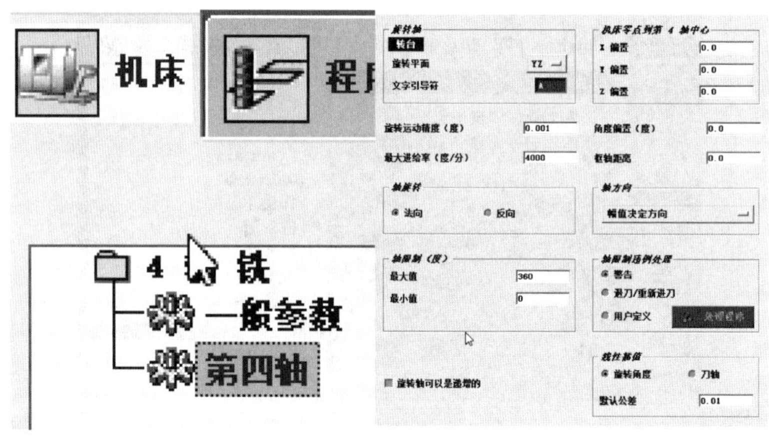

图 3.17　第四轴设定

① 旋转轴对话框中，旋转平面选择旋转轴所在的平面，A 轴的旋转平面为 YZ 面，B 轴的旋转平面为 ZX 面。本后处理为四轴立式加工中心，旋转轴为绕 X 轴旋转的 A 轴，所以这里选择 YZ 面。下面的文字引导符填写“A”。

② 旋转运动精度（度）填写“0.001”。

③ 最大进给率（度/分）填写“4000”。

④ 轴旋转这项有两个选择，一个是“法向”，另一个是“反向”。当使用的数控四轴机床的旋转轴，刀具旋转方向满足右手螺旋定则，我们选择“法向”；如果机床的工件旋转方向满足右手螺旋定则，我们选择“反向”。要注意两个都满足右手螺旋定则，一个是刀具旋转，另一个是工件旋转。前面已经介绍过准则一：永远假定工件是静止的，刀具是运动的。

所以工件旋转满足右手螺旋定则，那么刀具旋转方向与右手螺旋定则相反，所以这时要选择“反向”。

(5) 一般参数的设定（图3.18）

在机床对话框中单击“一般参数”，弹出右侧一般参数对话框。

① 后处理输出单位这项一定要注意，后面显示的“Metric”表示输出单位是公制毫米；如果后面输出的是“Inch”，表示输出的单位是英制英寸。

② 线性轴行程限制：这三个对话框要根据实际机床的 X、Y、Z 三个轴的实际行程填写。

③ 线性运动精度：最小值填写0.001。

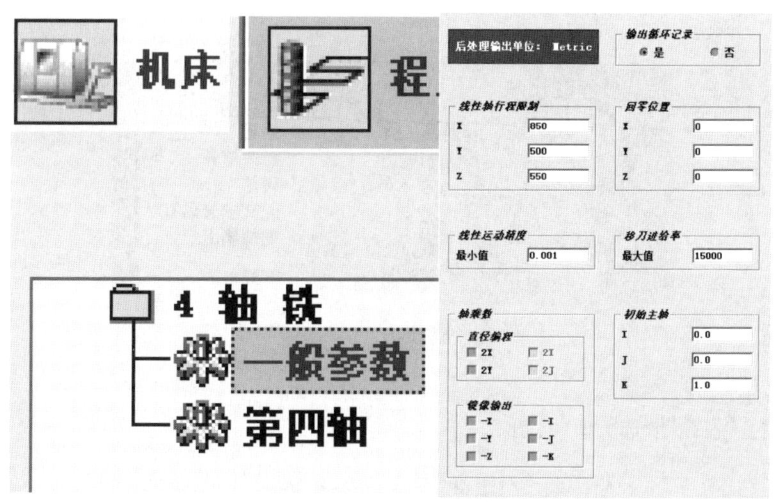

图3.18　一般参数设定

(6) 程序设置

单击程序和刀轨，单击“程序”进入显示组合N/C代码块。

① 程序起始序列。

a. 鼠标右键“MOM_set_seq_on”单击删除，见图3.19。加工代码中一般不需要输出行号，以减小程序的内存。

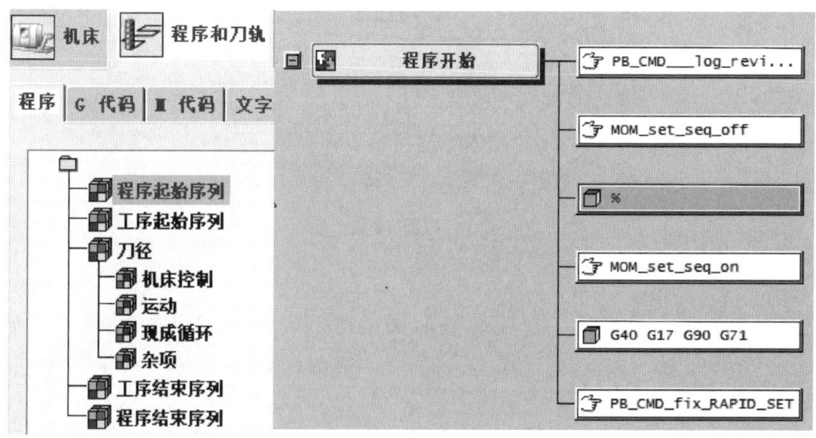

图3.19　程序设置（一）

b. 单击第五行“G40 G17 G90 G71”，右键单击G71“删除”，在上面下拉菜单中找到“G49”后单击，点击“添加文字”拖拽到当前G代码行中；以同样方法添加“G80”并右键两个强制输出，点击“确定”，如图3.20所示。

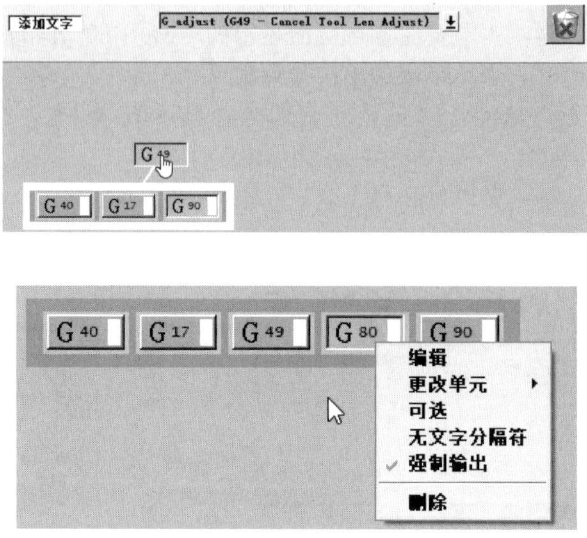

图3.20　程序设置（二）

② 工序起始系列。

删除第五行“T”预选刀，见图3.21。

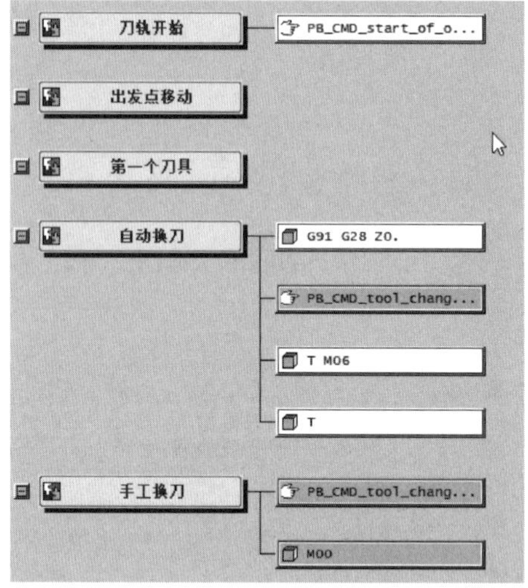

图3.21　程序设置（三）

③ 刀径。

a. 机床控制：单击冷却液开，把攻螺纹后面的“27”改成“29”后单击“确定”；单击英寸公制模式，更改英制（英寸）“70”为“20”；更改公制（毫米）“71”为“21”后单击“确定”，如图3.22所示。

b. 现成循环：单击公共参数，单击下拉菜单“退刀-至”选择“G98/G99”，这样钻孔循环后有退刀，然后单击“确定”，如图3.23所示。

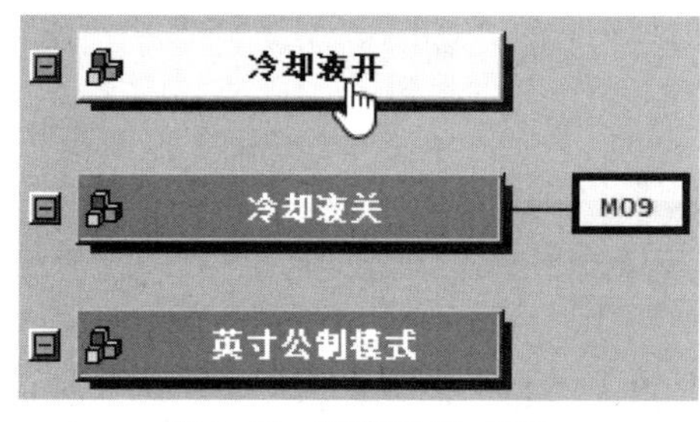

图 3.22　程序设置（四）

图 3.23　程序设置（五）

④ 程序结束序列：右键单击“M02”删除，然后添加“M30”并强制输出，如图 3.24。

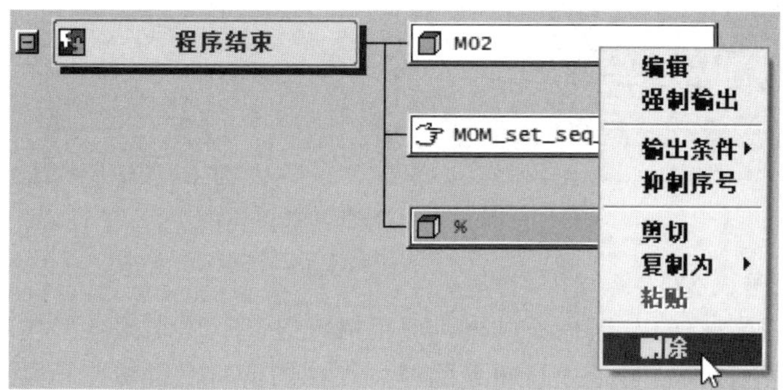

图 3.24　程序设置（六）

3.4　立式四轴零件的软件仿真

3.4.1　VERICUT 界面介绍

VERICUT 是美国 CGTech 公司开发的一款专业的数控加工仿真软件（图 3.25），是当前全球数控加工程序验证、机床模拟、工艺程序优化软件领域的标杆。它采用了先进的三维显示及虚拟现实技术，可以验证和检测 NC 程序可能存在的碰撞、干涉、过切、欠切、切削参数不合理等问题，被广泛应用于航空、航天、船舶、电子、汽车、机械、模具动力及重工业的车削、铣削（三轴及多轴加工）、车铣复合、线切割、电加工等实际生产中。

图 3.25　VERICUT 仿真软件

（1）视图窗口（图 3.26）

VERICUT 视图窗口一般为双视图水平窗口，一个用来显示机床，另一个用来显示零件。单击上方菜单栏“视图”可以切换视图的不同形式。

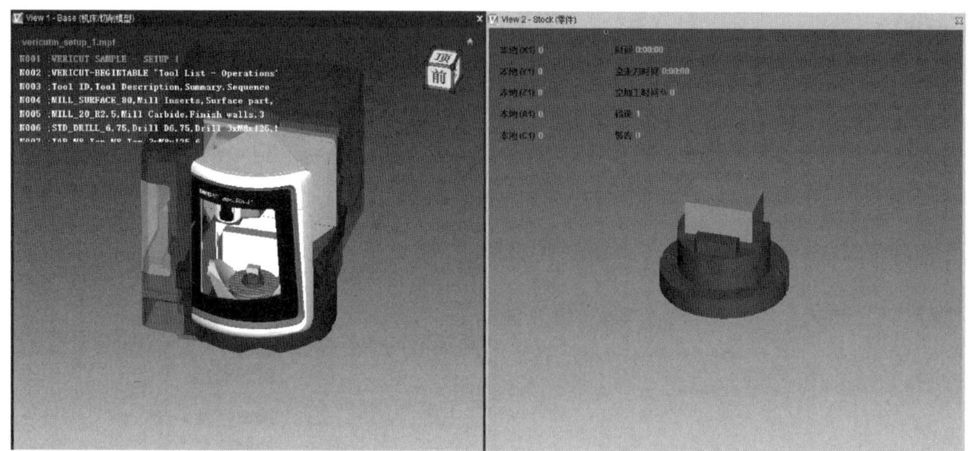

图 3.26　视图窗口

（2）项目树（图 3.27）

VERICUT 视图窗口的左侧是项目树，项目树可以显示仿真的各个模块和流程，是操作过程的方向标。初学者很容易把项目树删除掉，在视图窗口右键单击所示的项目树，可以恢复项目树显示。

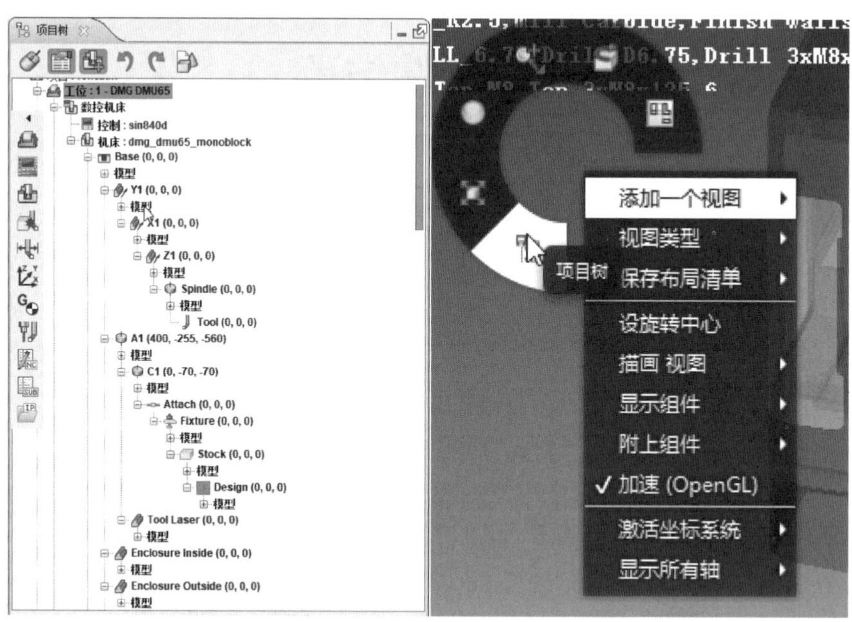

图 3.27　项目树

（3）菜单栏（图 3.28）

VERICUT 视图窗口的上方是菜单栏，菜单栏包含了 VERICUT 的所有命令和功能，包含了文件、项目、信息、分析、测量、优化、报告、机床/控制系统、视图、配置、功能和帮助等功能。

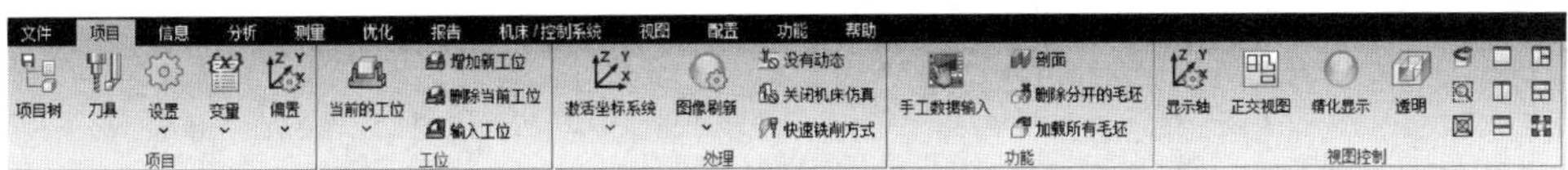

图 3.28　菜单栏

（4）日志器（图 3.29）

VERICUT 视图窗口的下方是 VERICUT 的日志器，日志器主要用来与操作者交互，在仿真操作工程中，日志器会记录所有操作中出现的问题，并反馈给操作者。

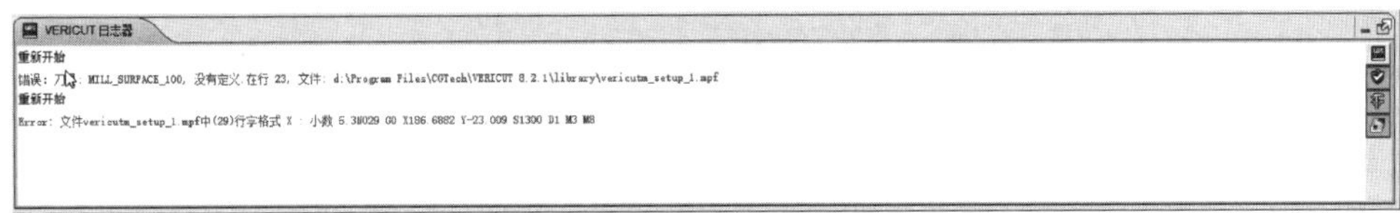

图 3.29　日志器

（5）配置工位（图 3.30）

VERICUT 视图窗口的左下方是配置工位，配置工位用来调整夹具、毛坯、工件的位置，管理模型的移动，可以调整模型的移动、旋转、组合、矩阵、坐标系等。

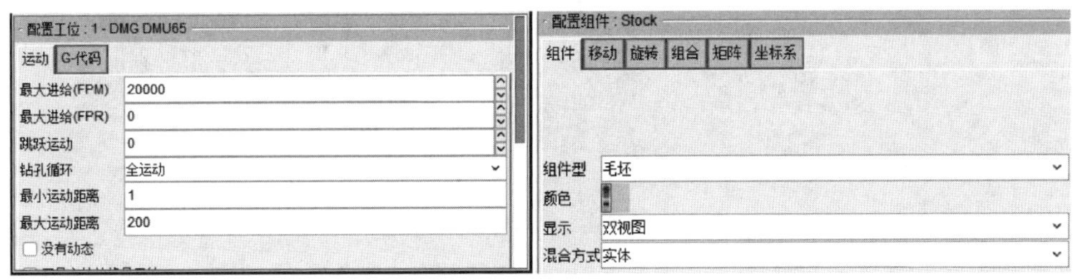

图 3.30　配置工位

3.4.2　四轴加工中心仿真流程

VERICUT 的仿真流程包括五部分，分别是数控机床、坐标系、G-代码偏置、加工刀具、数控程序。

（1）数控机床

VERICUT 仿真搭建首先要搭建数控机床，机床是仿真的基础，机床包括控制系统、机床结构（附件、碰撞、行程极限等）。

① 控制系统。

VERICUT 仿真需要根据实际机床的系统选择一款系统。双击“控制”可以弹出对话框，点击工作目录选择“库”，库里有很多可选系统，根据实际情况选择一款系统，见图 3.31。

② 机床结构。

双击“机床”在库中选择一款与实际情况相符的机床。库中包含了两轴的车床、三轴的铣床、四轴的加工中心、五轴的加工中心、车铣复合等。也可以自己建模搭建机床，但要保证搭建的机床满足传动的正确性。

a. 附件：包括夹具和毛坯。仿真的时候要根据真实情况 1∶1 建立夹具和毛坯，这样才能保证仿真的正确性。

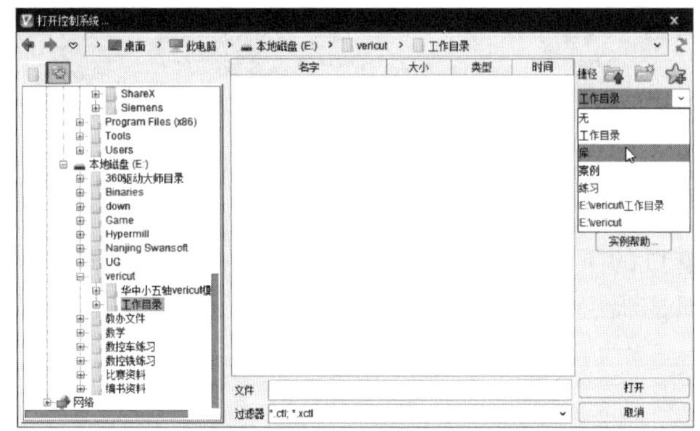

图 3.31　选择控制系统

b. 碰撞：主要来设置刀具和毛坯碰撞检查，见图 3.32。

c. 行程极限：主要控制仿真时机床行程情况，见图 3.33。

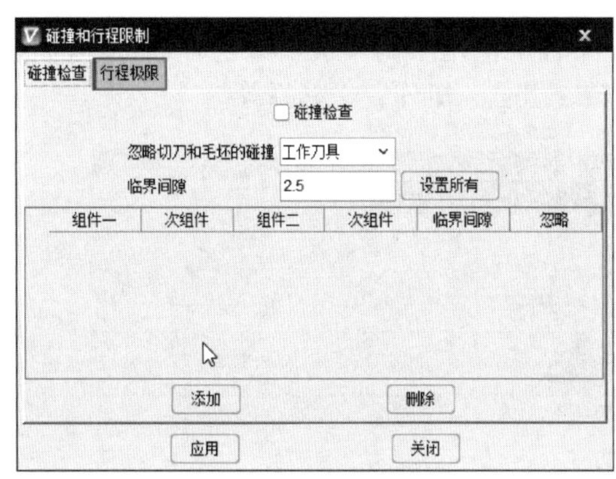

图 3.32　碰撞检查

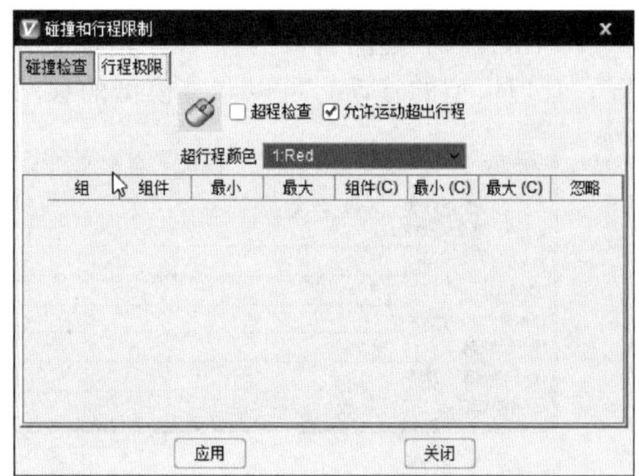

图 3.33　行程极限

(2) 坐标系

在项目树中右键单击坐标系，单击添加新的坐标系，通过配置坐标系把新建的坐标系 Csys1 坐标系移动到工件的坐标系的位置，见图 3.34。

(3) G-代码偏置

单击 G-代码偏置，在配置 G-代码偏置对话框中，在偏置栏中选择程序零点，在寄存器栏输入 54，选择从/到定位，从组件后面选择刀具 "Tool"，下面到选择 "坐标原点"，后选择 Csys1，单击添加，见图 3.35。

(4) 加工刀具

在左上角单击快捷菜单 "刀具"，弹出 "刀具管理器对话框"。VERICUT 有两种方法设置刀具：

① 添加刀具。在刀具管理器左侧右键选择 "添加刀具" 下拉菜单，有铣刀、孔加工刀具、车刀、探头等一系列工具，单击铣刀可以进入到铣刀设置界面，可以自行设置刀具的形状和刀柄的形状，见图 3.36。

② 搜索刀具。在刀具管理器左侧右键选择 "搜索刀具"，弹出 "搜索刀具" 对话框。单击搜索对话框右上角的 "浏览"，找到 VERICUT 的刀具库目录，点击安装盘下的 CGTech 文件夹，再单击 VERICUT 文件夹，单击 "training" 文件夹，右侧会出现刀具库，选择一

类适合的刀具，单击“复制”后，关闭搜索刀具对话框，见图 3.37。

图 3.34　添加新坐标系

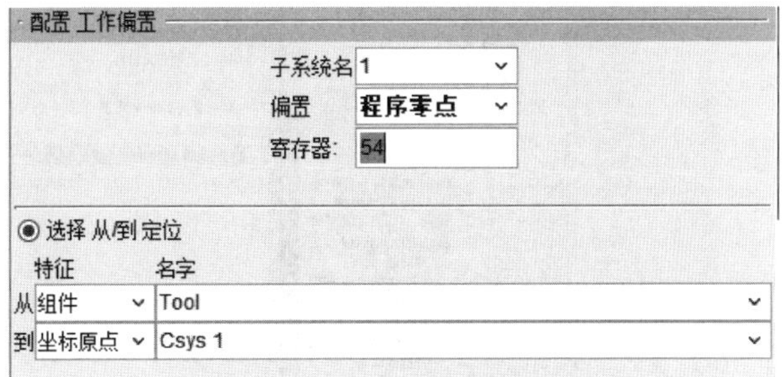

图 3.35　G-代码偏置

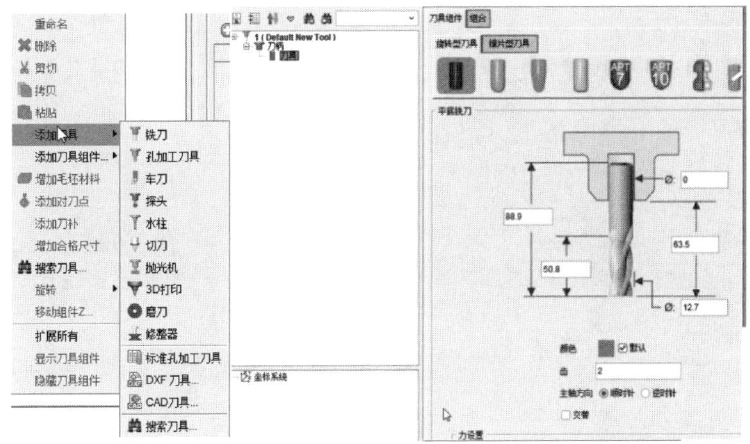

图 3.36　添加刀具

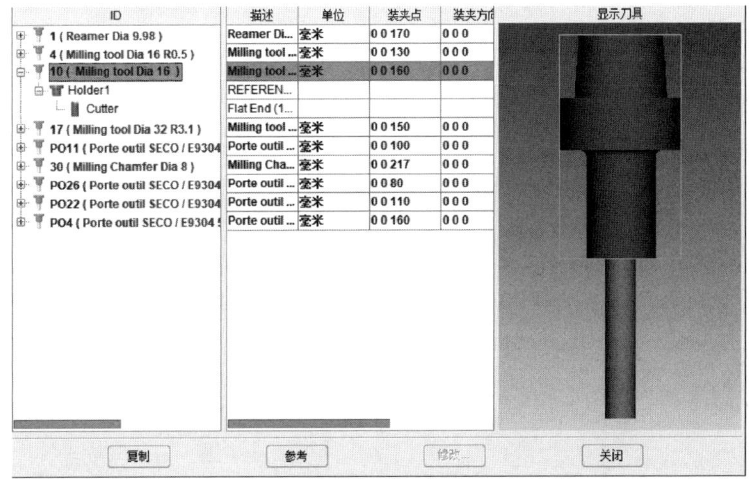

图 3.37　搜索刀具

(5) 数控程序

在 VERICUT 项目树中右键“数控程序”，单击“添加数控程序文件”，在数控程序对话框中找到要添加的仿真程序，见图 3.38。

图 3.38　添加数控程序文件

第4章

五轴双转台加工中心的操作、编程与仿真

知识目标

① 了解UG五轴编程刀轴控制；
② 了解五轴双转台加工中心的后置处理设置方法；
③ 掌握五轴双转台加工中心加工零件的流程。

能力目标

① 能够使用UG对零件进行编程；
② 会操作五轴双转台加工中心加工工件；
③ 使用VERICUT软件校验程序。

4.1 五轴双转台加工中心操作、编程基础

工艺特点：对于双转台五轴机床，首先准确获得工件在机床（工作台）上的装夹位置，一般是测量编程零点相对于五轴零点的坐标位置，而后在CAM建立工件坐标系，最后创建操作，生成刀具轨迹。刀具长度和编程无关。

4.1.1 五轴机床坐标系

双转台五轴加工中心机床坐标系包含3个直线轴（X、Y、Z）和2个旋转轴。2个旋转轴与机床机械结构有关：一种是绕X轴和Z轴旋转的A、C轴，见图4.1；另一种是绕Y轴和Z轴旋转的B、C轴，其中绕Z轴旋转的C轴是第5轴，见图4.2。

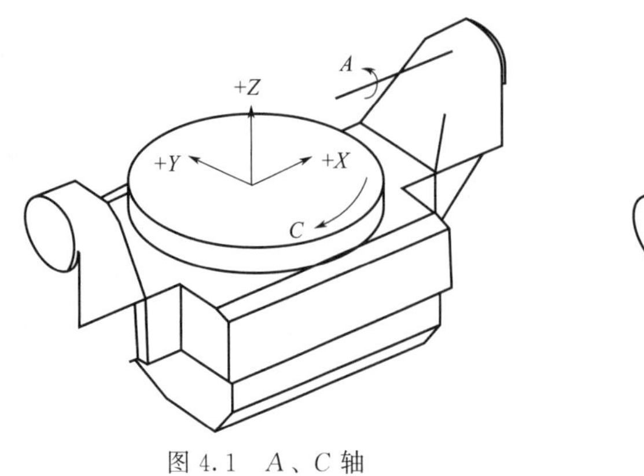

图 4.1　A、C 轴

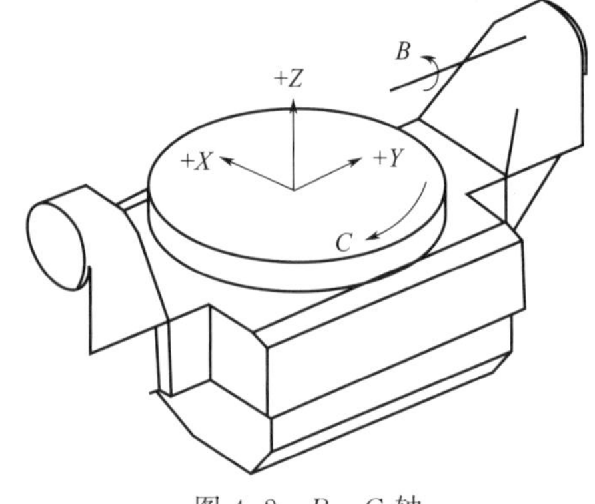

图 4.2　B、C 轴

(1) 机床零点

机床零点是由机床制造商规定的机床原点。五轴加工中心的机床零点通常设置在机床回转工作台中心。对于经济型五轴机床，零点一般设置在进给行程范围的终点。为了简化工件找正、对刀等操作，机床零点最好设置在四轴中心点或五轴中心点。对于带有 RPCP 功能的现代五轴机床，很多都提供了较好的对刀循环指令，无论机床零点设在何处，机床对刀操作都非常简单。

(2) 五轴中心点

五轴中心点是回转工作台表面和第 5 轴轴线的交点。编程零点一般设置在五轴中心点。检测五轴中心点和四轴中心点的距离是非常重要的工作，该距离是定制后处理必需的数据，是保证零件加工精度的基础。

4.1.2　工件装夹

五轴加工中心上加工工件时，零件的装夹与定位尤为重要，直接关系到工件成品的加工精度和质量。

对于圆柱形零件，典型的装夹方案是采用三爪卡盘来装夹。对于支架类零件则采用压板装夹，对于箱体类零件则采用专用工装进行装夹。对于小型零件，装夹时还要保证工件的露出高度和必要的装夹刚性，既要避免夹具和刀具的干涉，保证足够的装夹刚性，还要便于对刀。

4.1.3　对刀

(1) 确定工件零点

一般通过对刀棒测量工件在机床坐标系中的位置。也可采用光电寻边器测量工件零点，对于现代较先进的机床则采用 3D 测头。

(2) 测量刀具长度

在五轴加工中，一般采用绝对刀长，可以通过激光对刀仪测量，也可通过机内对刀仪测量。对于经济型五轴机床，也可通过对刀棒、Z 轴设定仪测量。

4.2　UG 五轴编程

4.2.1　用于定位加工的操作

五轴定位加工的实质就是三轴功能在特定角度（即“定位”）的实现，简单地讲，就是当机床转了角度以后，还是以普通三轴的方式进行加工，因此三轴应用上的特性均可在五轴定位加工上复用，其实现的方法是对坐标系旋转和平移。常见的五轴定位加工有平面铣、型腔铣、固定轴轮廓铣、孔加工等操作。

4.2.2　用于五轴联动加工的操作

五轴联动是数控术语，联动是数控机床的轴按一定的速度同时到达某一个设定的点，五轴联动加工是五个轴都可以在计算机数控（CNC）系统的控制下同时协调运动进行加工。五轴联动加工通常用于加工复杂曲面带有扭转角度的工件。使用的编程方法为可变轴轮廓铣，对零件的曲面区域进行加工，见图 4.3。通过对刀轴方向、投影矢量、驱动面的控制，可变轴轮廓铣为四轴和五轴加工中心提供了一种高效的、强大的编程功能，使 CAM 编程员能够实现从简单零件到复杂零件的加工，是多轴加工最常用的操作。

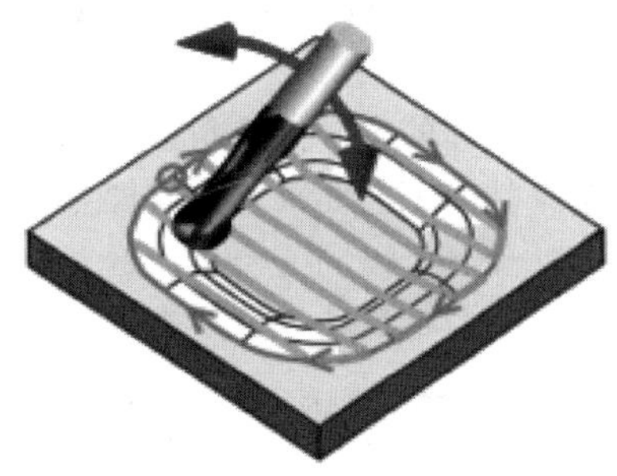

图 4.3　可变轴轮廓铣

4.2.3　刀轴控制

UG 为多轴加工提供了丰富的刀轴控制方法，使多轴加工变得非常灵活。这些刀轴控制方法必须与不同的操作、不同的驱动方式配合，才能完成不同的加工任务。在选择刀轴控制方法时，必须考虑到机床工作台在回转中，以及刀具与工作台、夹具、零件的干涉。减小工作台的旋转角度，并尽可能使工作台均匀缓慢旋转，对五轴加工是至关重要的。

(1) 可变轴轮廓铣中的刀轴控制方法

① 离开点、朝向点、离开直线、朝向直线。

② 相对于矢量、垂直于部件、相对于部件。

③ 四轴、垂直于部件，四轴、相对于部件，双四轴在部件上。

④ 插补矢量、插补角度至部件、插补角度至驱动。

⑤ 垂直于驱动体、相对于驱动体。

⑥ 侧刃驱动体。

⑦ 四轴、垂直于驱动体，四轴、相对于驱动体，双四轴在驱动体上。

(2) 顺序铣中的刀轴控制方法

① 垂直于部件表面（Normal to PS）：刀轴保持垂直于零件面。

② 垂直于驱动曲面（Normal to DS）：刀轴保持垂直于驱动面。

③ 平行于部件表面（Parallel to PS）：使刀具的侧刃保持与部件表面的直纹线在接触点处平行。该选项必须在刀具上指定一圈环，以确定刀具侧刃与部件表面接触的位置。

④ 平行于驱动曲面（Parallel to DS）：使刀具的侧刃保持与驱动曲面的直纹线在接触点处平行。该选项也必须在刀具上指定一圈环，以确定刀具侧刃与驱动曲面接触的位置。

⑤ 相切于部件表面（Tangent to PS）：刀具与当前运行方向垂直，侧刃与部件表面相切。也必须指定一圈环。

⑥ 相切于驱动曲面（Tangent to DS）：刀具与当前运行方向垂直，侧刃与驱动曲面相切。也必须指定一圈环。

⑦ 与部件表面成一定角度（At Angle to PS）：刀具与部件表面法向保持一个固定角度，和运行方向也保持一定的角度（前角或后角选项）。

⑧ 与驱动曲面成一定角度（At Angle to DS）：刀具与驱动曲面法向保持一个固定角度，和运行方向也保持一定的角度（前角或后角选项）。

⑨ 扇形（Fan）：从起始点到停止点刀轴均匀变化。

⑩ 通过固定的点（ThruFixed Pt）：刀具轴线总是通过一个固定的点。

4.3　UG 五轴双转台加工中心后处理定制

后处理的定制涉及很多的内容，包括机床参数、数控系统功能、编程员的个人习惯，甚至是零件的工艺要求。通常要根据机床零点、编程零点、加工轨迹的控制等多种情形做对应的后处理，所以同一台机床针对不同的情形，可能需要不同的后处理。下面的后处理不包括五轴加工的特殊功能，所有加工指令在机床坐标系下运行。

4.3.1　采集机床数据

① 机床型号：DMG DMU50。

② 控制系统：FANUC。

德玛吉五轴机床选配海德汉 iTNC530 系统或西门子 Siemens 840D 系统。由于 ISO 标准的 G 代码程序清晰度较高，并为数控技术人员所熟悉，所以在案例中选配了 FANUC 16 的系统。

③ 机床零点：工作台中心点。

④ *B* 轴（第 4 轴）零点：*B* 轴和 *C* 轴轴线的交点，实测坐标（X0 Y0 Z50）。

【提示】 当零件的加工精度达不到要求或机床发生碰撞后，都要重新测量 *B* 轴零点坐标。在机床保养中，每隔一段时间就要检测 *B* 轴零点是否发生零偏（比如由于机床的振动光栅尺发生了位移）。

⑤ *C* 轴（第 5 轴）零点：工作台中心点（X0 Y0 Z0）。

⑥ 编程零点：*C* 轴零点（X0 Y0 Z0）。

⑦ 机床参考点：（X250 Y260 Z545）（机床右上角行程极限点）。

⑧ 机床行程：X-500～0，Y-450～0，Z-400～0，B-0～110，C-3600～3600。

4.3.2　定制后处理

① 打开 UG12.0 版本的后处理构造器，设置后处理名为“Y37”、后处理输出单位、后处理机床类型、控制器模板，界面见图 4.4。

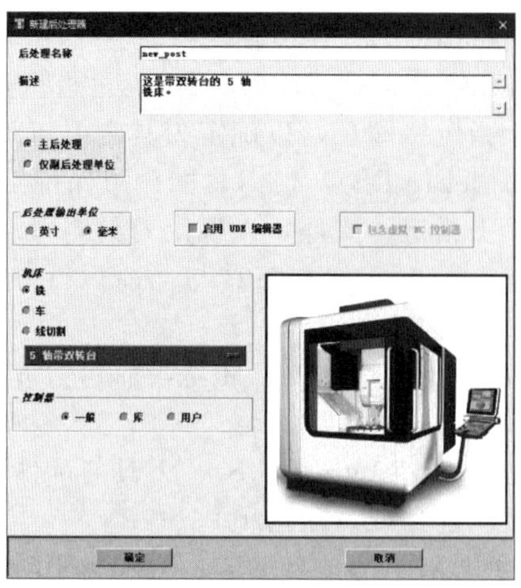

图 4.4　设置后处理

② 设置直线轴参数，见图 4.5。

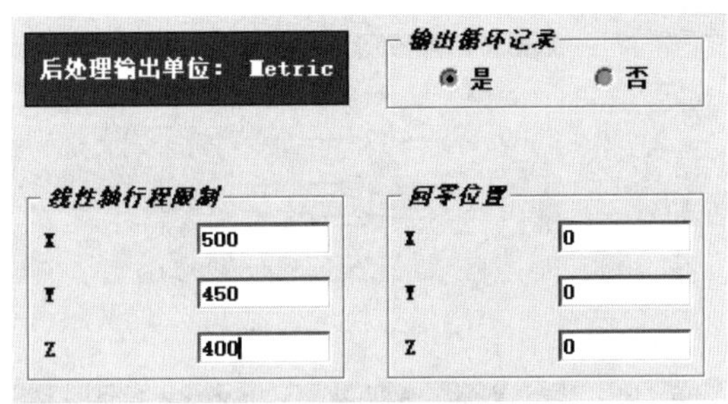

图 4.5　设置直线轴参数

③ 设置第 4、5 轴参数。

a. 设置四轴零点和第 4 轴行程，见图 4.6。

b. 设置五轴零点、四轴零点的位置关系和第 5 轴行程，见图 4.7。

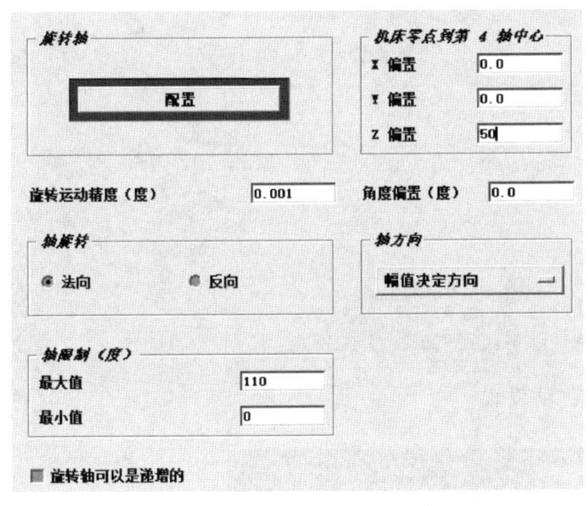

图 4.6　设置四轴零点和第 4 轴行程

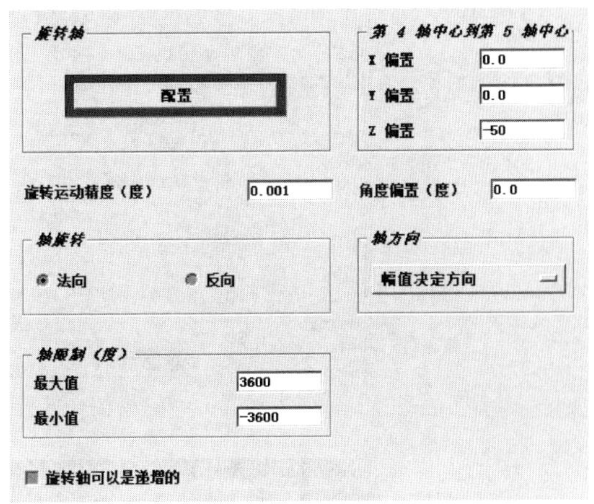

图 4.7　设置五轴零点、四轴零点的位置关系和第 5 轴行程

【提示】五轴零点相对于四轴零点的坐标偏差是 X0Y0Z-50。

c. 设置第 4 轴、第 5 轴的名称，见图 4.8。

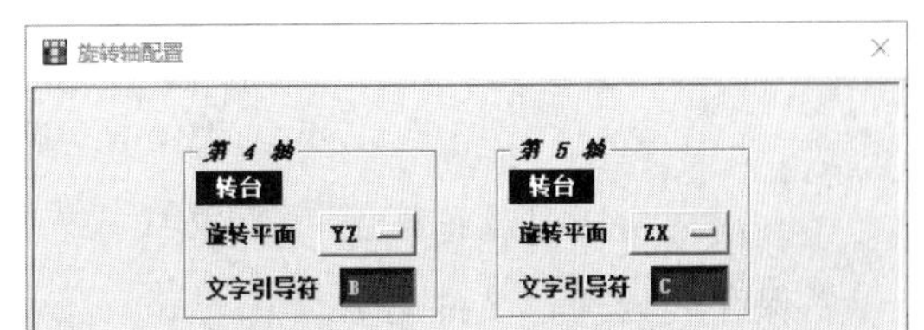

图 4.8　设置第 4 轴、第 5 轴的名称

④ 换刀设置。为避免刀具和工件、夹具、回转工作台发生碰撞，在换刀结束后，添加 Z 轴返回参考点指令 G91 G28 Z0。刀具沿 Z 轴退回最远端。界面见图 4.9。

⑤ 快速移动 G00 设置。为避免刀具快速移动时发生刀具和工件碰撞，在刀具快速定位时，通常先移动 X、Y、B、C 轴，而后沿 Z 轴接近工件，避免 Z 轴和旋转轴同时快速动，见图 4.10。

⑥ 设置退刀操作。操作结束后，为避免在下一个操作中 B、C 轴旋转时造成刀具和工件的碰撞，在每一个操作结束时，Z 轴要退回正向最远点。由于机床参考点在机床的右上角极限行程终点，所以添加刀具返回参考点指令 G91 G28 Z0，见图 4.11。

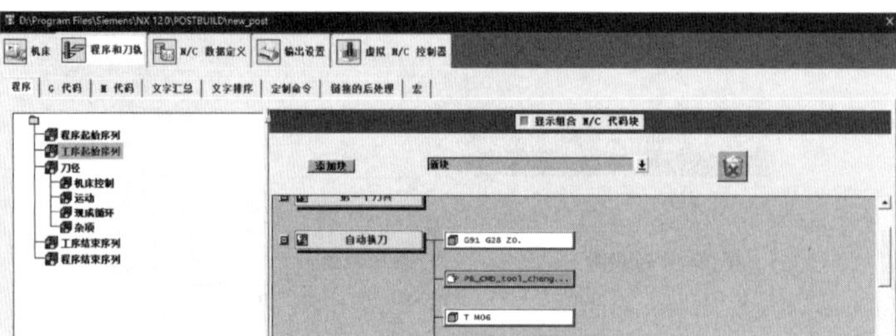

图 4.9　换刀设置

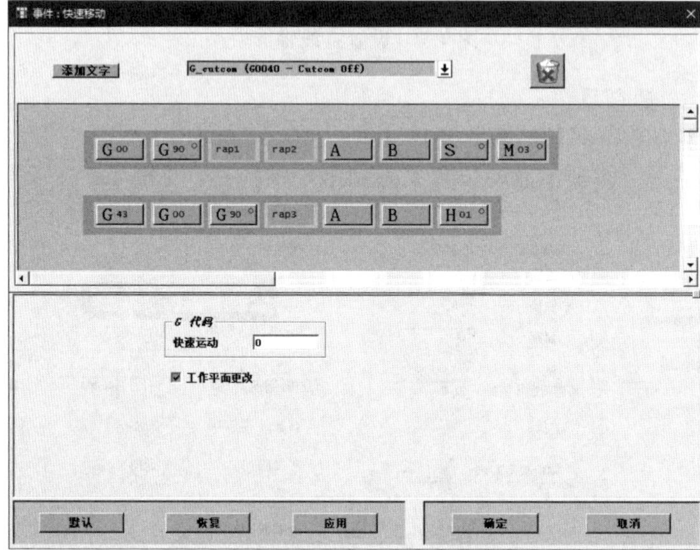

图 4.10　快速移动设置

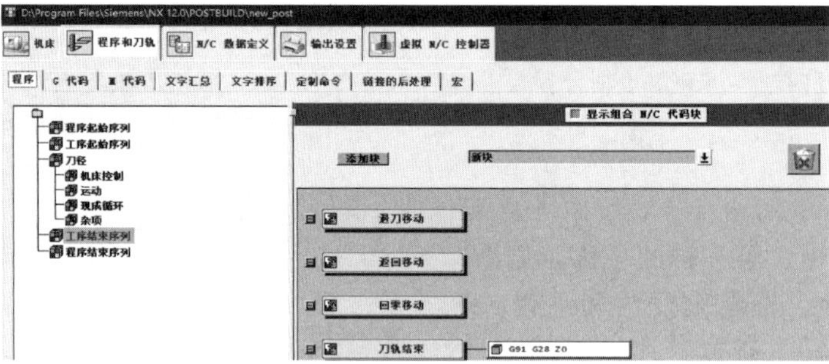

图 4.11　设置退刀操作

⑦ 其他设置同四轴后处理。

⑧ 保存后处理，文件名为 Y37.pui。

4.4　五轴零件的加工流程

4.4.1　工艺分析

① 分析图纸，棱台零件图纸见图 4.12。

② 选择夹具：平口钳。

③ 刀具选择：$\phi 8$ 键槽铣刀。

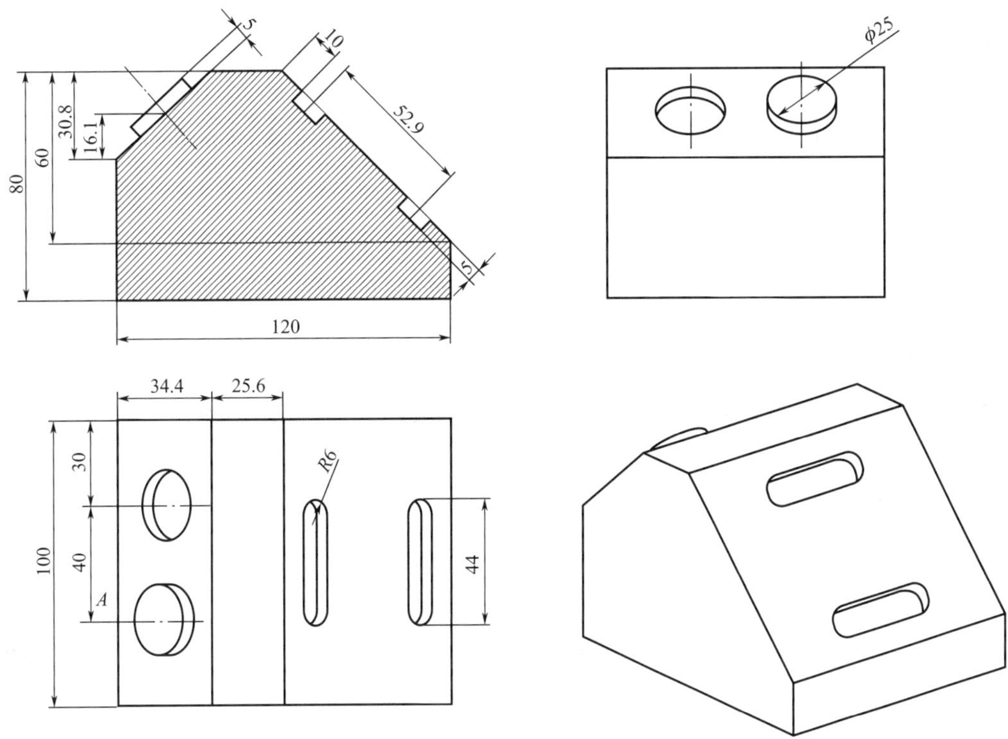

图 4.12　棱台零件图纸

4.4.2 机床操作

(1) 装夹工件

找正虎钳，在 BOCO 状态下，拉平虎钳的固定钳口，而后放置合适尺寸的垫铁，夹紧工件，见图 4.13。

(2) 对刀

G54 设置为 X0Y0Z0，见图 4.14。测量刀具长度方案如下。

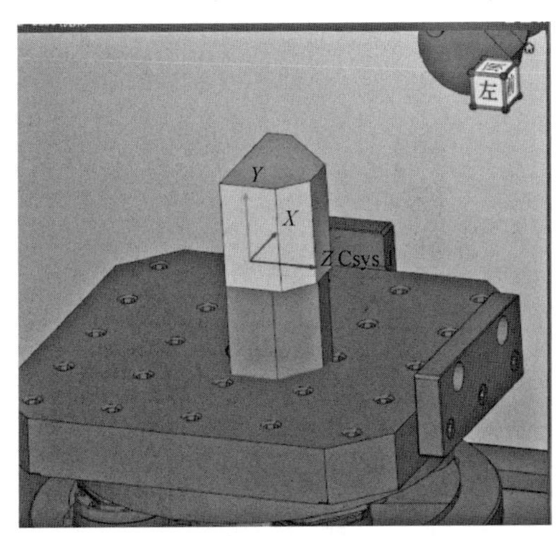

图 4.13　装夹工件

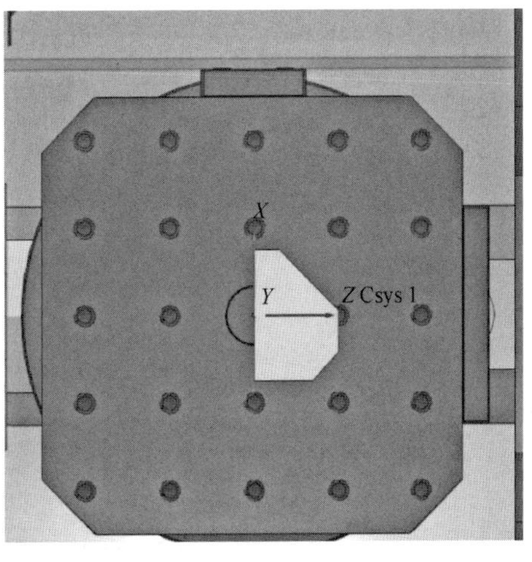

图 4.14　对刀

方案 1：通过激光对刀仪测量所有刀具的长度。

方案 2：在工作台表面（或已知坐标平面）采用对刀棒或 Z 轴设定仪对刀。

【提示】对于机床零点不在五轴零点的机床，要提前测量五轴中心的坐标，并写入相应的工件偏置（例如 G54）中，在加工时，调用对应坐标系（例如 G54）。

4.4.3　UG 编程

① 打开 D:\Y37.prt。

② 进入加工模块，在加工环境中选择“多轴铣加工”，见图 4.15。

③ 设置加工环境。在主菜单单击“首选项”按钮、“加工”按钮，进入加工首选项界面，勾选“将 WCS 定向到 MCS”，见图 4.16。定制合适的加工环境，可以使工作过程变得非常轻松，提高工作效率。

图 4.15　加工模块

图 4.16　加工首选项

④ 在刀具视图模式下，创建刀具并设置刀具参数，见图 4.17。注意在设置刀具参数时，根据刀具实际参数设置，并完成刀具编号的设置。

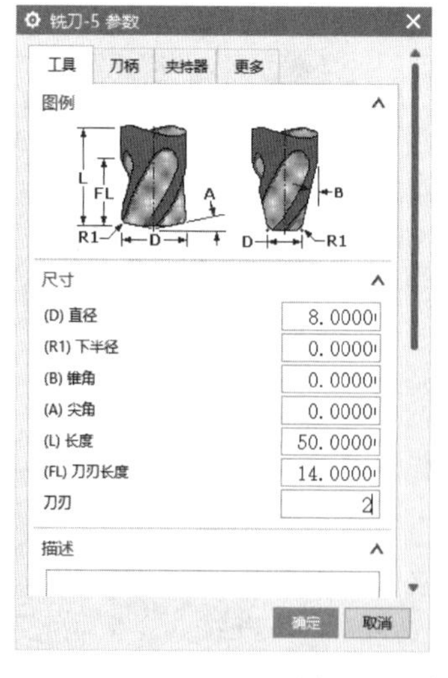

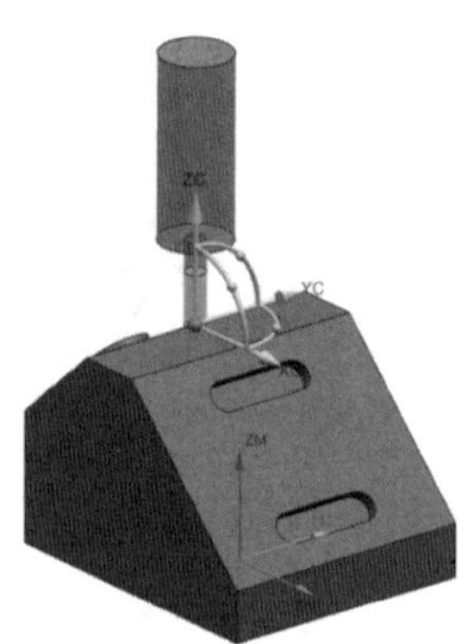

图 4.17　创建刀具

⑤ 设置加工坐标系、安全平面。在几何视图下，编辑加工坐标系，见图 4.18。

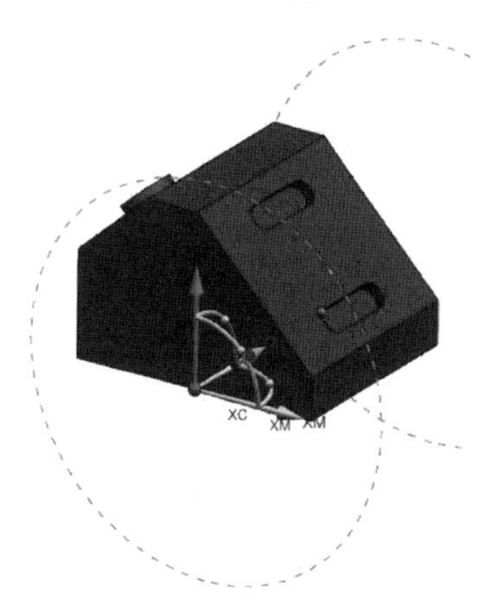

图 4.18　加工坐标系设置

⑥ 创建加工几何体。在工序导航器中双击“WORKPIECE”图标，弹出“工件”对话框，见图 4.19，指定部件、指定毛坯，指定结束，单击“确定”键。

⑦ 编程。采用“3＋2 定位加工”的方式，完成斜面及键槽、斜面、圆台及圆柱槽的加工。

第 1 步：单击“创建加工工序”，在弹出的菜单中选“平面铣”，见图 4.20。

第 2 步：单击“确定”，弹出菜单（见图 4.21），点击“主要”，选择“指定部件边界”，选择“面的边界”，“指定底面”选择“面的底面”，“切削模式”选择“跟随周边”，“步距”选择“刀具 70%”。

第 3 步：点击“刀轴与刀具补偿”，弹出菜单（见图 4.22），选择“刀轴垂直于底面”，“刀具补偿”

图 4.19　工件对话框

图 4.20　创建加工工序

选择“最终精加工刀路”等。

图 4.21　主要菜单

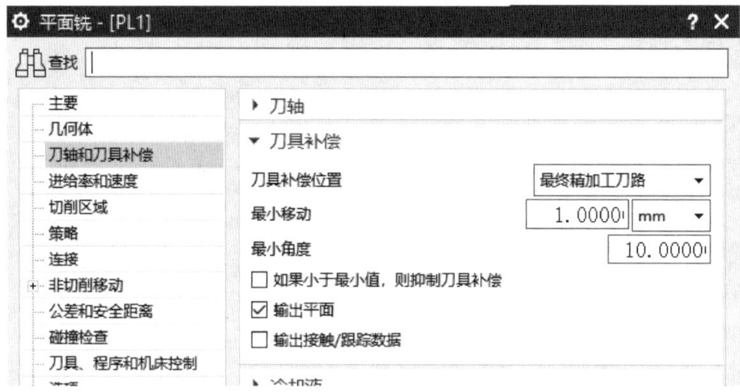

图 4.22　刀轴与刀具补偿菜单

第 4 步：依次创建 PL1、PL2、NX1、NX2，完成斜面键槽铣削（图 4.23），生成刀轨见图 4.24。

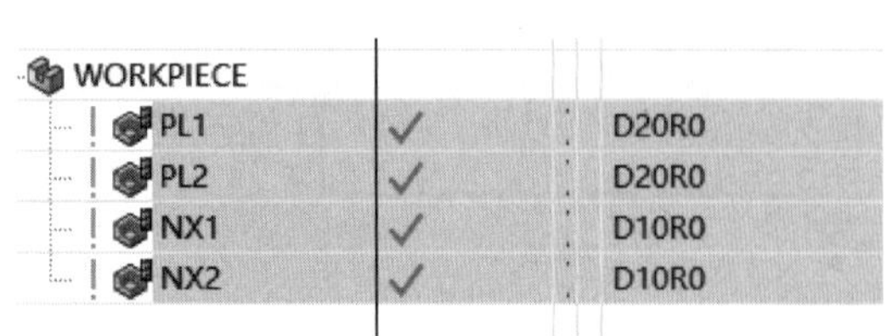

图 4.23　加工零件程序名

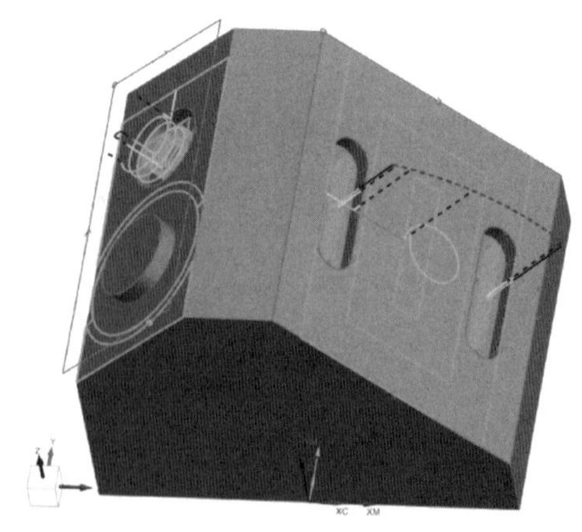

图 4.24　加工零件生成路径

⑧ 后处理。在程序视图模式下，按照加工顺序，选择所有操作，使用 FANUC 系统的后处理，生成 NC 程序 NX. ptp、PL. ptp，见图 4.25。程序清单见图 4.26。

```
%
G40 G17 G49 G80
G91 G28 Z0.0
T20 M06
G90 G54 G00 Z100.
(PROGRAM_name:PL)
(Tool_name:D20R0)
(Tool_diameter:20.0)
G00 G90 X-18.542 Y50.694  S1000 M03
B45.
Z59.569
G03 X-18.542 Y50.694 Z56.605 R9. F1000.
X-18.569 Y50. Z56.569 R9.
G01 Y28.
X-9.716
Y72.
X-18.569
Y50.
X-32.569
Y14.
X4.284
Y86.
X-32.569
Y50.
X-46.569
Y0.0
X18.284
Y100.
X-46.569
Y50.
X-36.569
Z59.569
G00 Z100.
B318.16
X2.655 Y64.188
Z84.678
```

```
%
G40 G17 G49 G80
G91 G28 Z0.0
T10 M06
G90 G54 G00 Z100.
(Tool_name:NX)
(Tool_name:D10R0)
(Tool_diameter:10.0)
G00 G90 X12.624 Y49.293  S1000 M03
B45.
Z66.569
G01 Z55.569 F250.
G41 G19 X13.331 Y50. D01
Y66.
G03 X11.331 Y66. R1.
G01 X11.331 Y34.
G03 X13.331 Y34. R1.
G01 X13.331 Y50.
G40X12.624 Y50.707
X12.624 Y50.707 Z65.569
```

图 4.25　后处理程序

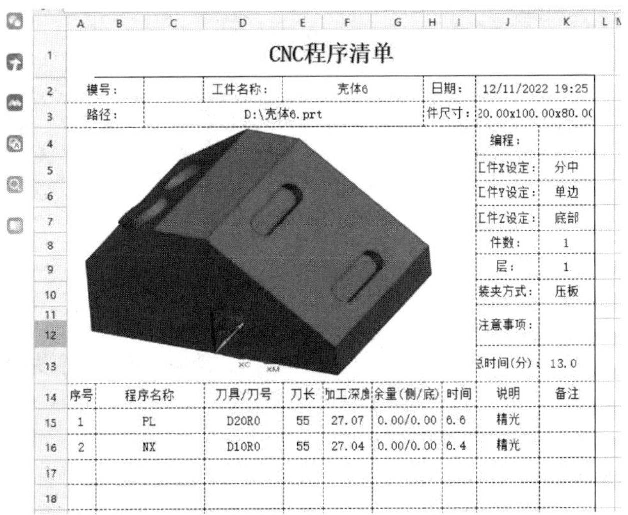

CNC程序清单

模号：		工件名称：	壳体6	日期：	12/11/2022 19:25
路径：	D:\壳体6.prt			件尺寸：	20.00x100.00x80.0(

编程：	
C件X设定：	分中
C件Y设定：	单边
C件Z设定：	底部
件数：	1
层：	1
装夹方式：	压板
注意事项：	
总时间(分)：	13.0

序号	程序名称	刀具/刀号	刀长	加工深度	余量(侧/底)	时间	说明	备注
1	PL	D20R0	55	27.07	0.00/0.00	6.6	精光	
2	NX	D10R0	55	27.04	0.00/0.00	6.4	精光	

图 4.26　CNC 程序清单

4.4.4　VERICUT 仿真

① 创建新项目 A0. vcproject，单位 mm。

② 配置机床牧野 A55，配置控制系统 FANUC16im（可选配置控制系统 hei530. ctl），见图 4. 27。

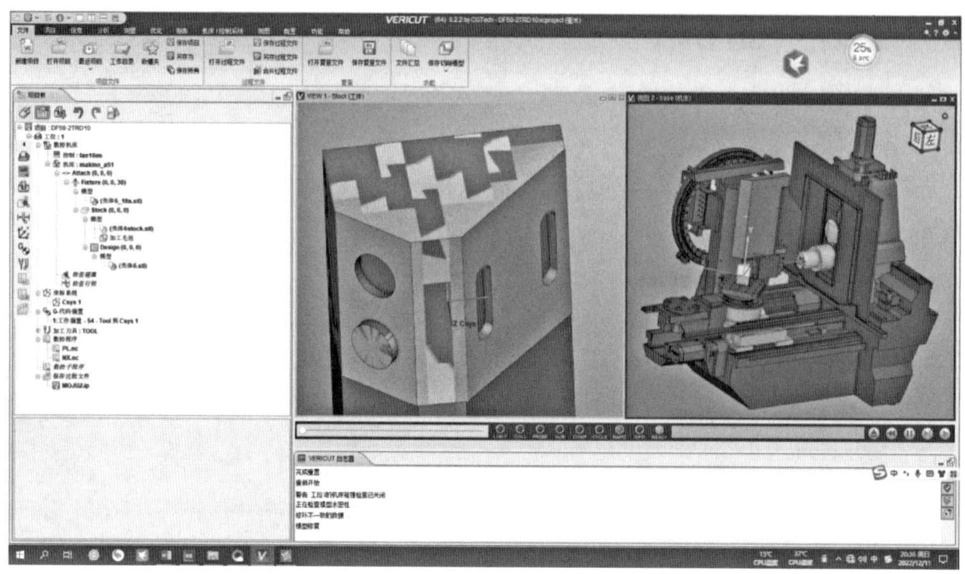

图 4. 27　配置机床及控制系统

③ 调入垫块、毛坯与零件，且加工部位有余量，见图 4. 28。

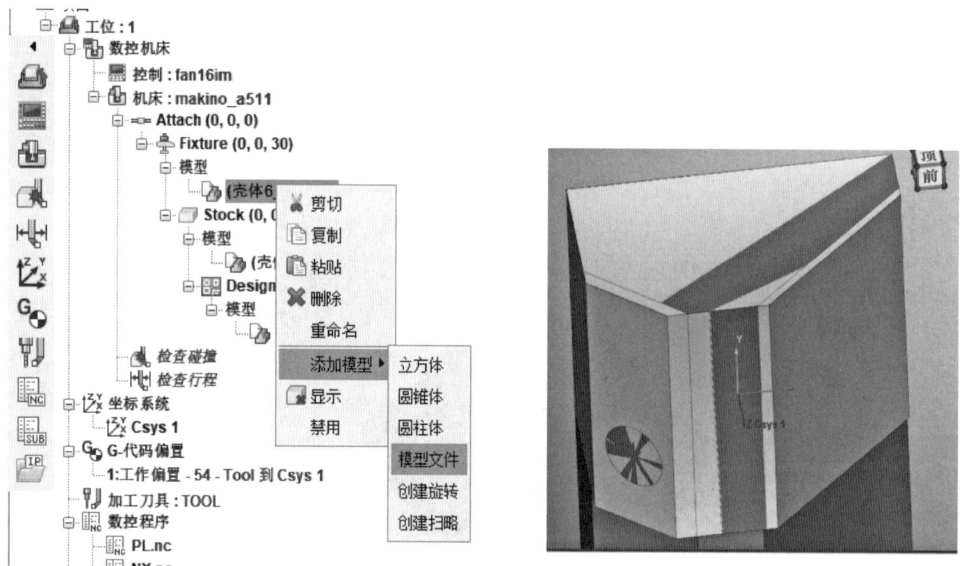

图 4. 28　调入垫块、毛坯、零件

④ 设置加工坐标系。设置 G54 坐标系为 X0、Y0、Z0，设置界面见图 4. 29。

⑤ 创建刀库 A0. tls，见图 4. 30。

⑥ 调入程序 01. ptp，见图 4. 31(a)。

⑦ 执行程序。单击屏幕右下角的绿色三角箭头“”，对加工过程进行仿真，见图 4. 31(b)。

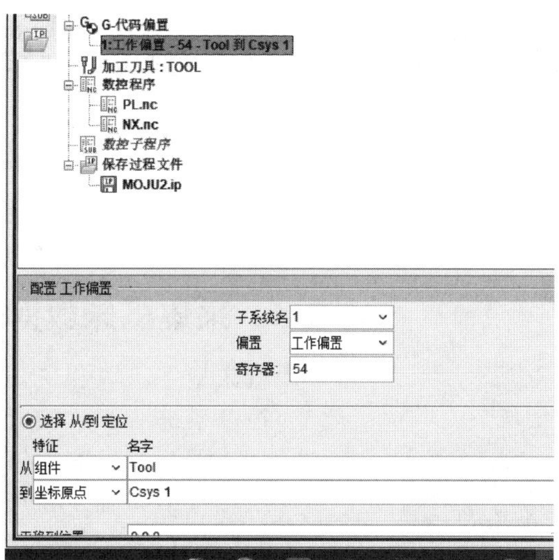

图 4.29　设置加工坐标系

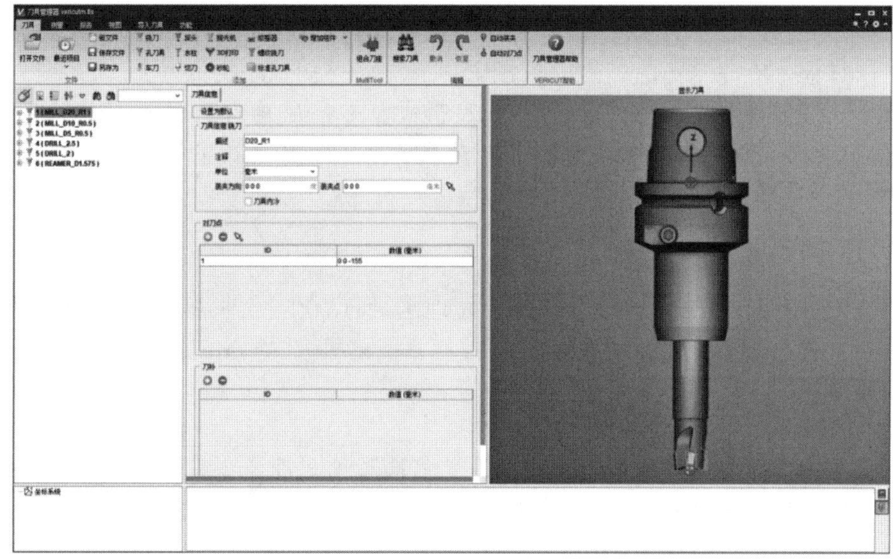

图 4.30　创建刀库 A0.tls

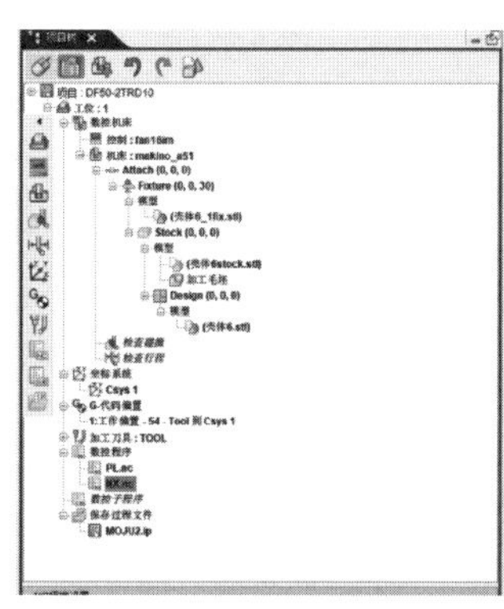

(a) 调入程序01.ptp

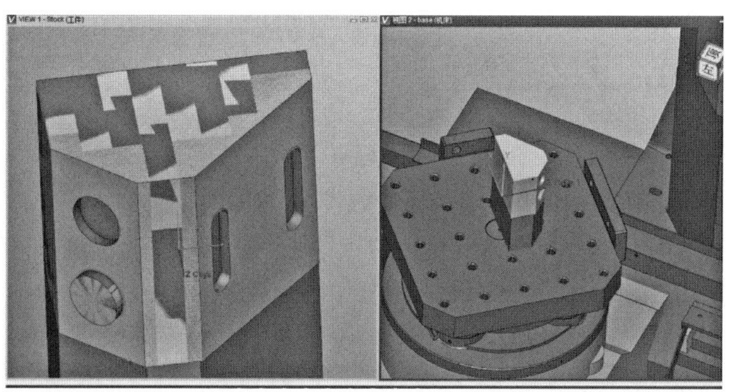

(b) 仿真加工过程

图 4.31　调入程序 01.ptp 及仿真加工过程

4.5　经济型五轴双转台加工中心 UG 后处理定制

经济型五轴加工中心，通常是在三轴加工中心的基础上加装一个双转台。此类机床通常设置成 *BC* 轴结构，适合加工轴类零件和小型零件，见图 4.32。也有一些机床设置成 *AC* 轴结构，虽然加工视野较好，但加工行程会受到很大限制。

图 4.32　经济型五轴加工中心

4.5.1　采集机床数据

① 机床型号：华中 VMC1060。

② 控制系统：华中 818B。

③ 机床零点：工作台右上角。

④ *B* 轴（第 4 轴）零点：*B* 轴和 *C* 轴轴线的交点，实测坐标（X-305 Y-203 Z-617）。

⑤ *C* 轴（第 5 轴）零点：*B* 轴和 *C* 轴轴线的交点。

⑥ 编程零点：*B* 轴零点。

⑦ 机床行程：X-750～0，Y±260，Z-450～0，A±110，C±99999。

【提示】对于经济型五轴机床，通常假设 *C* 轴零点和 *B* 轴零点重合，这是为了简化编程。*C* 轴零点也可以设在工作台表面和 *C* 轴轴线的交点，只要在实际编程中和自己的后处理一致，就能够满足加工要求。

4.5.2　定制后处理

① 打开 UG 的后处理构造器，设置后处理名“HuaZhong-818”、后处理单位“Millimeters”、后处理机床类型“五轴双转台”、控制系统模板“Generic”。

② 设置第 4、5 轴参数。

a. 设置四轴零点和第 4 轴行程（图 4.33）。

【提示】四轴零点相对于机床坐标系的偏置都设置成 0 后，在实际加工中，只要在工件坐标系中输入 *B* 轴零点的实际机床坐标即可，例如在 G54 中输入“X-305 Y-203 Z-617”。

b. 设置五轴零点、四轴零点的位置关系和第 5 轴行程（图 4.34）。

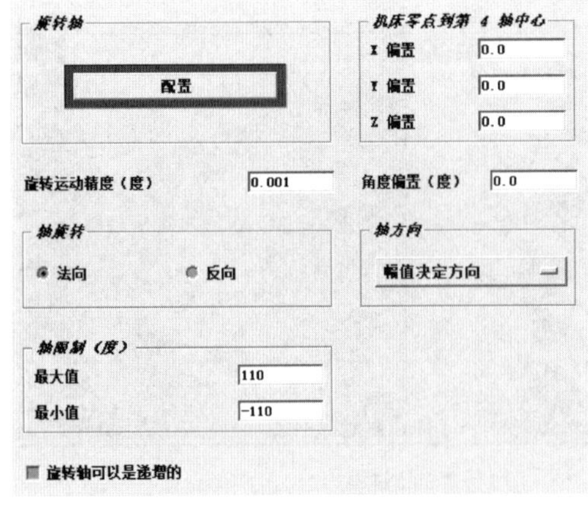

图 4.33　设置四轴零点与行程

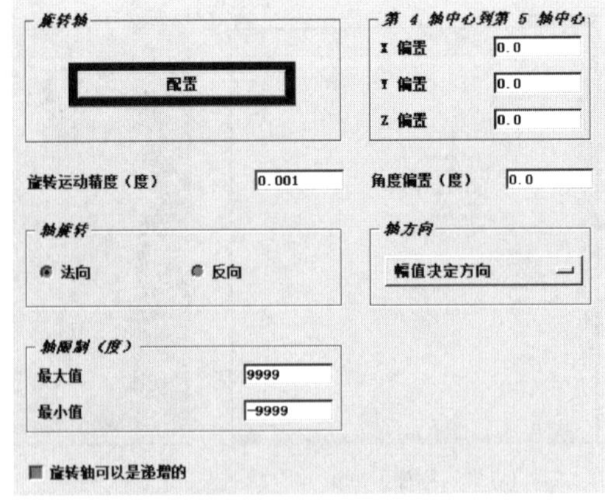

图 4.34　五轴设置

c. 设置第 4 轴、第 5 轴的名称，见图 4.35。

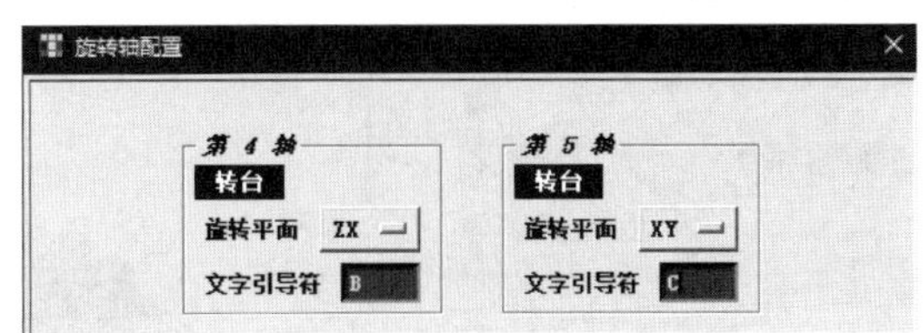

图 4.35　设置旋转轴名称

③ 其他设置（略）。

④ 保存后处理。

4.6　五轴零件的加工流程

4.6.1　工艺分析

① 图纸，见图 4.12。

② 装夹方案：三爪卡盘，工件零点 G54 在五轴中心点，见图 4.36。

③ 选择刀具：ϕ8 键槽铣刀。

④ 对刀，确定工件零点 G54。

a. 用寻边器测量回转工作台中心 X、Y 坐标。

b. 在 B90 状态下，间接测量回转台中心的 Z 坐标，具体步骤为先测量回转台直径，在测量回转台中心到工作台表面（也可以是已知 Z 坐标的某一平面）的距离，通过工作台表面的 Z 坐标，反向计算四轴中心点坐标。本案例实测为 X-304.75 Y206.5 Z-180，则在机床 G54 坐标系中输入“X-304.75 Y206.5 Z-180”。

c. 测量工件编程零点（设定在工件顶面中心点）相对于坐标系 G54 中的位置。实测为 X0 Y0 Z310.88（图 4.36）。此数据将用于后续的 CAM 编程。

d. 测量刀具长度：

方案 1，通过激光对刀仪测量所有刀具的长度。

方案 2，在工作台表面（或已知坐标平面）采用对刀棒或 Z 轴设定仪对刀。对于本案例，由于已知编程零点（工件上顶面）的坐标为 Z310.88，则当刀尖和工件上表面贴合后，输入“Z310.88”测量即可（适用于 FANUC 系统）。

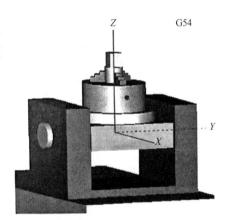

图 4.36　工件零点 G54

4.6.2　UG 编程

① 打开文件“棱台 . prt”。

② 进入加工模块，调整“主加工坐标系”和零件对应，具体位置就是工件上表面中心点下方 X0 Y0 Z310.88 位置，见图 4.37。

③ 后处理，生成程序。

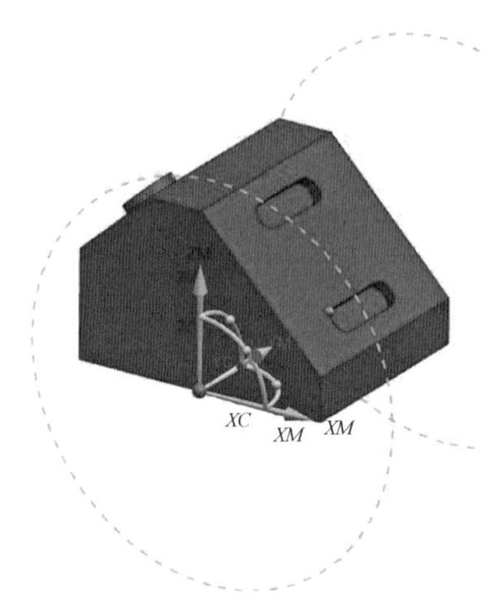

图 4.37　调整坐标系

4.6.3　VERICUT 仿真

① 打开项目“华中 818B vcproject”。

② 检查 G54 零点。

③ 检查刀库。

④ 调入程序。

⑤ 模拟加工，见图 4.38。

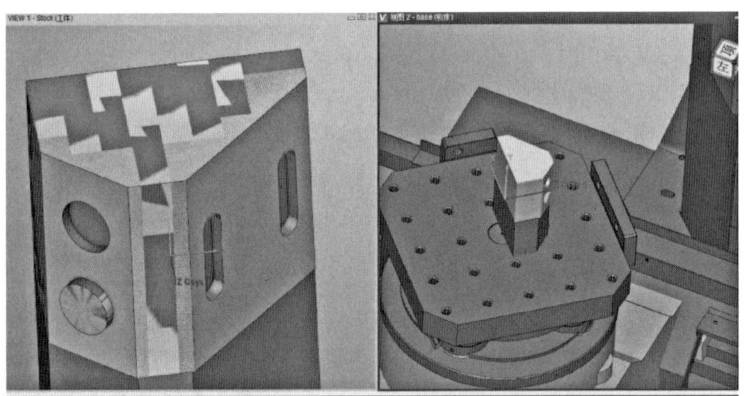

图 4.38　模拟加工

第5章

其他五轴加工中心的操作与编程案例

知识目标

① 了解其他五轴加工中心的后置处理设置方法；
② 掌握其他五轴加工中心加工零件的流程。

能力目标

① 能够使用UG对零件进行编程；
② 使用VERICUT软件校验程序。

5.1 案例工艺分析

本章将通过一个加工案例，介绍不同种类五轴机床的编程、操作。

5.1.1 零件分析

图 5.1 为一个五轴案例的程序单，毛坯为 304 不锈钢精铸，直径 90mm、高度 120mm 的圆柱。25 个直径为 4mm 的孔，本工序要求对所有面角的地方倒 $R2$ 的角。

5.1.2 工件装夹

工装采用卡盘的装夹方式，见图 5.2。工件零点设在零件底面中心点。图 5.3 为加工完的模型图。

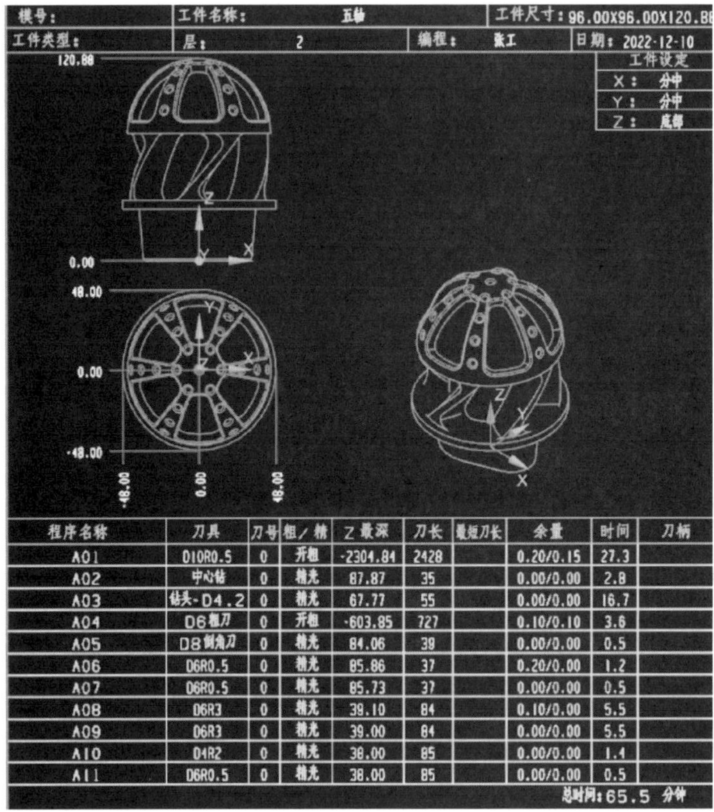

模号：	工件名称：	五轴	工件尺寸：96.00X96.00X120.88
工件类型：	层：2	编程：张工	日期：2022-12-10

程序名称	刀具	刀号	粗/精	Z 最深	刀长	最短刀长	余量	时间	刀柄
A01	D10R0.5	0	开粗	-2304.84	2428		0.20/0.15	27.3	
A02	中心钻	0	精光	87.87	35		0.00/0.00	2.8	
A03	钻头-D4.2	0	精光	67.77	55		0.00/0.00	16.7	
A04	D6粗刀	0	开粗	-603.85	727		0.10/0.10	3.6	
A05	D8倒角刀	0	精光	84.06	39		0.00/0.00	0.5	
A06	D6R0.5	0	精光	85.86	37		0.20/0.00	1.2	
A07	D6R0.5	0	精光	85.73	37		0.00/0.00	0.5	
A08	D6R3	0	精光	39.10	84		0.10/0.00	5.5	
A09	D6R3	0	精光	39.00	84		0.00/0.00	5.5	
A10	D4R2	0	精光	38.00	85		0.00/0.00	1.4	
A11	D6R0.5	0	精光	38.00	85		0.00/0.00	0.5	

总时间：65.5 分钟

图 5.1　案例程序单

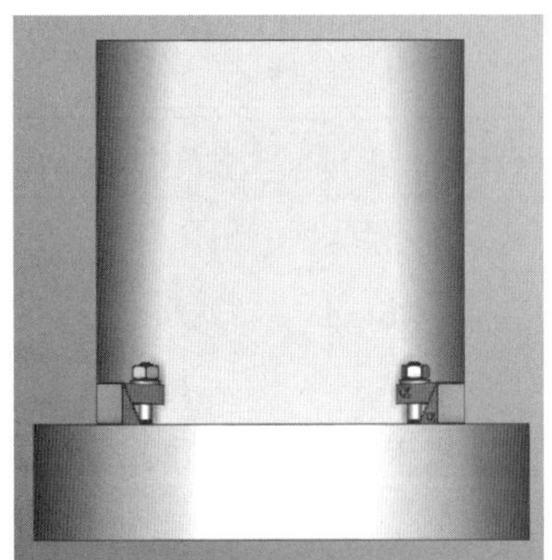

图 5.2　工件装夹

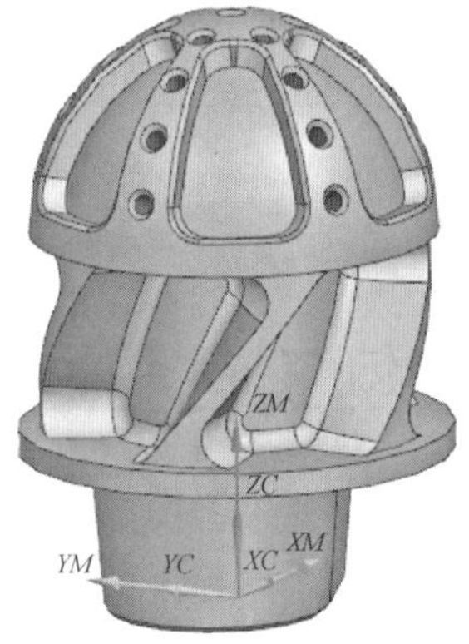

图 5.3　模型图

5.1.3　刀具选择

T1：D10R0.5 铣刀。

T2：D2 铣刀。

T3：D4.2 钻刀。

T4：D12 铣刀。

T5：D8 倒角铣刀。

T6：D6R0.5 铣刀。

T7：D6R3 铣刀。

T8：D4R2 铣刀。

5.1.4　UG 编程

零件的 UG 编程已经在五轴案例 1 文件夹中完成。

5.2　双摆头五轴加工中心机床加工案例

工艺特点：对于普通的双摆头五轴加工中心机床，首先要装夹刀具，并测量刀具的长度，而后根据刀具的实际长度生成 NC 程序。最后对刀，确定工件零点，并调入程序，加工工件。因刀具磨损或损坏等情况更换刀具后，必须重新生成 NC 程序。

5.2.1　对刀

① 选择刀柄，装夹刀具，并测量刀具长度（图 5.4）。D10R0.5 铣刀（T1）的刀具长度实测为 129.48mm。D2 铣刀（T2）的刀具长度实测为 129.97mm。D4.2 钻刀（T3）的刀具长度实测为 164.60mm。D12 铣刀（T4）的刀具长度实测为 164.83mm。D8 倒角铣刀

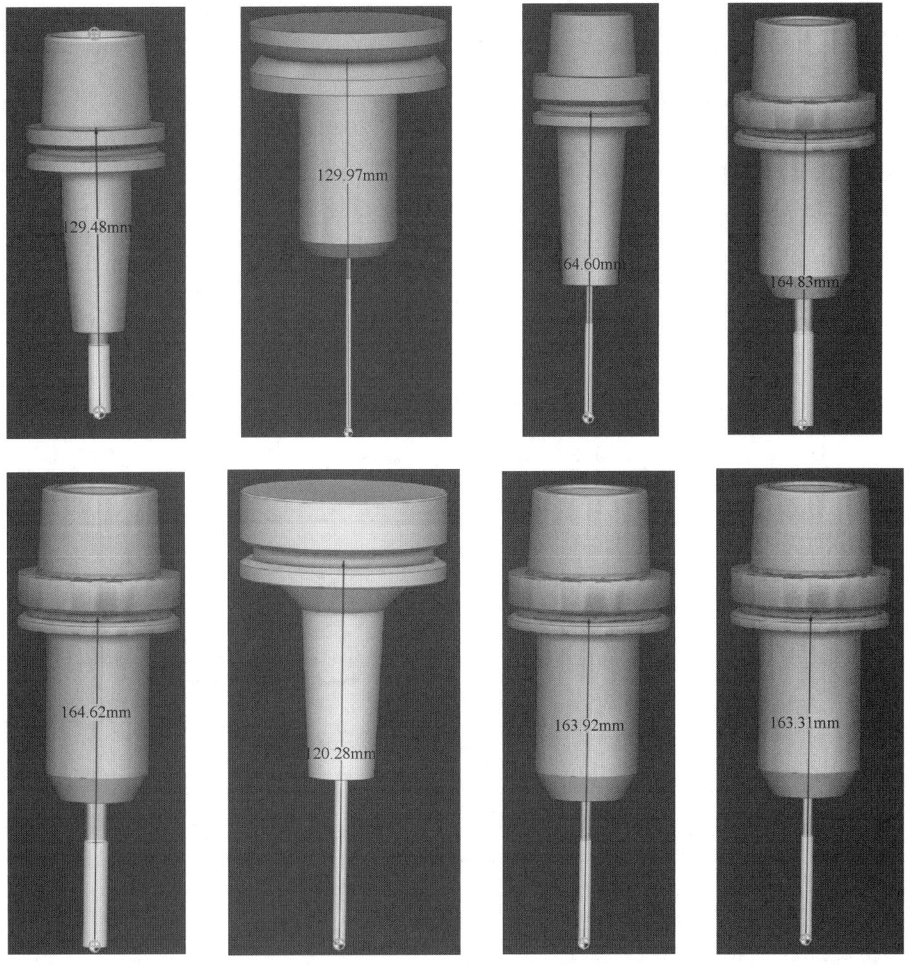

图 5.4　选择刀柄，装夹刀具，并测量刀具长度

（T5）的刀具长度实测为 164.62mm。D6R0.5 铣刀（T6）的刀具长度实测为 163.92mm。D6R3 铣刀（T7）的刀具长度实测为 163.31mm。D4R2 铣刀（T8）的刀具长度实测为 120.28mm。

② 装夹工件，确定工件零点（在工件下表面中心）G54：X0 Y0 Z0。

5.2.2　定制后处理

① 搜集机床数据，见图 5.5。

机床零点：工作台中心点。

C 轴零点：*C* 轴轴线和 *B* 轴轴线交点（和 *B* 轴零点重合）。

B 轴零点：枢轴点（*C* 轴轴线和 *B* 轴轴线交点）。

枢轴长度：*B* 轴零点到主轴端面的长度，实测 200.2mm。

机床指令实际控制点：枢轴点。

编程零点：工件底面中心点。

机床参考点：X260 Y265 Z625（机床右上角的行程极限点）。

机床行程：X±2500　Y±1050　Z0～1000　C±220　B±120。

② 生成机床后处理。

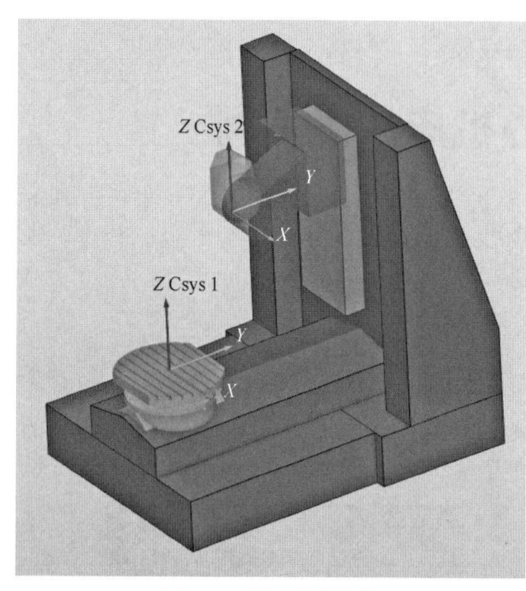

图 5.5　搜集机床数据

③ 打开 UG 后处理构造器，生成一个新的后处理。设置后处理名“五轴”、后处理输出单位“毫米”、后处理机床类型“5-axis with Dual Rotary Heads”，见图 5.6。

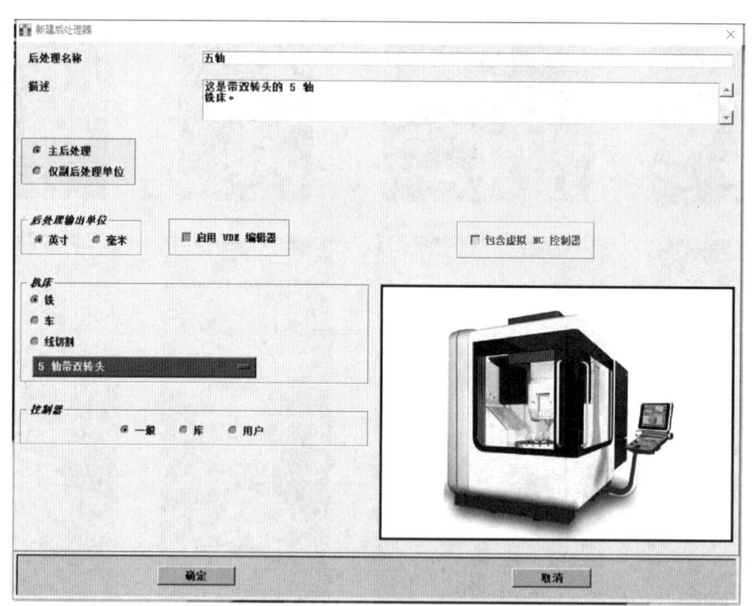

图 5.6　生成新的后处理

④ 创建后处理设置直线轴参数，见图 5.7。

⑤ 设置旋转轴参数，见图 5.8。

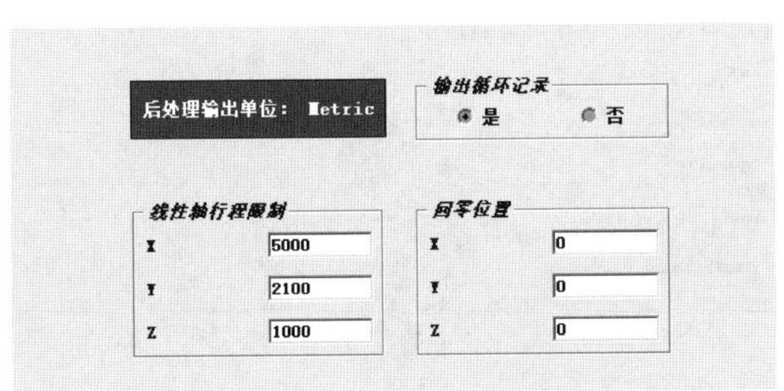

图 5.7　创建后处理设置直线轴参数

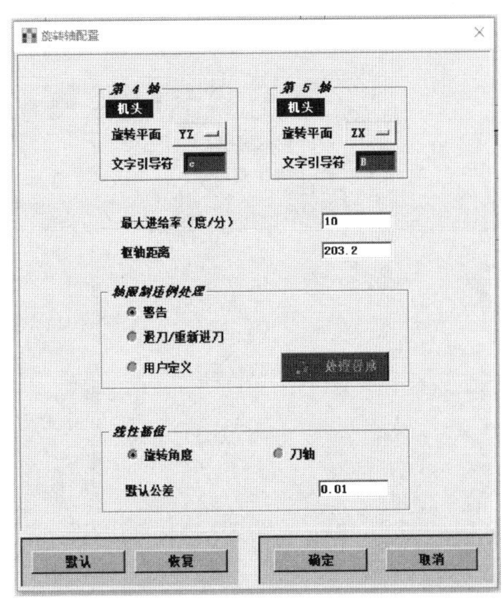

图 5.8　设置旋转轴参数

C 轴为第 4 轴（*XY* 平面），*B* 轴为第 5 轴（*ZX* 平面）。对于双摆头机床，可把第 4 轴零点和第 5 轴零点看作是一个点，把第 4 轴零点到第 5 轴零点的距离设置成枢轴长度 203.2mm。

⑥ 设置第 4 轴零点和第 4 轴行程，见图 5.9。

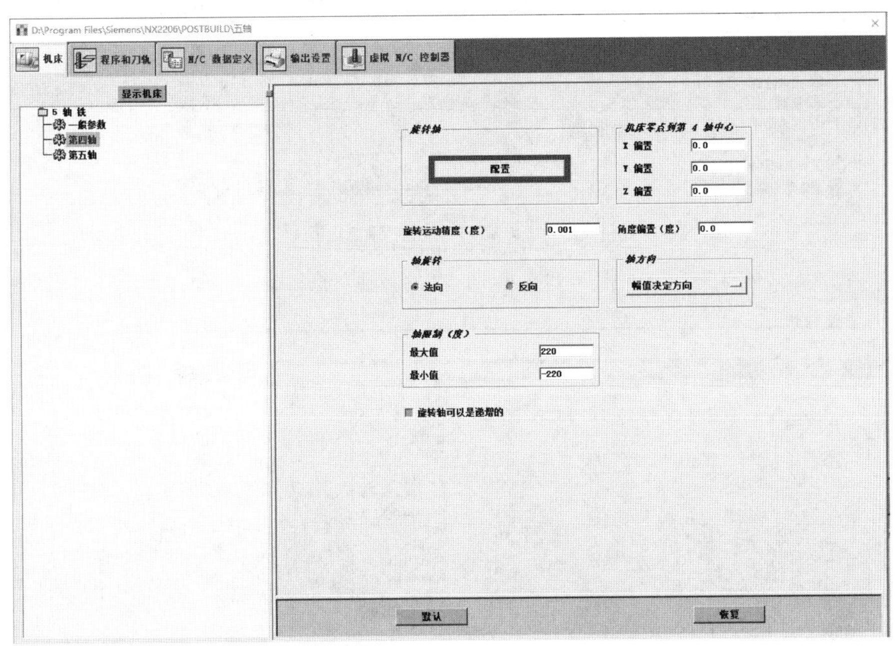

图 5.9　设置第 4 轴零点和第 4 轴行程

机床零点到第 4 轴零点的偏置距离 X0Y0Z0，四轴行程为±220mm。

⑦ 设置五轴零点、四轴零点的位置关系和第 5 轴行程，见图 5.10。

⑧ 工件坐标系设置。依次选择“程序和导轨”“工序起始序列”对话框，单击“初始移动”按钮，见图 5.11，在初始移动界面添加“G-MCS Fixture Offset（G54～G59）”，见

图 5.12。

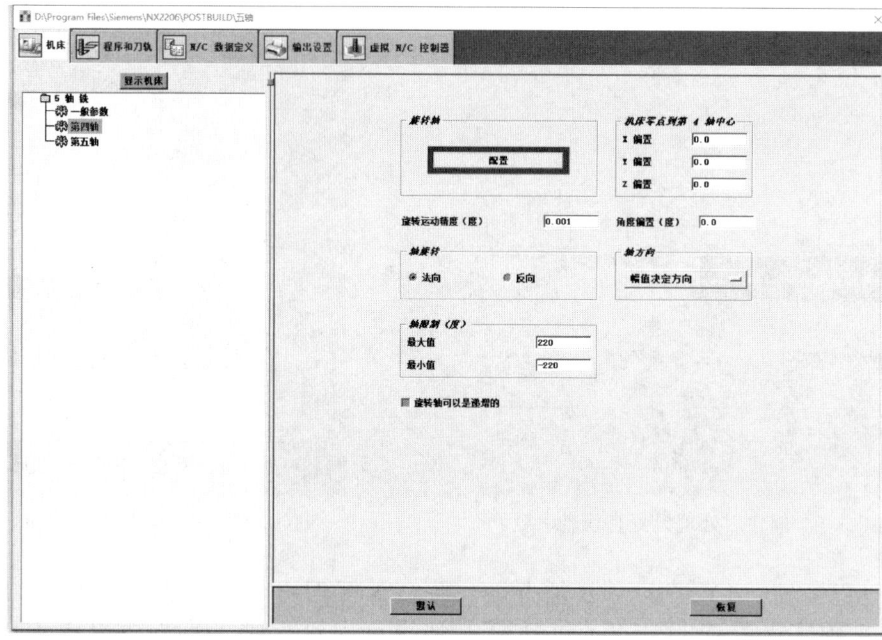

图 5.10　设置五轴零点、四轴零点的位置关系和第 5 轴行程

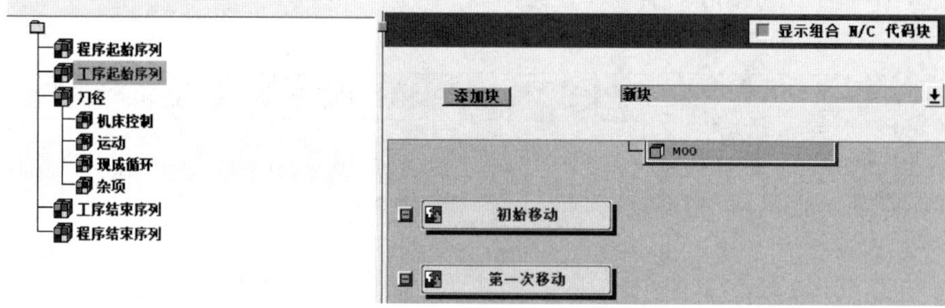

图 5.11　单击“初始移动”按钮

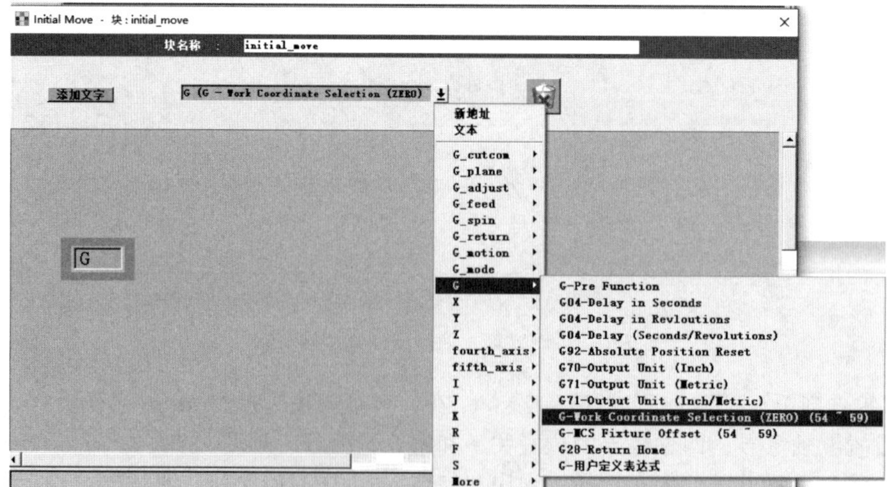

图 5.12　工件坐标系设置

⑨ 快速移动 G00 设置。在“运动”界面打开“快速移动”对话框，设置 G00 快速定位各轴的运动顺序，见图 5.13。为避免刀具快速移动时和工件碰撞，在刀具快速定位时，通常旋转 B、C 轴，而后是 X、Y 定位，最后沿 Z 轴接近工件，避免 Z 轴和旋转轴同时快速移动。

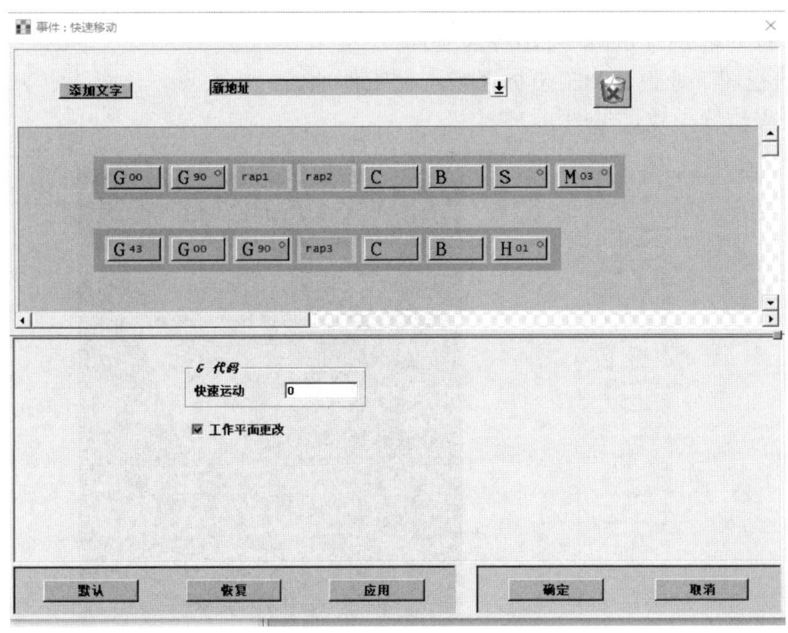

图 5.13 快速移动 G00 设置

⑩ 设置退刀操作。选择“工序结束序列”对话框，在“刀轨结束”界面添加“G91 G28 Z0”，见图 5.14。为避免在下一个操作中 B、C 轴旋转时，造成刀具和工件的碰撞，在每一个操作结束时，Z 轴要退回正向最远点。由于机床参考点在机床的右上角极限行程终点，所以添加刀具返回参考点指令：G91 G28 Z0。

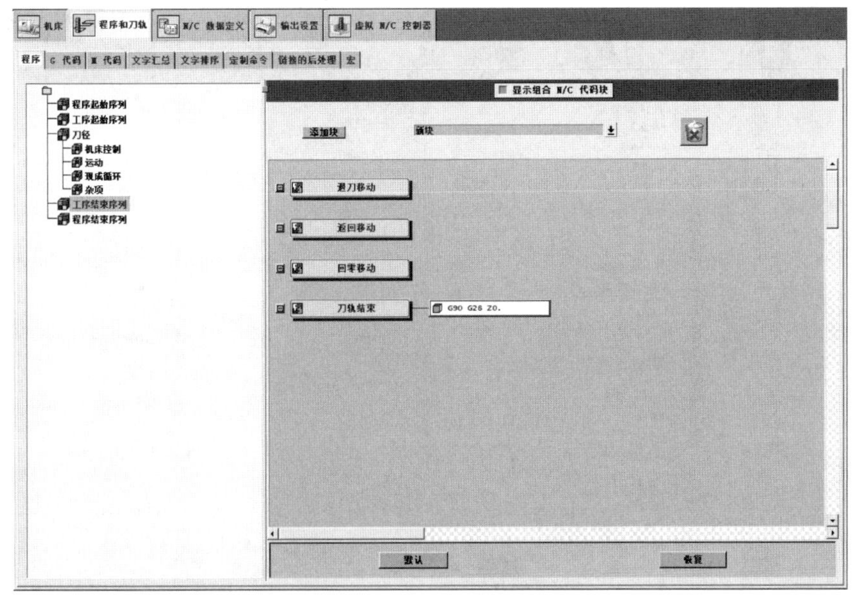

图 5.14 设置退刀操作

最后保存后处理文件至“D:\Program Files\Siemens\NX2206\五轴案例”目录下，文件名为“五轴双摆头 . pui”。

5. 2. 3　UG 编程

① 复制加工文件。复制零件模型文件到“D:\Program Files\Siemens\NX2206\五轴案例”目录下。打开格式为 prt 的待编程的文件。

② 在几何视图下，设置加工坐标系零点在工件地面的中心点，注意 X、Y、Z 的方向要和实际加工装夹位置一致，见图 5.15。

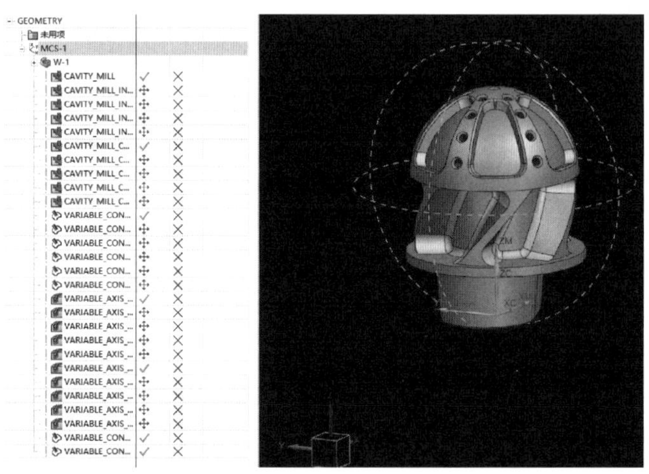

图 5.15　设置加工坐标系零点

③ 在刀具视图下，修改刀具参数并设置加工需要用到的刀具放在待加工零件表面 Z100 的中心，见图 5.16。

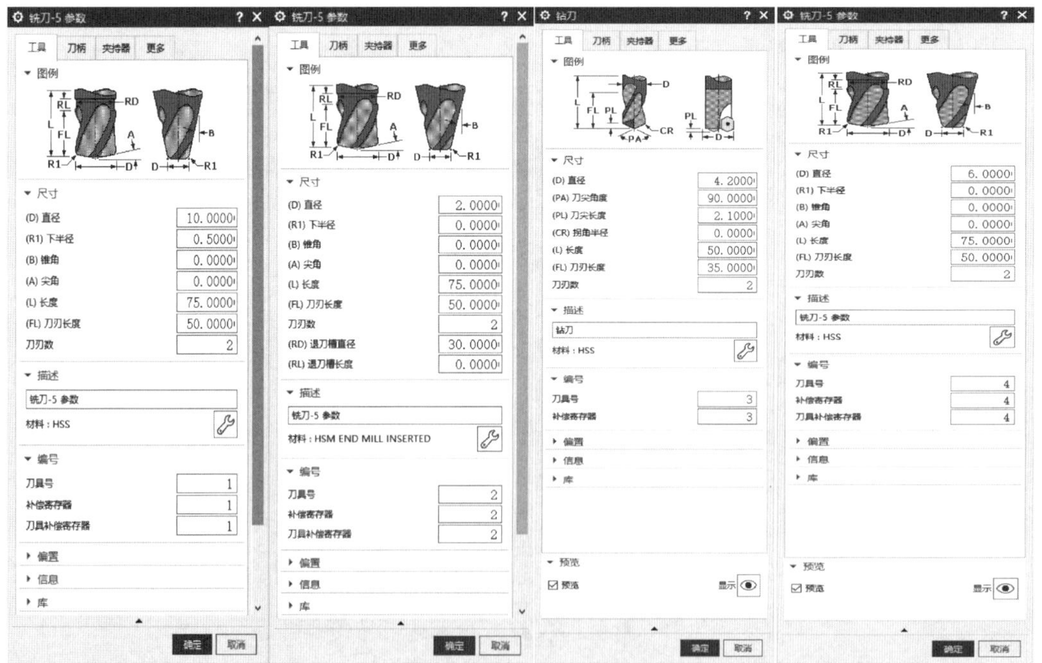

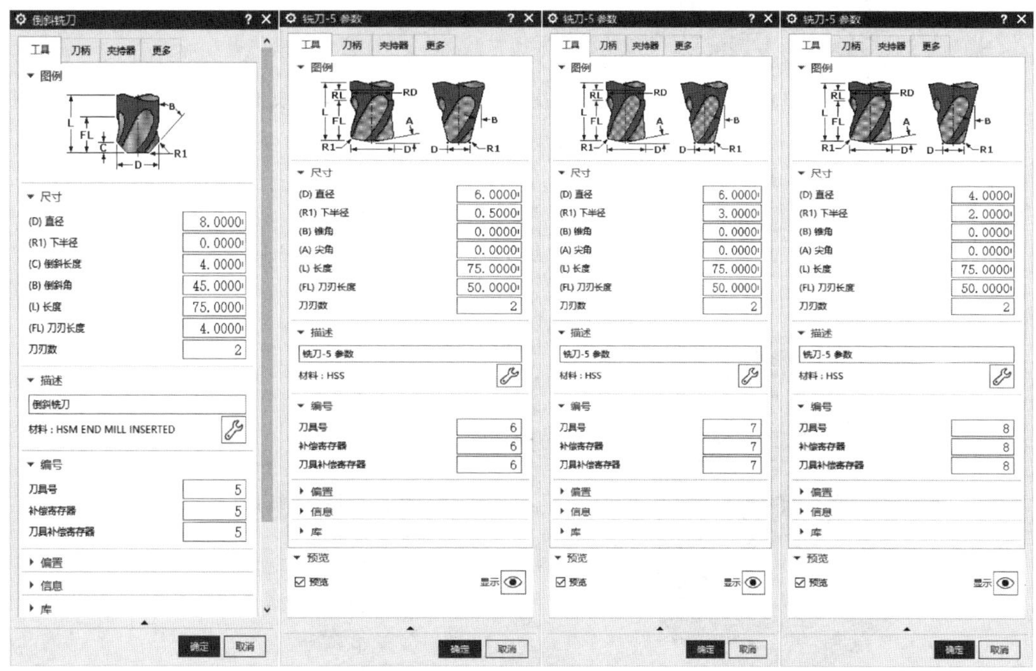

图 5.16　设置刀具 T1～T8 参数

④ 在程序视图下，创建加工程序组“ROUGH”和精加工程序组“FINISH”。把粗加工程序 A1～A6 移动到程序组“ROUGH”节点下，把精加工程序组 A7～A11 移动到程序组“FINISH”下，见图 5.17。

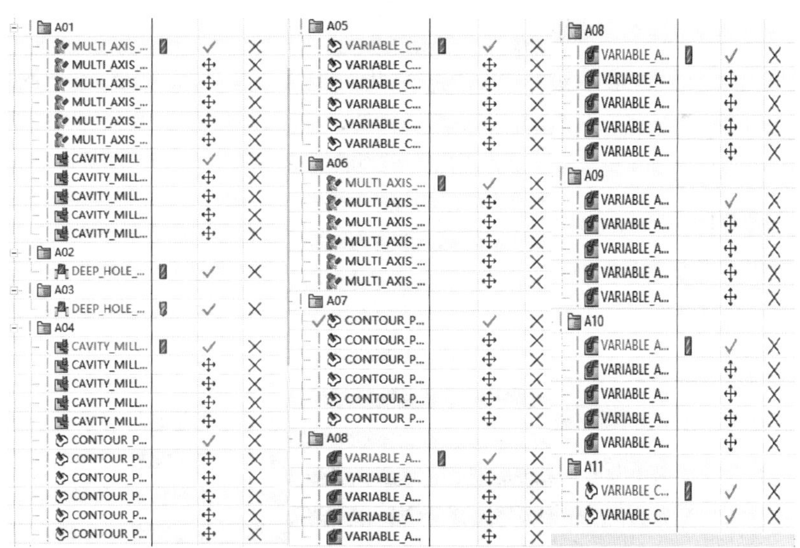

图 5.17　创建加工程序组

⑤ 重新生成刀具轨迹。

⑥ 后处理。在程序视图下，输出 NC 程序。后处理器选“五轴双摆头 .pui”。对“ROUGH”节点进行后处理，输出文件“D:\Program Files\Siemens\NX2206\五轴案例\01.ptp”。对“FINISH”节点进行后处理，输出文件“D:\Program Files\Siemens\NX2206\五轴案例\02.ptp”。

5.2.4　VERICUT仿真切削过程

① 打开项目文件“D:\Program Files\Siemens\NX2206\五轴案例\5x_HH_Vcproject”。

② 调入夹具、毛坯，注意 X、Y、Z 轴的方向要和实际装夹位置一致，见图5.18。

③ 对刀、确定工件偏置G54，见图5.19。

④ 调入刀库。

⑤ 创建加工刀具，设置刀具长度要和实际刀具长度（编程刀具长度）一致，见图5.20。

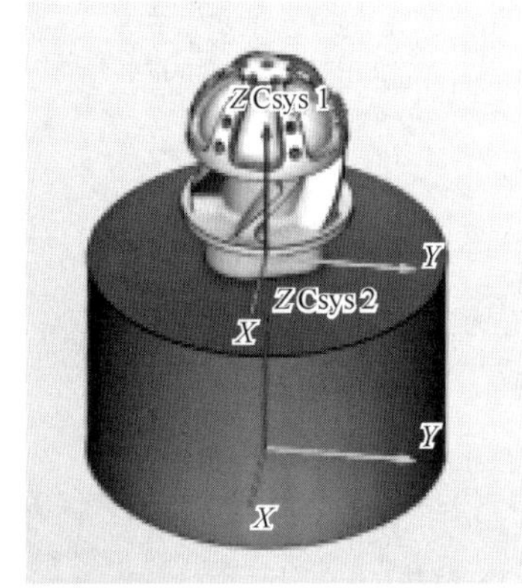

图5.18　调入夹具、毛坯

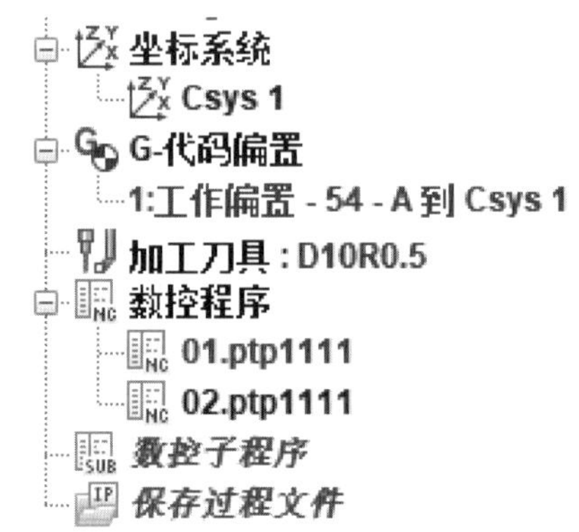

图5.19　对刀、确定工件偏置

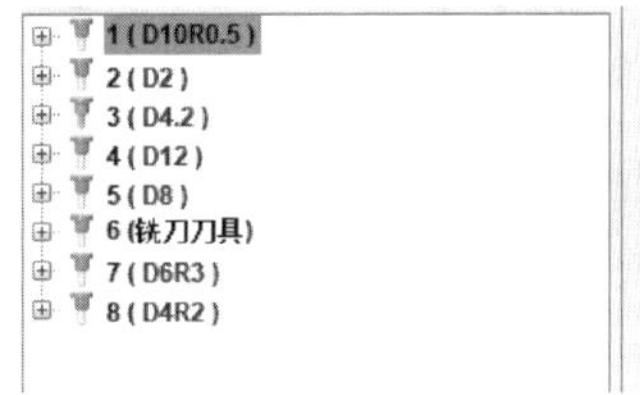

图5.20　打开刀具文件

⑥ 调入程序A1～A11。

⑦ 观察仿真结果，见图5.21。

【提示】 对于不带RTCP功能的双摆头数控机床，每更换刀具必须重新生成程序；改变工件装夹后，只需重新对刀即可，不用更换程序。

图5.21　仿真结果

5.3　单转台单摆头五轴加工中心机床加工案例

工艺特点：对于单转台单摆头五轴加工中心机床，必须先装夹刀具、装夹工件，确定刀具的长度和工件在机床的位置，而后根据刀具的实际长度和工件实际位置，生成 NC 程序。本案例选用的系统不带 RTCP、RPCP 功能，更换刀具或调整工件装夹位置后，必须重新生成 NC 程序。单转台单摆头机床的摆头（枢轴）一般较长，加工时尽可能选择较短的刀柄、刀具，在编程时安全选项的设置也要精打细算，避免实际加工时各轴超出行程范围。

5.3.1　确定刀具长度和工件在机床中的位置

① 选择刀柄，装夹刀具，并测量刀具长度（见图 5.22）。D10R0.5 铣刀（T1）的刀具长度实测为 129.48mm。D2 铣刀（T2）的刀具长度实测为 129.97mm。D4.2 钻刀（T3）的刀具长度实测为 164.60mm。D12 铣刀（T4）的刀具长度实测为 164.83mm。D8 倒角铣刀（T5）的刀具长度实测为 164.62mm。D6R0.5 铣刀（T6）的刀具长度实测为 163.92mm。D6R3 铣刀（T7）的刀具长度实测为 163.31mm。D4R2 铣刀（T8）的刀具长度实测为 120.28mm。

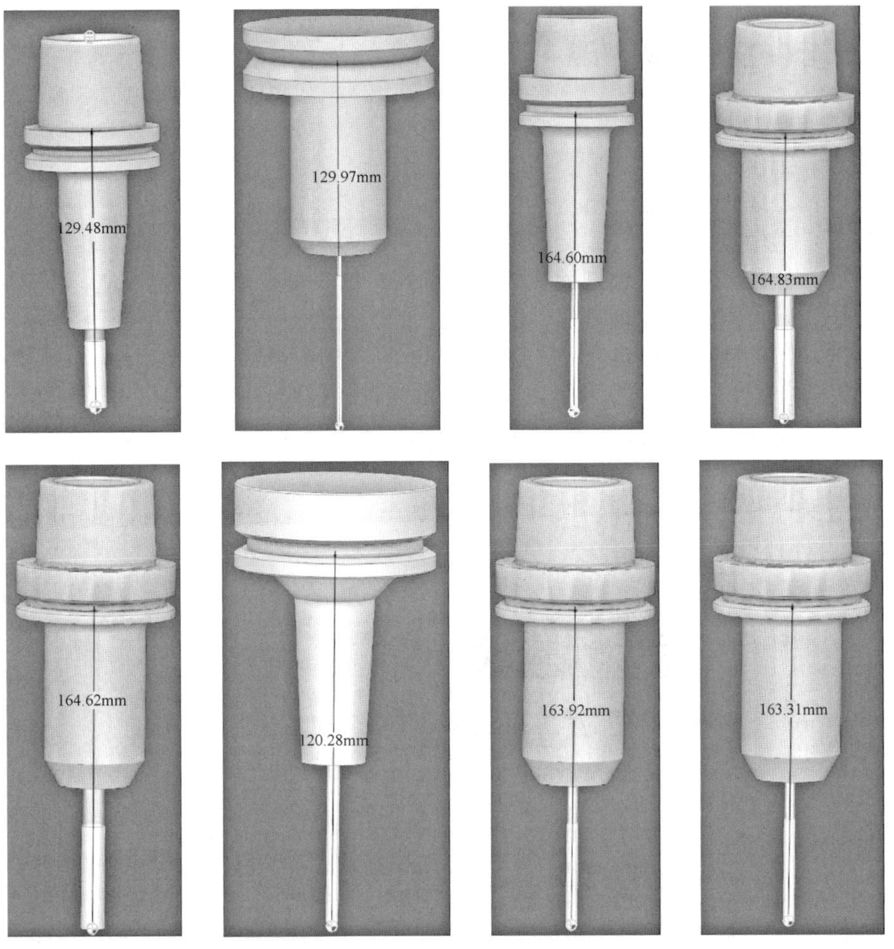

图 5.22　选择刀柄，装夹刀具，并测量刀具长度

② 装夹工件。旋转 C 轴，找正工件，测量工装下表面圆柱中心点相对 C 轴零点的坐标值为 X0 Y0 Z0 B0 C0，见图 5.23。

5.3.2　定制后处理

① 搜集机床数据，见图 5.24。

图 5.23　装夹工件

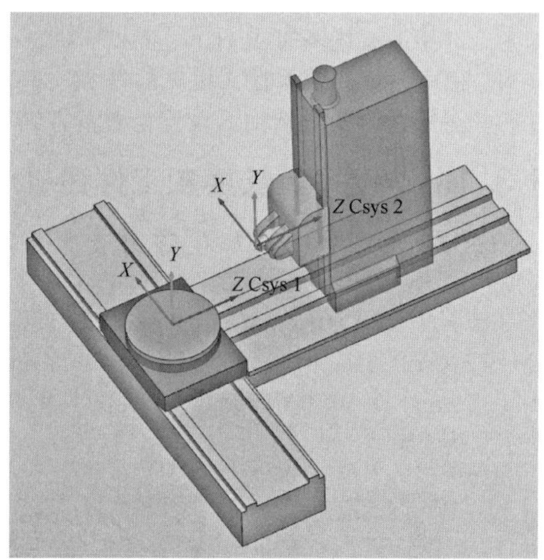

图 5.24　搜集机床数据

机床零点：工作台中心点。

C 轴零点：工作台中心点。

B 轴零点：枢轴点。

枢轴长度：B 轴零点到主轴端面（刀长基准点）的长度，实测 260mm。

机床指令实际控制点：枢轴点。

编程零点：工件底面中心点。

机床参考点：X260 Y265 Z625（机床右上角的行程极限点）。

机床行程：X0～980　Y0～560　Z0～500　C±9999　B-91～12。

② 生成新的后处理。打开 UG 后处理构造器，生成一个新的后处理。设置后处理名“5HT”、后处理单位“Millimeters”、后处理机床类型“5-axis with rotary head and Table”。

③ 创建后处理设置直线轴参数，见图 5.25。

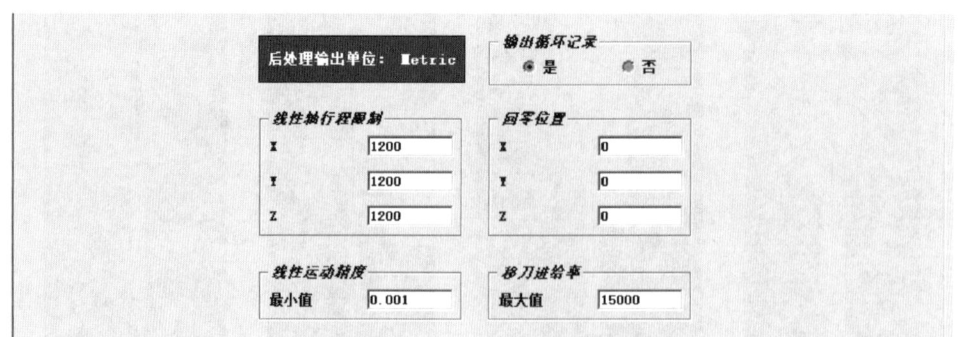

图 5.25　创建后处理设置直线轴参数

④ 设置旋转轴参数，见图 5.26。主轴摆头为第 4 轴（*B* 轴），回转工作台为第 5 轴（*C* 轴）。四轴零点到主轴端面的距离设置成枢轴长度 260mm。

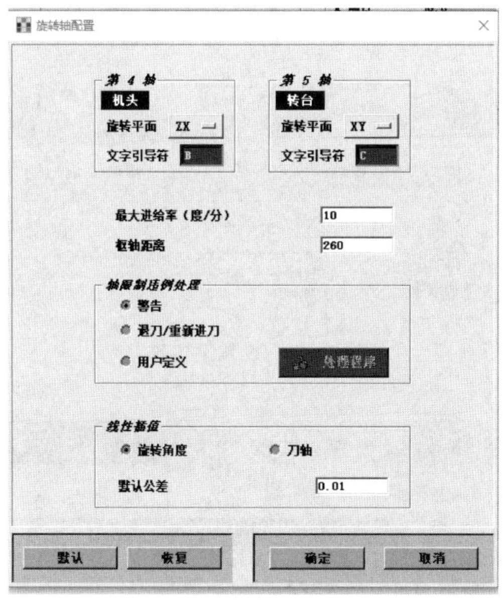

图 5.26　设置旋转轴参数

⑤ 设置第 4 轴，见图 5.27。机床零点到四轴零点的偏置距离 X0Y0Z0，四轴行程为 B-91～12。

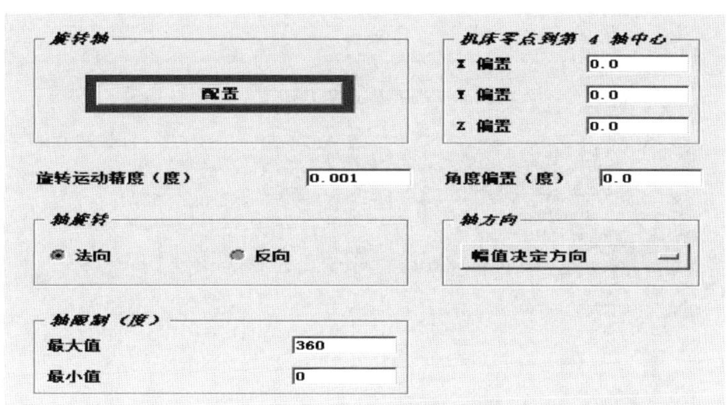

图 5.27　设置第 4 轴

⑥ 设置第 5 轴，见图 5.28。

⑦ 工件坐标系设置。在“程序和刀轨”对话框，单击“工序起始序列”按钮，在导轨开始界面添加“G-Fixture Offset（G54～G59）”，见图 5.29。设置工件坐标系，主要是针对机床零点不在工作台中心的机床，可以通过工件坐标系来设置工作台中心点相对于机床零点的偏置。

⑧ 快速移动设置。在“运动”界面，打开“快速移动”对话框，设置 G00 快速定位各轴的运动顺序，见图 5.30。为避免刀具快速移动时和工件碰撞，在刀具快速定位时，通常先旋转 *B*、*C* 轴，而后是 *X*、*Y*、*Z* 轴定位并接近工件，避免直线轴和旋转轴同时快速移动。

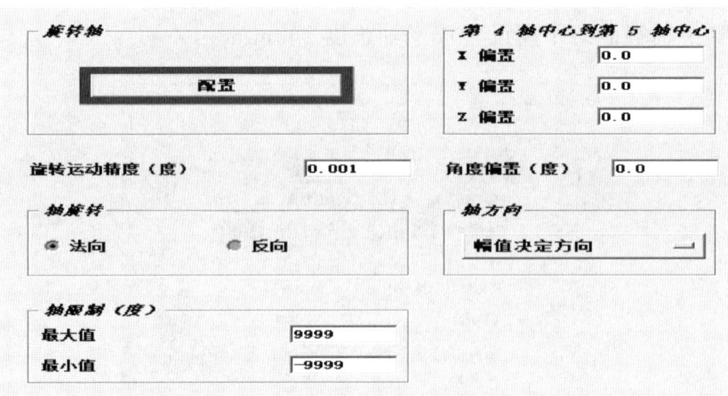

图 5.28　设置第 5 轴

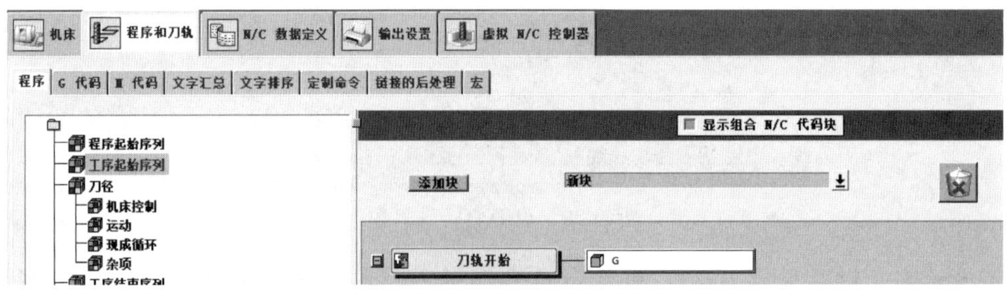

图 5.29　设置工件坐标系

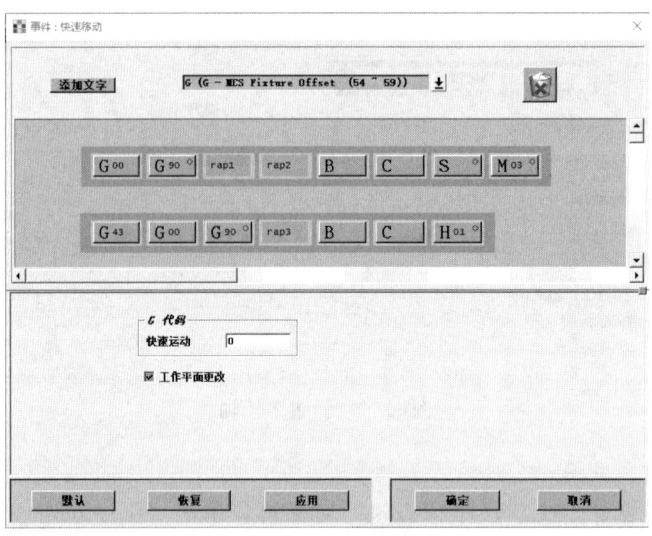

图 5.30　快速移动设置

⑨ 设置退刀操作。选择“工序结束序列”对话框，在“刀轨结束”界面添加“G91 G28 Z0”，见图 5.31。为避免在下一个操作中 B、C 轴旋转时，造成刀具和工件的碰撞，在每一个操作结束时，Z 轴要退回正向最远点。

⑩ 保存后处理到“D:\Program Files\Siemens\NX2206\五轴案例”目录下，文件名为“案例 1.pui”。

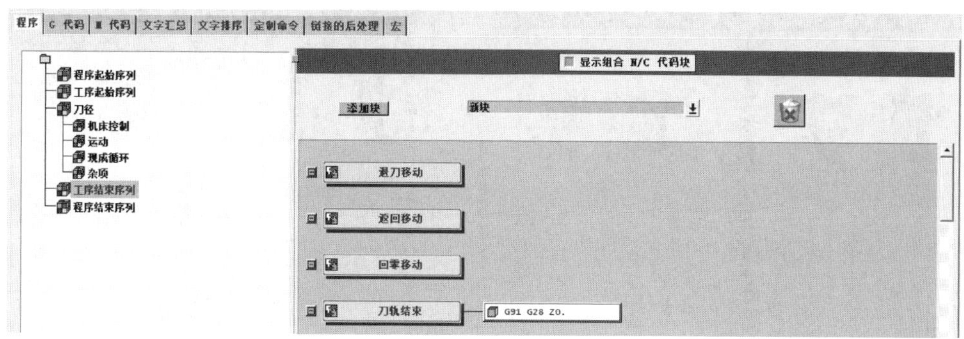

图 5.31　设置退刀操作

5.3.3　UG 编程

① 复制加工文件。复制零件模型文件到“D:\Program Files\Siemens\NX2206\五轴案例”目录下。打开格式为 prt 的待编程的文件。

② 在几何视图下，根据对刀测量获得的数据，设置加工坐标系零点在工件地面的中心点，注意 X、Y、Z 的方向要和实际加工装夹位置一致。修改安全设置，设置安全球面的半径为 150mm，见图 5.32。

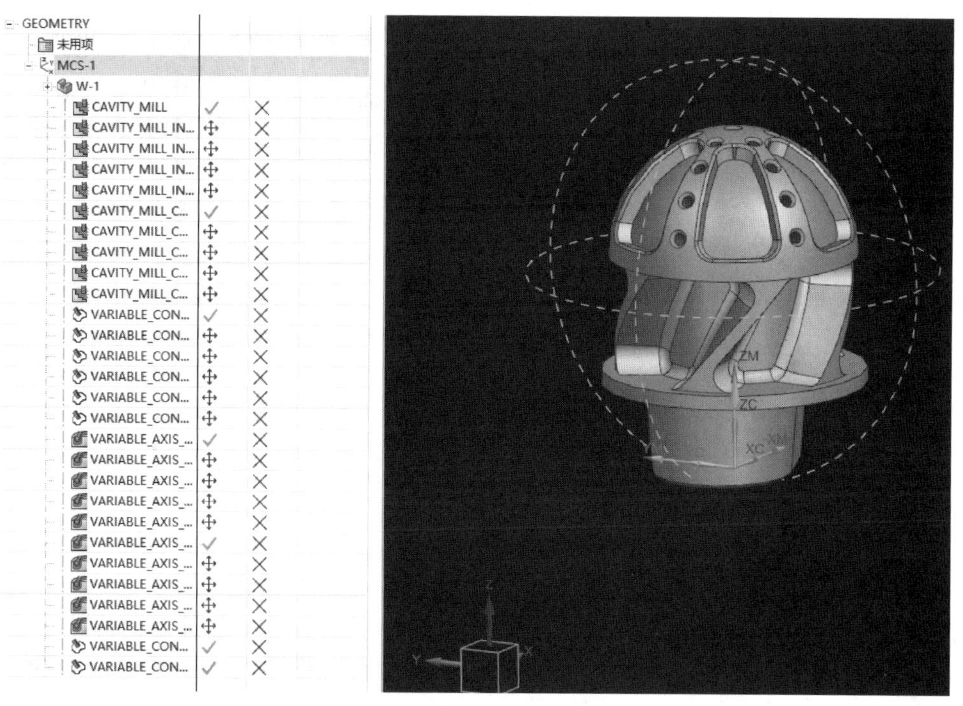

图 5.32　设置加工坐标系零点

③ 在刀具视图下，修改刀具参数，并设置加工需要用到的刀具放在待加工零件表面 Z100 的中心。见图 5.33。

④ 在程序视图下，创建加工程序组“ROUGH”和精加工程序组“FINISH”。

把粗加工程序 A1～A6 移动到程序组“ROUGH”节点下，把精加工程序组 A7～A11 移动到程序组“FINISH”下，见图 5.34。

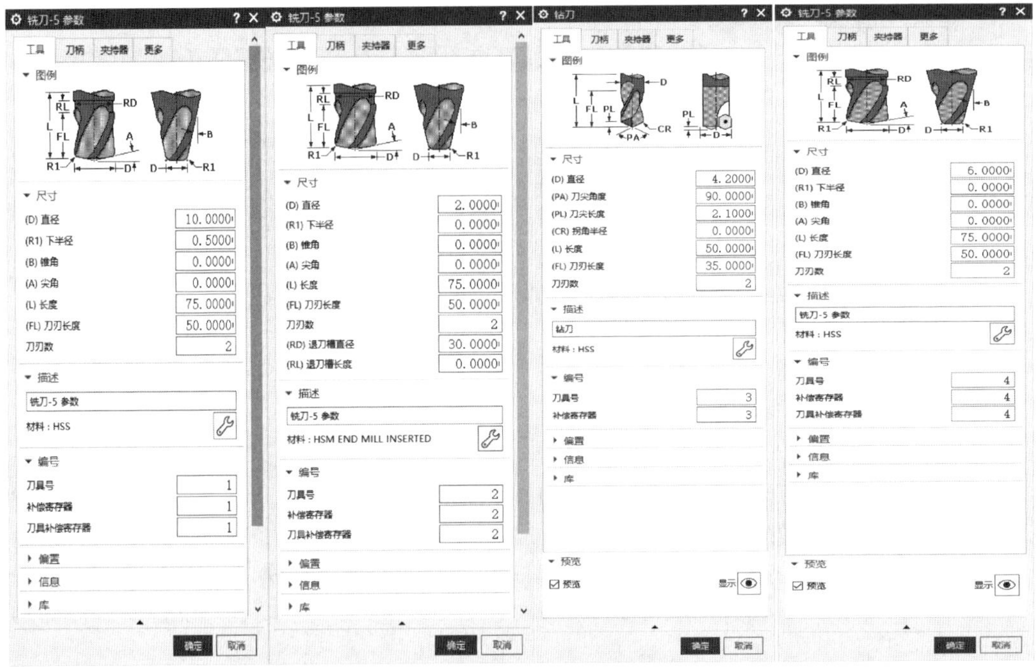

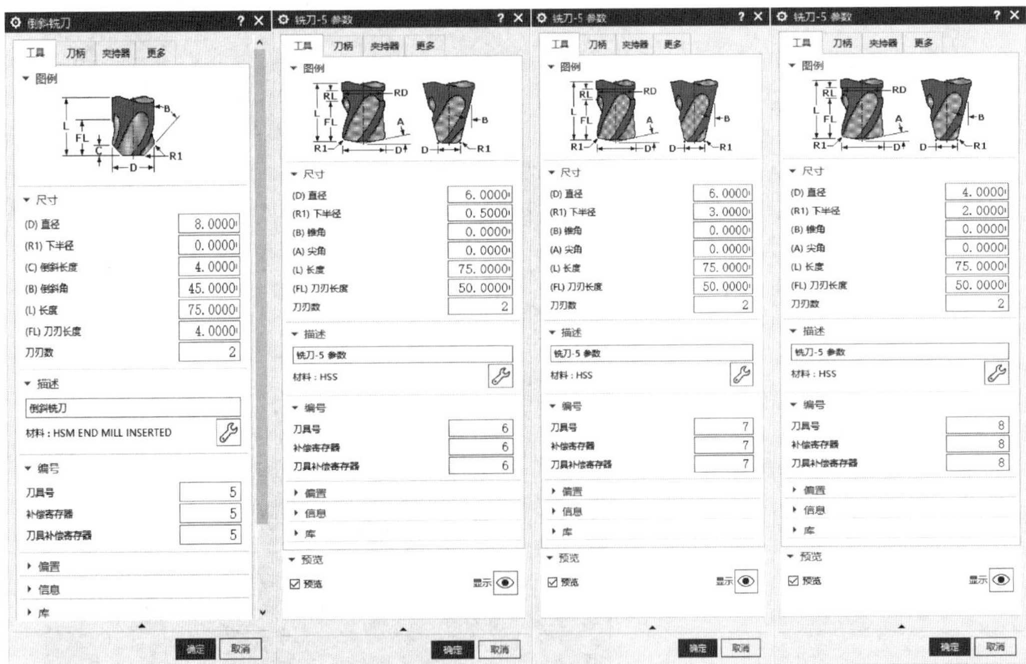

图 5.33　设置刀具 T1～T8 参数

⑤ 重新生成刀具轨迹。

⑥ 后处理。在程序视图下，输出 NC 程序。后处理器选“五轴双摆头 .pui”。对“ROUGH”节点进行后处理，输出文件“D:\Program Files\Siemens\NX2206\五轴案例\01.ptp”。

对“FINISH”节点进行后处理，输出文件“D:\Program Files\Siemens\NX2206\五轴

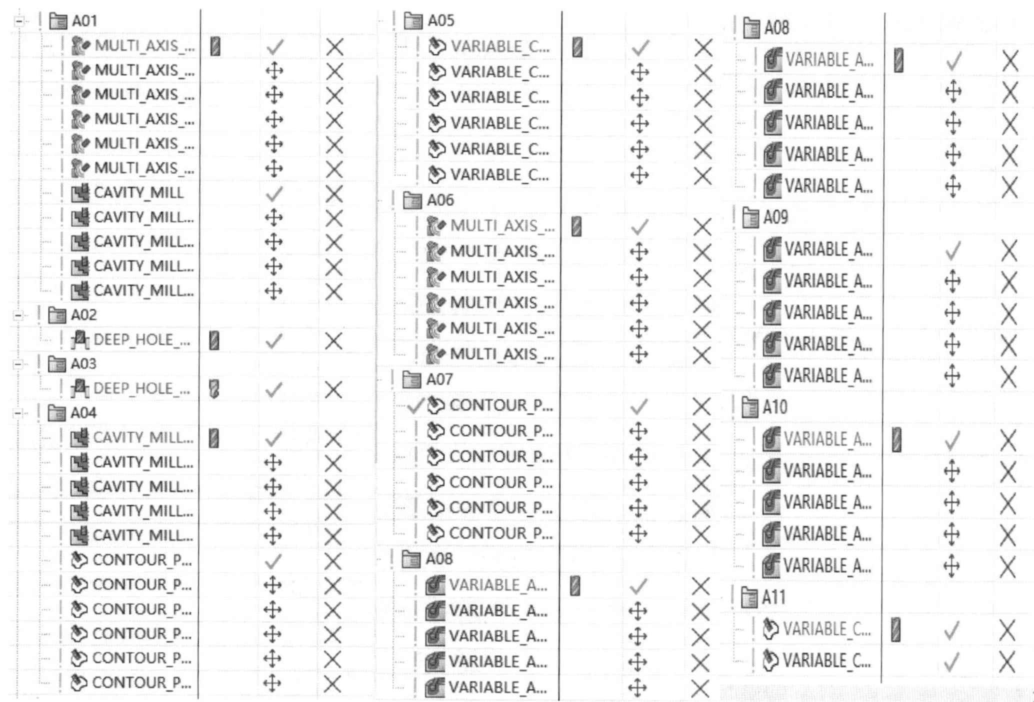

图 5.34　创建加工程序组

案例\02. ptp”。

5.3.4　VERICUT 仿真切削过程

① 打开项目文件“D:\Program Files\Siemens\NX2206\五轴案例\5x_HH_Vcproject”。

② 调入夹具、毛坯，注意 X、Y、Z 轴的方向要和实际装夹位置一致，见图 5.35。

③ 对刀、确定工件偏置 G54，见图 5.36。

④ 调入刀库。

⑤ 创建加工刀具，设置刀具长度要和实际刀具长度（编程刀具长度）一致，见图 5.37。

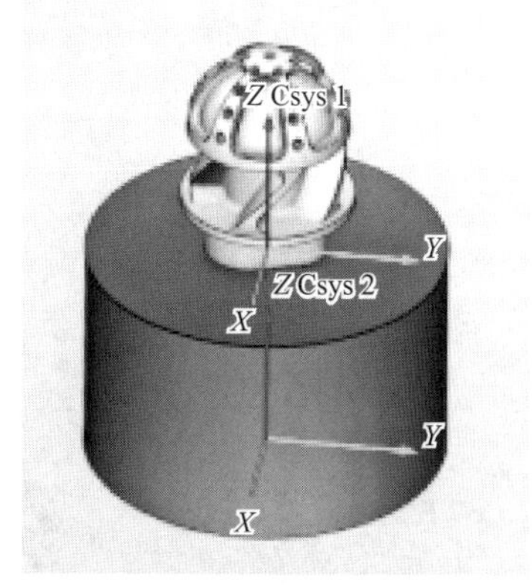

图 5.35　调入夹具、毛坯

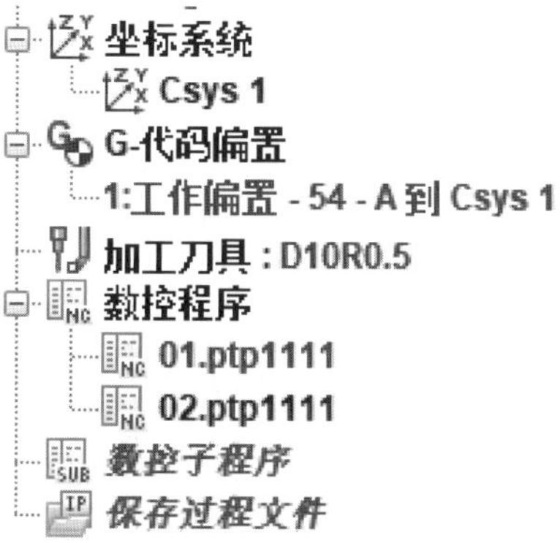

坐标系统
Csys 1
G-代码偏置
1:工作偏置 - 54 - A 到 Csys 1
加工刀具：D10R0.5
数控程序
01.ptp1111
02.ptp1111
数控子程序
保存过程文件

图 5.36　对刀、确定工件偏置

⑥ 调入程序 A1～A11。

⑦ 观察仿真结果，见图 5.38。

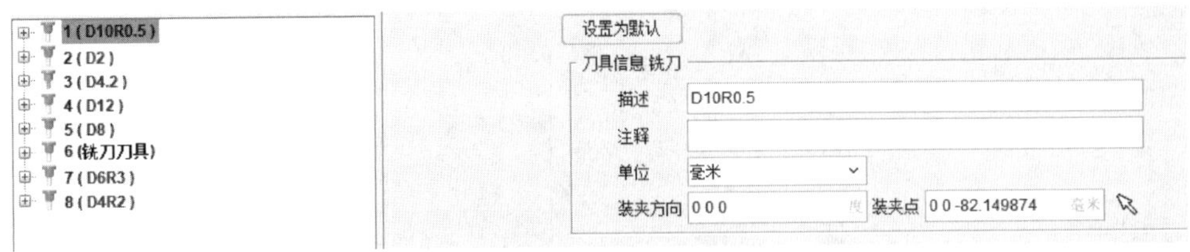

图 5.37　打开刀具文件

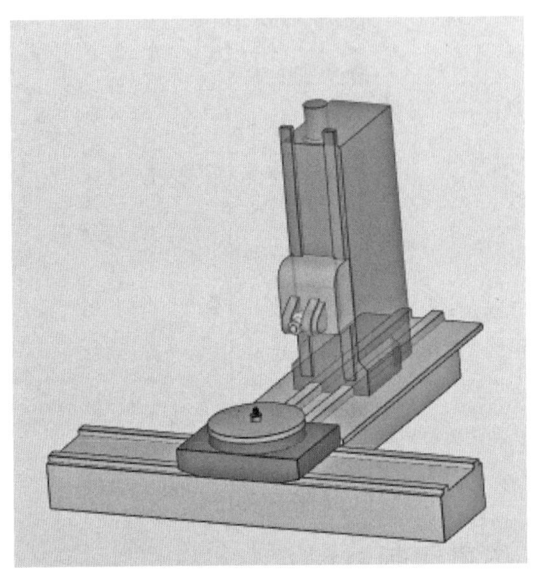

图 5.38　仿真结果

【提示】 对于不带 RTCP、RPCP 功能的单转台单摆头五轴数控机床，无论更换刀具，还是改变工件装夹位置，都要重新生成程序。

5.4　非正交双转台五轴加工中心机床加工案例

工艺特点：同标准双转台五轴加工中心机床。

5.4.1　对刀

① 找正工件。在 B0 位置，旋转 C 轴，使用百分表沿 X 轴方向移动，在 Y 轴方向调整 2 个定位销的距离差为 28mm，或者沿 X 轴移动拉平工装侧面。此时机床坐标系的 C 轴位置，即工装在工作台上的正确位置，本案例为 C0。如果不为 0，则要在工件偏置中设置或在编程时设置。

② 测量工装在机床中的位置。本案例实测工装表面圆柱中心点的坐标值为 X-40 Y-14 Z80 B0 C0（图 5.39）。

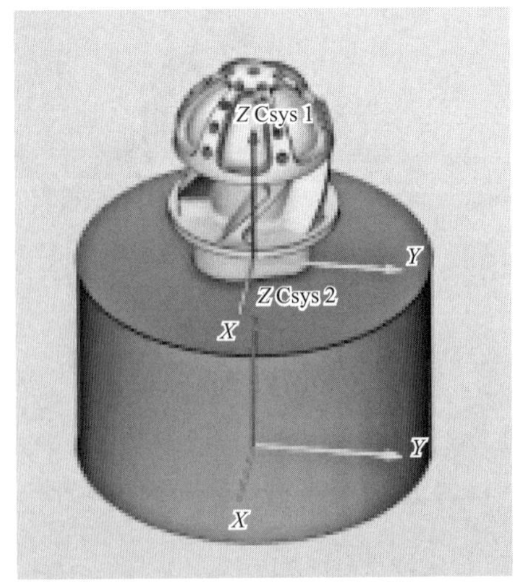

图 5.39　测量工装在机床中的位置

③ 测量刀具长度。

T1：D10R0.5 铣刀。

T2：D2 铣刀。
T3：D4.2 钻刀。
T4：D12 铣刀。
T5：D8 倒角铣刀。
T6：D6R0.5 铣刀。
T7：D6R3 铣刀。
T8：D4R2 铣刀。

5.4.2　定制后处理

① 采集机床数据，见图 5.40。

机床零点：工作台中心点。

C 轴零点：工作台中心点。

B 轴零点：*B* 轴和 *C* 轴轴线的交点，实测坐标（X0 Y0 Z130）。

编程零点：*C* 轴零点。

机床参考点：X250 Y210 Z500（机床右上角行程极限点）。

机床行程：X0～500　Y0～420　Z0～500 B0～180　C-9999～9999。

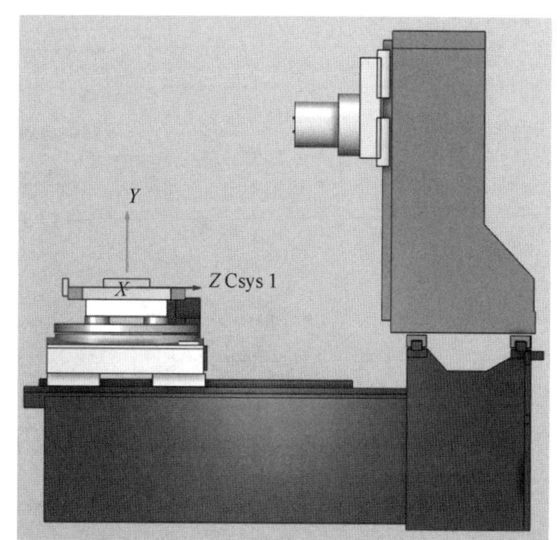

图 5.40　搜集机床数据

② D:\Program Files\Siemens\NX2206\五轴 .pui。

③ 设置直线轴参数，见图 5.41。

④ 设置第 4 轴、第 5 轴的名称和旋转平面，见图 5.42。第 4 轴旋转平面选择“other”，设置第 4 轴矢量 I0 J1 K-1，第 5 轴旋转平面选择“XY”。

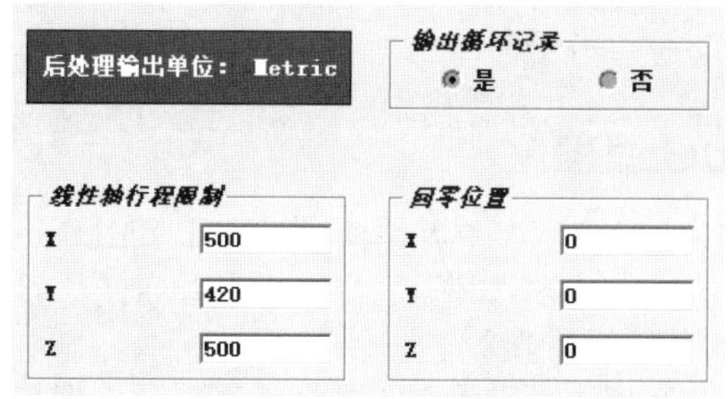

图 5.41　设置直线轴参数

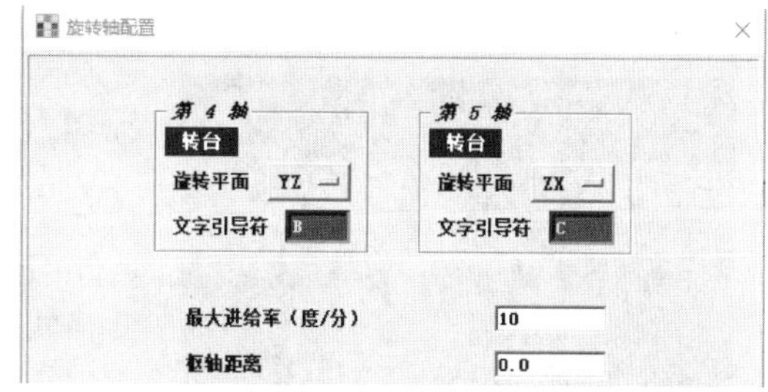

图 5.42　设置第 4 轴、第 5 轴的名称和旋转平面

⑤ 设置第 4 轴零点和第 4 轴行程。第 4 轴零点坐标为（X0 Y0 Z0），第 4 轴行程为 0～180，见图 5.43。

⑥ 设置第 5 轴零点和第 5 轴行程。第 5 轴零点坐标为（X0 Y0 Z130），第 5 轴行程为 0～180，见图 5.44。

⑦ 保存后处理到“D:\Program Files\Siemens\NX2206\五轴案例”目录下，文件名为“案例 1.pui”。

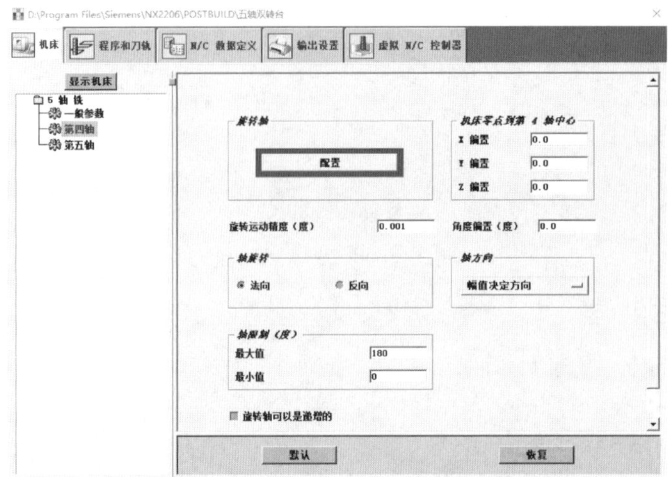

图 5.43　设置第 4 轴零点和第 4 轴行程

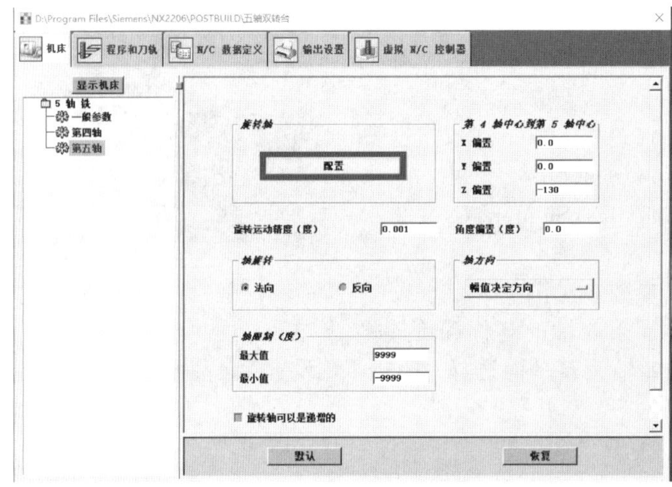

图 5.44　设置第 5 轴零点和第 5 轴行程

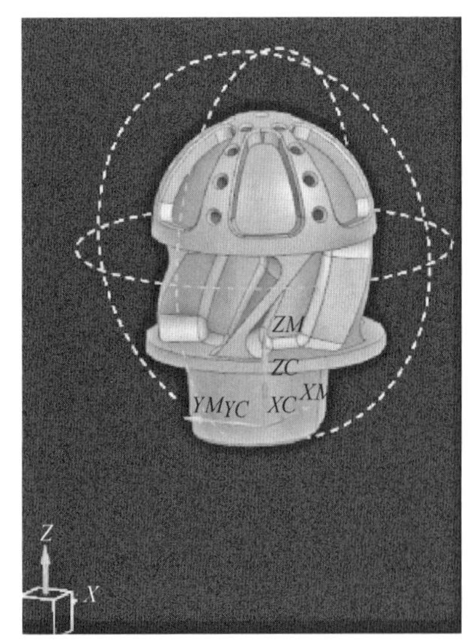

图 5.45　设置加工坐标系

5.4.3　UG 编程

① 复制加工文件。复制零件模型文件到“D:\Program Files\Siemens\NX2206\五轴案例”目录下。打开格式为 prt 的待编程的文件。

② 在几何视图下，设置加工坐标系零点在工件地面的中心点，注意 X、Y、Z 的方向要和实际加工装夹位置一致，见图 5.45。

③ 在程序视图下，创建加工程序组“ROUGH”和精加工程序组“FINISH”。把粗加工程序 A1～A6 移动到程序组“ROUGH”节点下，把精加工程序 A7～A11 移动到程序组“FINISH”下，见图 5.46。

④ 重新生成刀具轨迹。

⑤ 后处理。在程序视图下，输出 NC 程序。后处理器选“五轴双转台 .pui”。对“ROUGH”节点进行

后处理，输出文件“D:\Program Files\Siemens\NX2206\五轴案例\01. ptp”。对“FINISH”节点进行后处理，输出文件“D:\Program Files\Siemens\NX2206\五轴案例\02. ptp”。

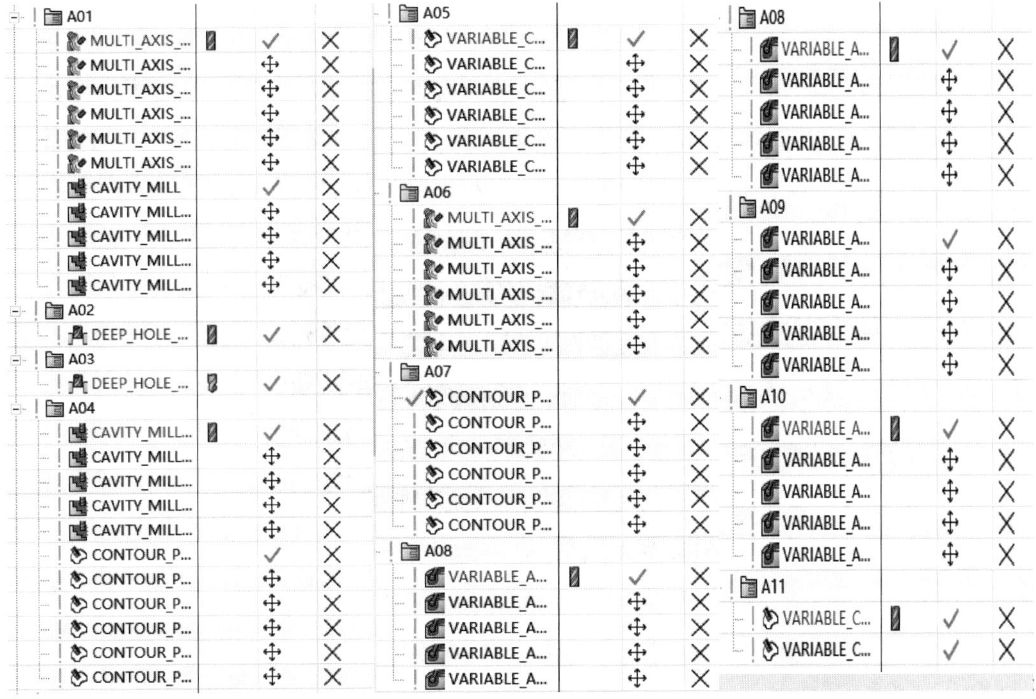

图 5.46　创建加工程序组

5.4.4 VERICUT 仿真切削过程

① 打开项目文件“D:\Program Files\Siemens\NX2206\五轴案例\5x_TT_Vcproject”。

② 调入夹具、毛坯，注意 X、Y、Z 轴的方向要和实际装夹位置一致，见图 5.47。

③ 对刀、确定工件偏置 G54，见图 5.48。

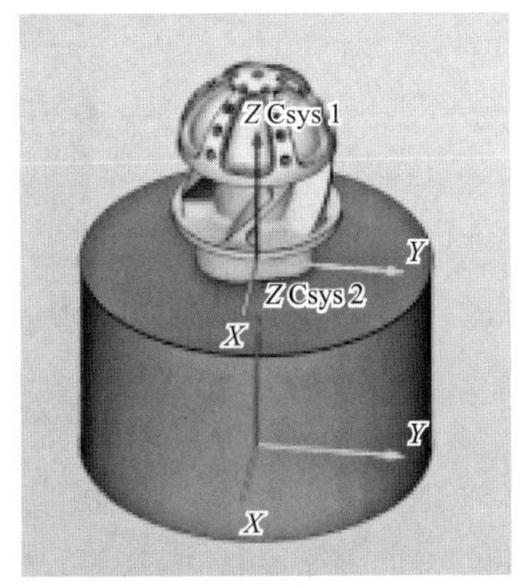

图 5.47　调入夹具、毛坯

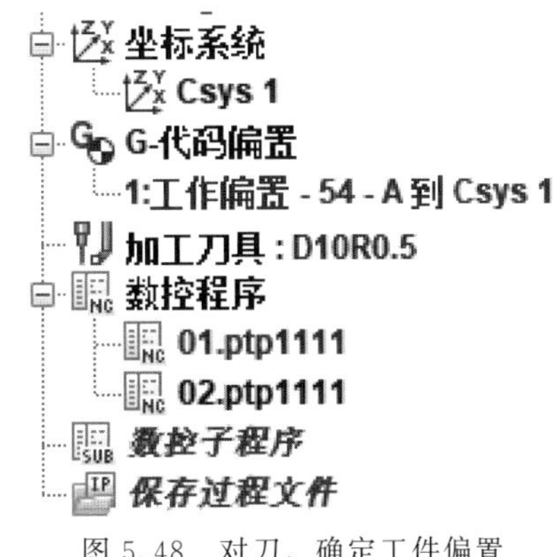

图 5.48　对刀、确定工件偏置

④ 调入刀库。

⑤ 创建加工刀具，设置刀具长度要和实际刀具长度（编程刀具长度）一致，见图 5.49，

调入程序 A1～A11。

⑥ 观察仿真结果，见图 5.50。

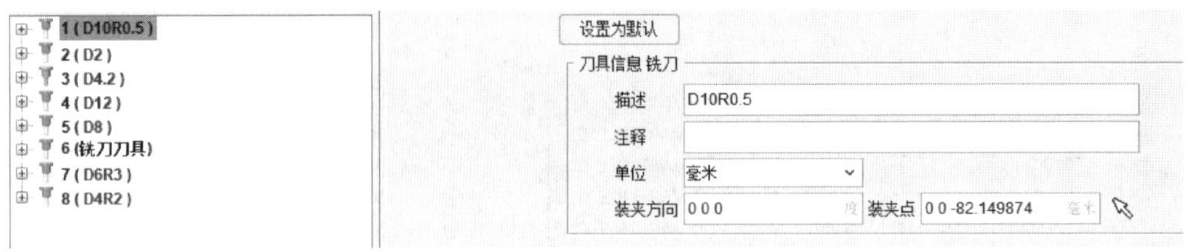

图 5.49　打开刀具文件

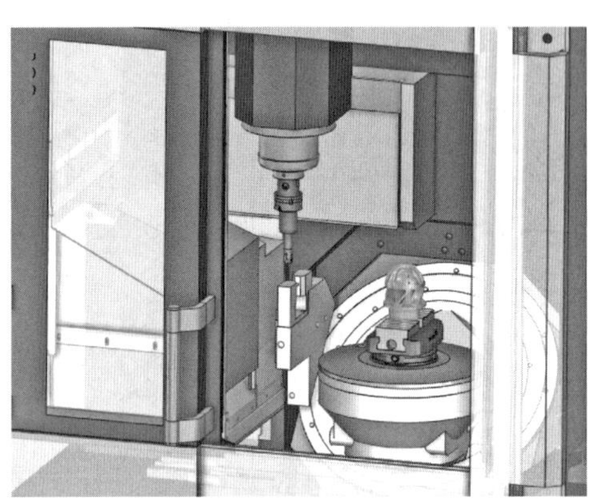

图 5.50　仿真结果

5.5　非正交双摆头五轴加工中心机床加工案例

工艺特点：同标准双摆头五轴加工中心机床。由于机床结构限制，只能完成零件的四面加工。主要适用于大型零件的内腔加工，见图 5.51。

5.5.1　选择刀柄，装夹刀具，并测量刀具长度

D10R0.5 铣刀（T1）的刀具长度实测为 129.48mm。

D2 铣刀（T2）的刀具长度实测为 129.97mm。

D4.2 钻刀（T3）的刀具长度实测为 164.60mm。

D12 铣刀（T4）的刀具长度实测为 164.83mm。

D8 倒角铣刀（T5）的刀具长度实测为 164.62mm。

D6R0.5 铣刀（T6）的刀具长度实测为 163.92mm。

D6R3 铣刀（T7）的刀具长度实测为 163.31mm。

D4R2 铣刀（T8）的刀具长度实测为 120.28mm。

具体见图 5.52。

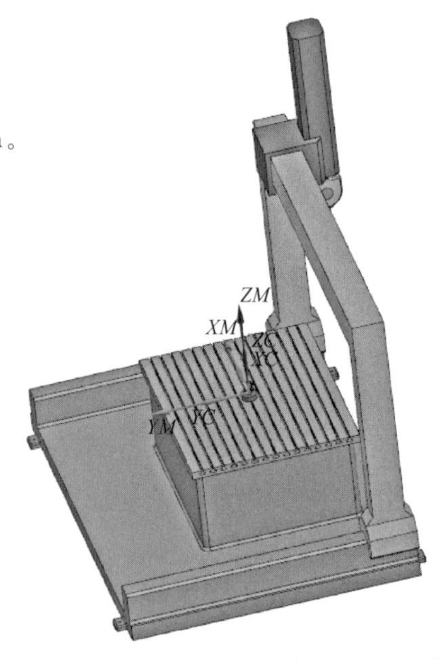

图 5.51　非正交双摆头五轴加工中心机床

5.5.2　定制后处理

① 采集机床数据，见图 5.53。

机床零点：工作台中心点。

B 轴零点：主轴轴线和 *B* 轴线的交点。

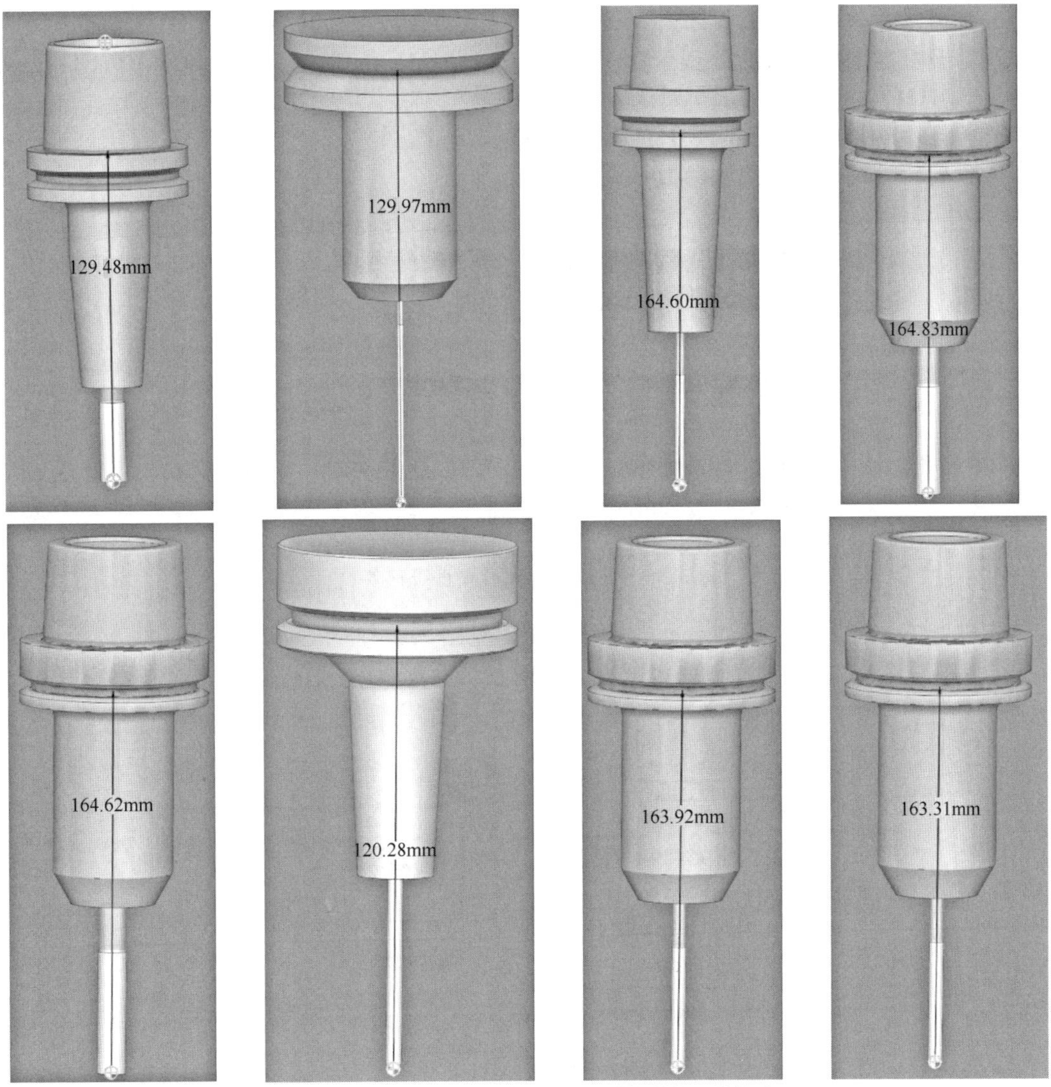

图 5.52　选择刀柄，装夹刀具，并测量刀具长度

A 轴零点：枢轴点（主轴轴线和 *C* 轴线的交点），实测到 *B* 轴零点的距离 205mm。

枢轴长度：*C* 轴零点到主轴端面（Gage）的长度，实测 64.99mm。

机床指令实际控制点：枢轴点。

【提示】 在机床坐标系下，发出指令 G90 G00 X0 Y0 Z0 后，使枢轴点到达机床零点。

编程零点：工件底面中心点。

机床参考点：X250 Y260 Z545（机床右上角行程极限点）。

机床行程：X±2500　Y±1050　Z0～1000　C±180　B±180。

【提示】 a. 测量这些特征点的坐标是技能工人要掌握的基本技能之一，每隔一定的时间，都要测量这些点的位置是否发生了变化。特别是当零件的加工精度达不到要求或机床发生碰撞后，测量这些点的坐标变化是非常重要的。

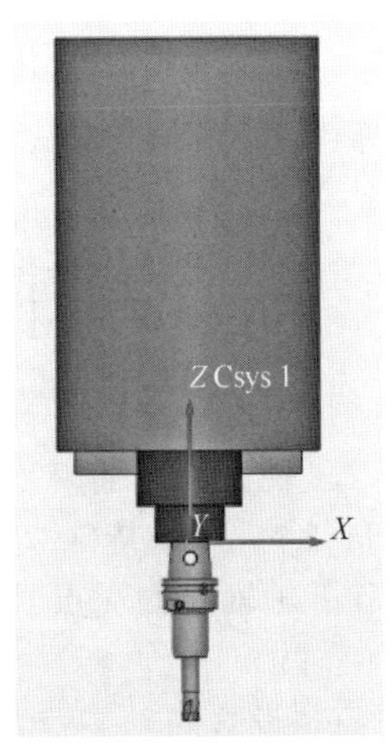

图 5.53　搜集机床数据

b. 特别注意一定是在主轴方向和 Z 轴方向一致的情况下创建后处理。

② 打开标准的双摆头后处理“D:V7\UG_pos\5HH.pui”，另存为“D:\v7\UG_post\5HH_45\5HH_45.pui”。

③ 打开“D:\v7\UG_post\5HH_45\5HH_45.pui”。

④ 创建后处理设置直线轴参数，见图 5.54。

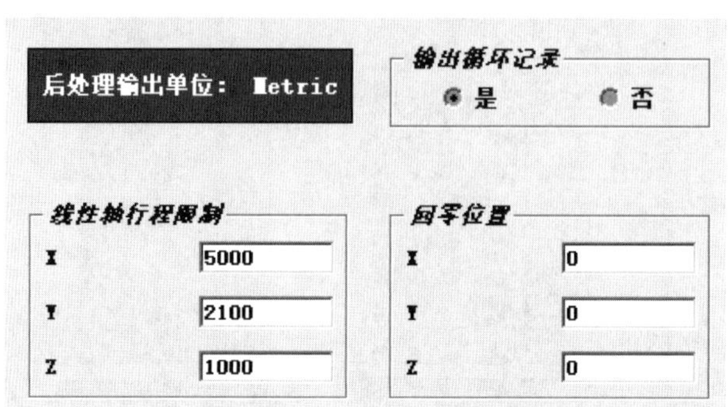

图 5.54　创建后处理设置直线轴参数

⑤ 设置第 4 轴、第 5 轴的名称和旋转平面，见图 5.55。

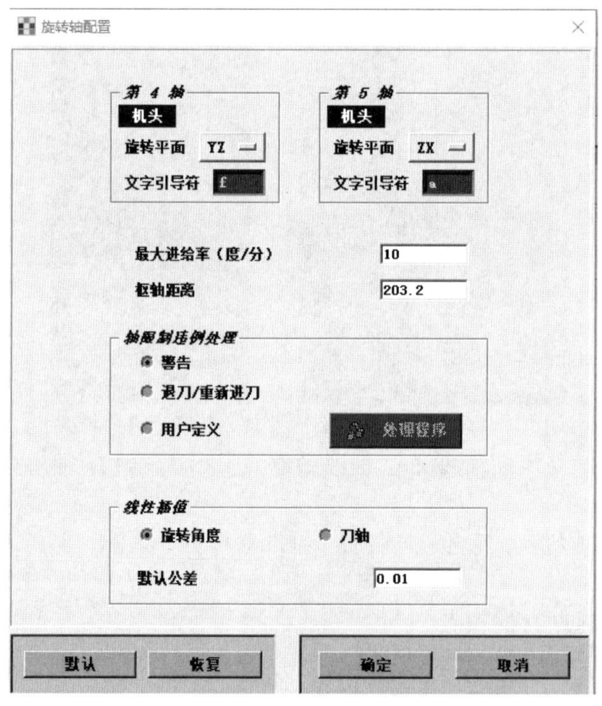

图 5.55　设置第 4 轴、第 5 轴的名称和旋转平面

B 轴为第 4 轴（XZ 平面）。A 轴为第 5 轴，旋转平面选择“other”，设置第 5 轴矢量 I0 J1 K1。对于特殊双摆头机床，可把主轴轴线和四轴轴线的交点看作四轴零点，把主轴轴线和五轴轴线的交点看作五轴零点，主轴端面（Gage）到五轴零点的距离设置成枢轴长度 64.99。

⑥ 设置四轴零点和第 4 轴行程。机床零点到四轴零点的距离 X0Y0Z0，第 4 轴行程为±180。

⑦ 设置五轴零点、四轴零点的位置关系和第 5 轴行程，见图 5.56。四轴零点到五轴零点的距离设置 X0Y0Z205，第 5 轴行程为±180。

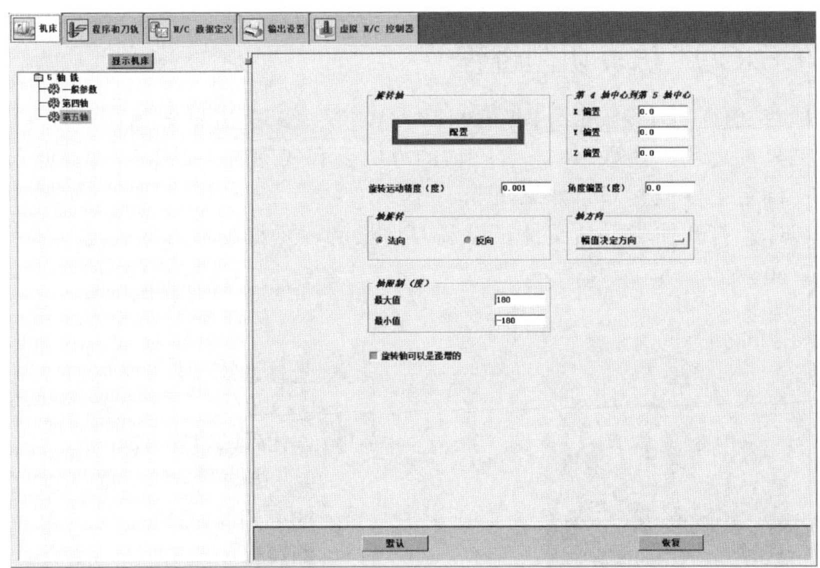

图 5.56 设置五轴零点、四轴零点的位置关系和第 5 轴行程

⑧ 其他设置同标准双摆头。在 G00 快速接近、远离工件时，要考虑各轴的移动顺序避免过切和碰撞。

⑨ 保存后处理。

5.5.3 UG 编程

① 复制加工文件。复制零件模型文件到“D:\Program Files\Siemens\NX2206\五轴案例”目录下。打开格式为 prt 的待编程的文件。

② 在几何视图下，重新生成刀具轨迹，设置加工坐标系零点在工件地面的中心点，注意 X、Y、Z 的方向要和实际加工装夹位置一致，见图 5.57。

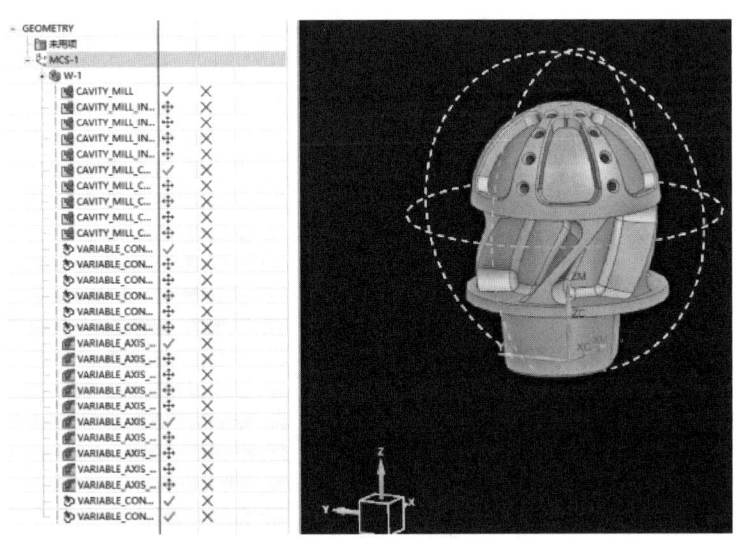

图 5.57 设置加工坐标系

③ 在刀具视图下，修改刀具参数。

④ 在几何视图下，重新生成刀具轨迹。

⑤ 输出 NC 程序，后处理选 "D:\v7\UG_post\5HH_45\5HH_45.pui"。

5.5.4　VERICUT 仿真切削过程

① 打开项目文件 "D:\Program Files\Siemens\NX2206\五轴案例\5x_HH_Vcproject"。

② 调入夹具、毛坯，注意 X、Y、Z 轴的方向要和实际装夹位置一致，见图 5.58。

③ 对刀、确定工件偏置 G54，见图 5.59。

④ 调入刀库。打开加工刀具文件，设置刀具长度，要和实际刀具长度（编程刀具长度）一致，见图 5.60。

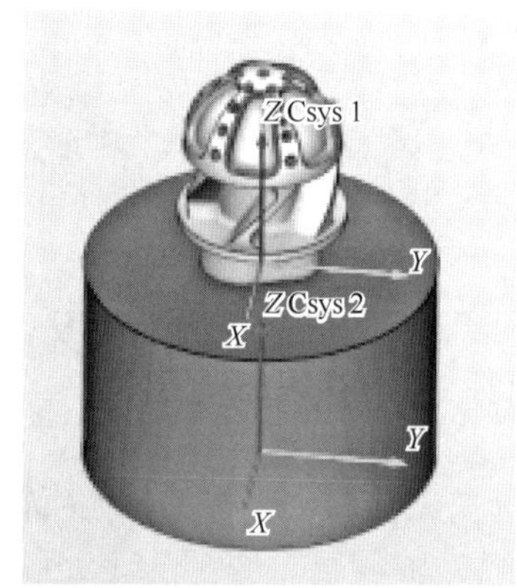

图 5.58　调入夹具、毛坯

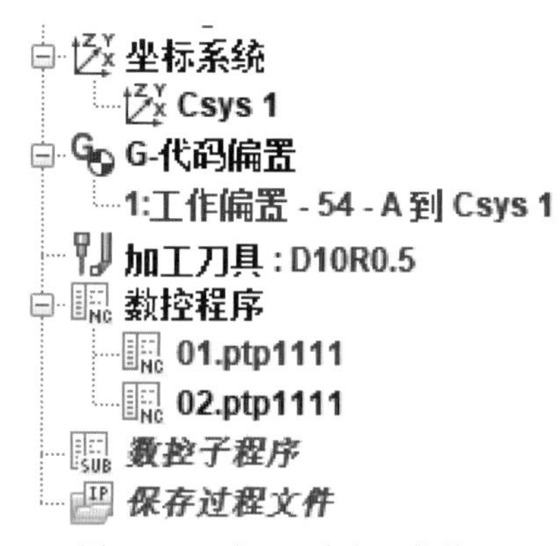

图 5.59　对刀、确定工件偏置

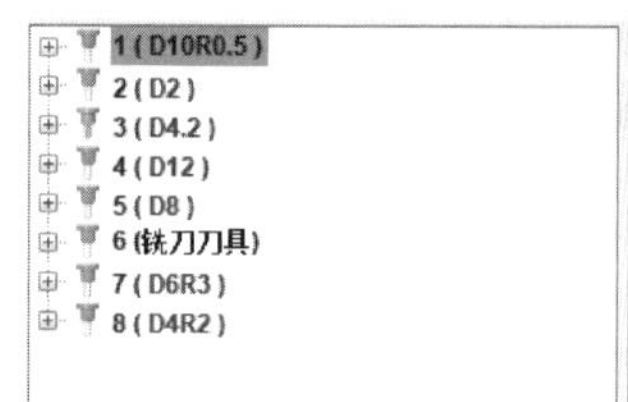

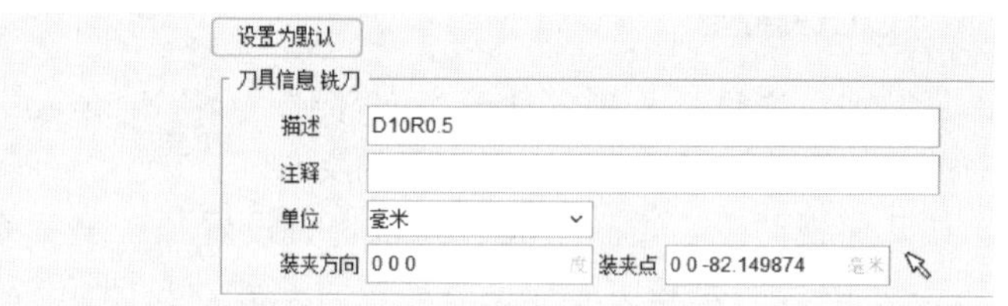

图 5.60　打开刀具文件

⑤ 调入程序 A1～A11。

⑥ 观察仿真结果，见图 5.61。

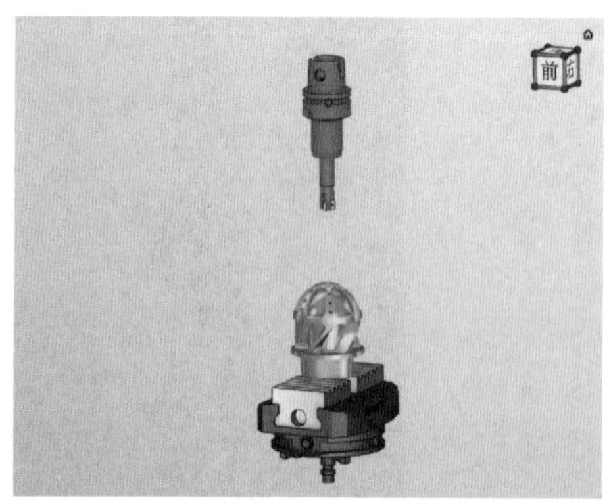

图 5.61　仿真结果

5.6　非正交单转台单摆头五轴加工中心机床加工案例

工艺特点：与标准单转台单摆头五轴加工中心机床相同，必须先装夹刀具、装夹工件，来确定刀具的长度和工件在机床中的位置。而后能根据刀具的实际长度和工件实际位置，生成 NC 程序。本案例选用的系统不具有 RTCP、RPCP 功能，更换刀具或调整工件装夹位置后，必须重新生成 NC 程序。非正交单转台单摆头机床的摆头（枢轴）较短，具有更高的灵活性和较大的加工行程。

5.6.1　确定刀具长度和工件在机床中的位置

① 选择刀柄，装夹刀具，并测量刀具长度（图 5.62）。

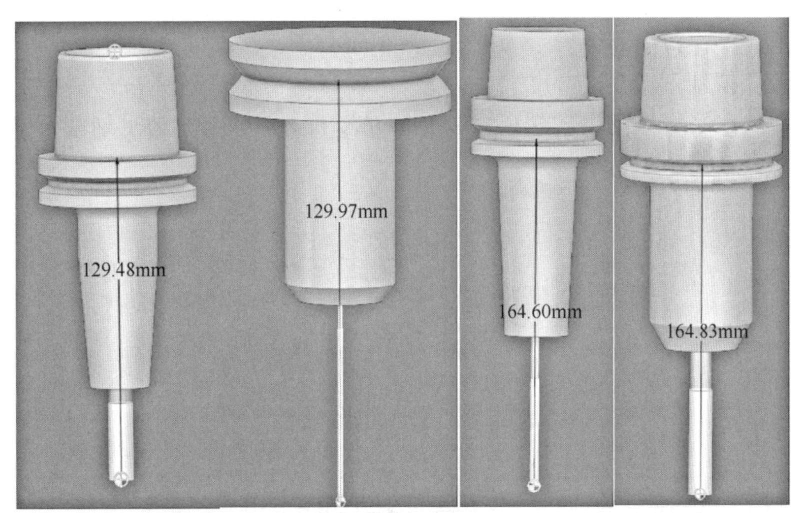

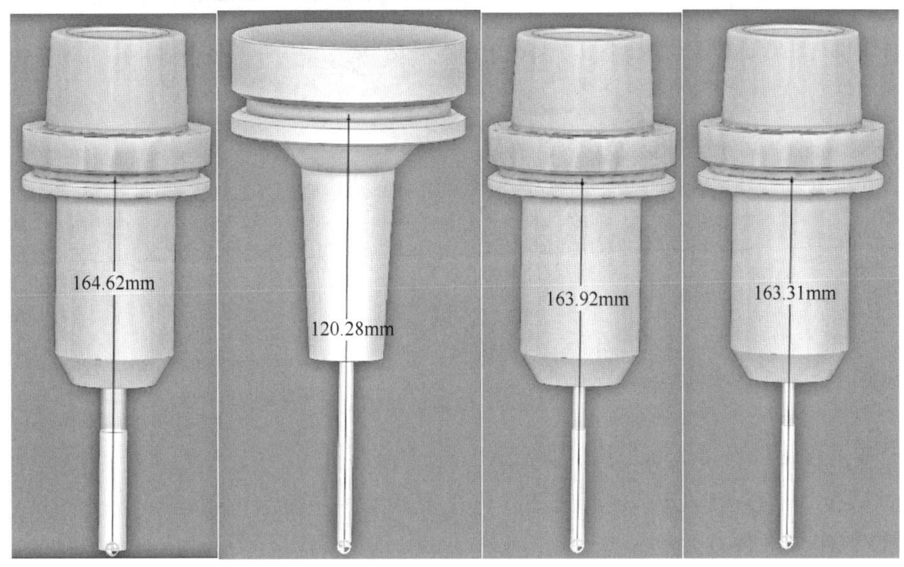

图 5.62　选择刀柄，装夹刀具，并测量刀具长度

D10R0.5 铣刀（T1）的刀具长度实测为 129.48mm。

D2 铣刀（T2）的刀具长度实测为 129.97mm。

D4.2 钻刀（T3）的刀具长度实测为 164.60mm。

D12 铣刀（T4）的刀具长度实测为 164.83mm。

D8 倒角铣刀（T5）的刀具长度实测为 164.62mm。

D6R0.5 铣刀（T6）的刀具长度实测为 163.92mm。

D6R3 铣刀（T7）的刀具长度实测为 163.31mm。

D4R2 铣刀（T8）的刀具长度实测为 120.28mm。

② 装夹工件，测量工件在工作台上的准确位置。旋转 *C* 轴，找正工件，测量工装表面圆样销钉公点相对 *C* 轴零点的坐标值为 X-14 Y40 Z220 B0 C0。

5.6.2　定制后处理

① 采集机床数据，见图 5.63。

机床零点：工作台中心点。

C 轴零点：工作台中心点。

B 轴零点：枢轴点。

枢轴长度：*B* 轴零点到主轴端面（Gage）的长度，实测 0（与主轴端面中心点重合）。

机床指令实际控制点：枢轴点。

编程零点：工作台中心点。

机床行程：X0～1800　Y0～2000　Z0～1200　B0～60　C±9999。

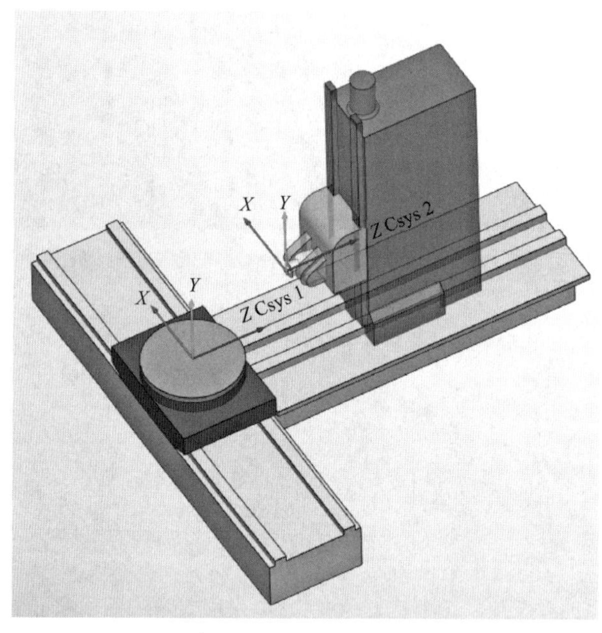

图 5.63　搜集机床数据

② 复制后处理。打开标准单转台单摆头后处理“D:\v7\UG post\5HT\单摆头单转台.pui”，另存为“D:v7\UG pos\5HT \非正交单摆头单转台.pui”。打开“D:\v7\UG post\5HT\单摆头单转台.pui”。

③ 创建后处理设置直线轴行程参数：X0～1800　Y0～2000　Z0～1200。

④ 设置旋转轴参数，见图 5.64。主轴摆头为第 4 轴（*B* 轴），回转工作台为第 5 轴（*C* 轴）。四轴零点到主轴端面的距离（枢轴长度）设置为 0。

⑤ 设置第 4 轴，见图 5.65。机床零点到四轴零点的偏置距离 X0Y0Z0，四轴行程为

B-91～12。

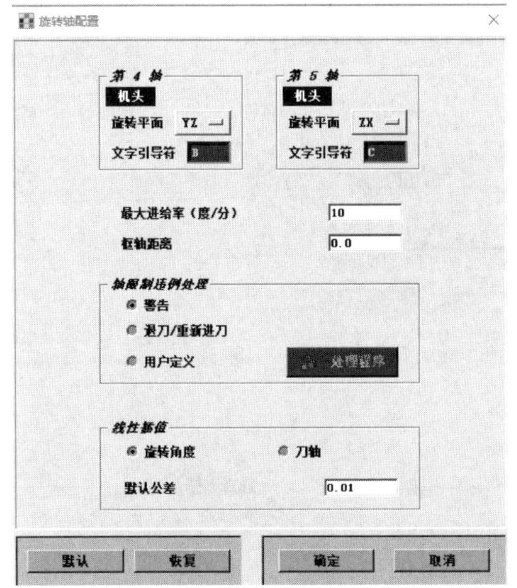

图 5.64　设置旋转轴参数

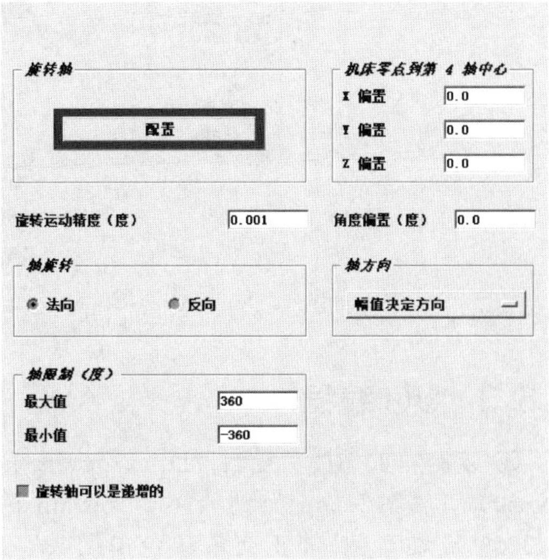

图 5.65　设置第 4 轴

⑥ 设置第 5 轴，见图 5.66。四轴零点到五轴零点的偏置为 X0Y0Z0，五轴行程为±9999。

⑦ 快速移动 G00 设置。在“ToolPath”界面，打开“Motion”对话框，设置 G00 快速定位各轴的运动顺序，见图 5.67。为避免刀具快速移动时和工件碰撞，在刀具快速定位时，通常先旋转 B、C 轴，而后是 X、Y、Z 轴定位并接近工件，避免直线轴和旋转轴同时快速移动。

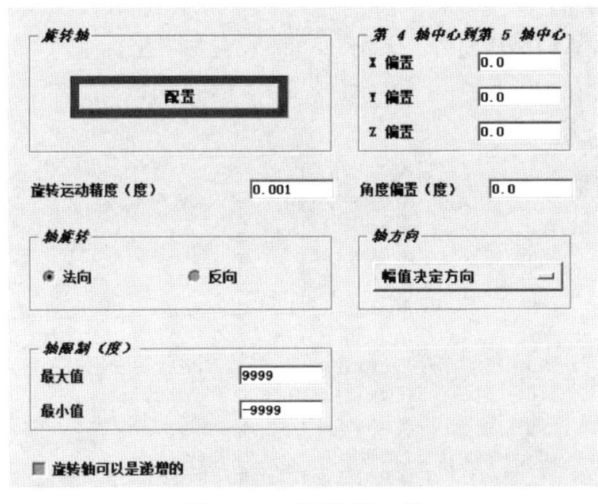

图 5.66　设置第 5 轴

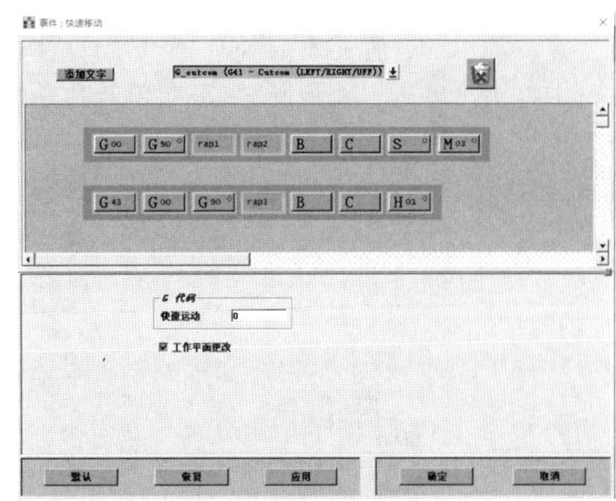

图 5.67　快速移动 G00 设置

⑧ 设置退刀操作。选择“Operation End Sequence”对话框，在“End of Path”界面添加“G28 G91 Z0”，见图 5.68。为避免在下一个操作中 B、C 轴旋转时，造成刀具和工件的碰撞，在每一个操作中 B、C 轴旋转时，造成刀具和工件的碰撞。在每一个操作结束时 Z 轴要退回正向最远点。

⑨ 保存后处理。

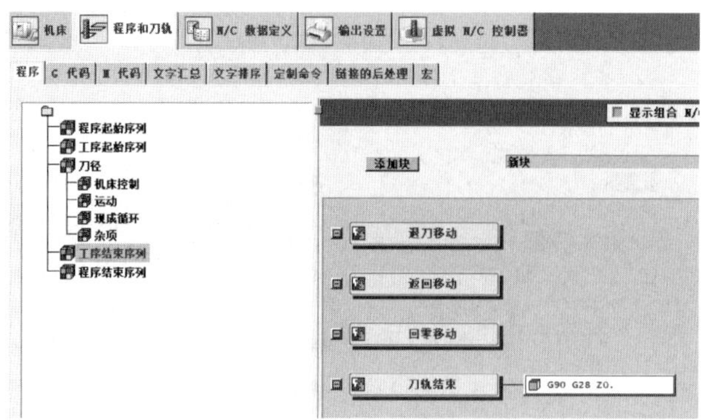

图 5.68　设置退刀操作

5.6.3 UG 编程

① 复制加工文件。复制“D:\Program Files\Siemens\NX2206\五轴案例 .prt”到“D:\Program Files\Siemens\NX2206\五轴案例\非正交单转台单摆头”目录下。打开“D:\Program Files\Siemens\NX2206\五轴案例 .prt”。

② 在几何视图下，根据对刀测量获得的数据“工件下表面圆柱中心点相对 *C* 轴零点的坐标值，X-14 Y40 Z300 B0 C0”，设置加工坐标系，注意 *X*、*Y*、*Z* 轴的方向要和实际装夹位置一致，见图 5.69。

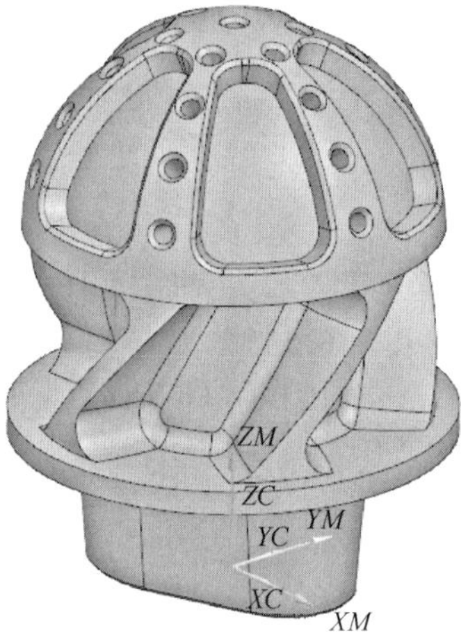

图 5.69　设置加工坐标系

③ 在刀具视图下，根据实际刀长修改刀具参数。

④ 在程序视图下，查看加工程序组 A1～A11，确定加工顺序，见图 5.70。

⑤ 重新生成刀具轨迹。

⑥ 输出 NC 程序，后处理器选“D:\Program Files\Siemens\NX2206\五轴案例\非正交单转台单摆头 .pui”。

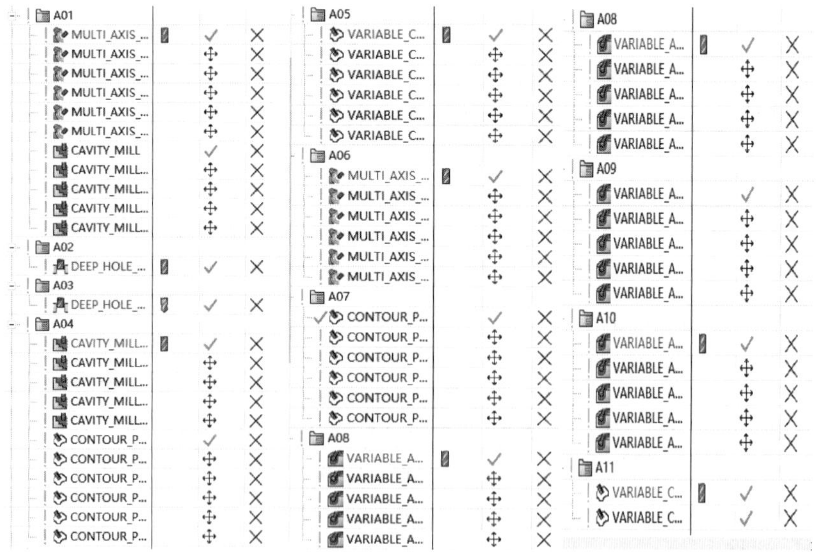

图 5.70　创建加工程序

⑦ 对程序组 A1～A11 节点进行后处理，并输出文件。

5.6.4 VERICUT 仿真切削过程

① 打开项目文件“D:\Program Files\Siemens\NX2206\五轴案例 vcproject”。

② 调入夹具、毛坯，注意 X、Y、Z 轴的方向要和实际装夹位置一致，见图 5.71。

③ 对刀、确定工件偏置 G54，见图 5.72。

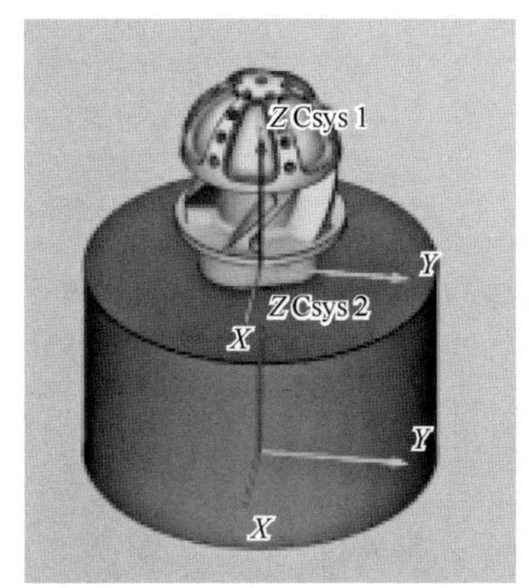

图 5.71　调入夹具、毛坯

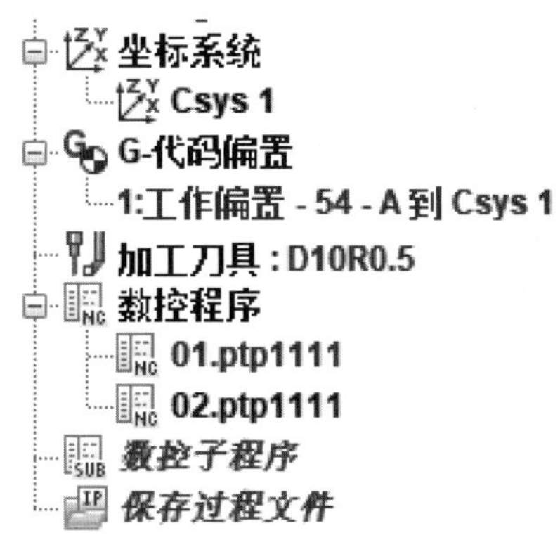

图 5.72　对刀、确定工件偏置

④ 调入刀库。

⑤ 打开加工刀具，设置刀具长度，要和实际刀具长度（编程刀具长度）一致，见图 5.73。

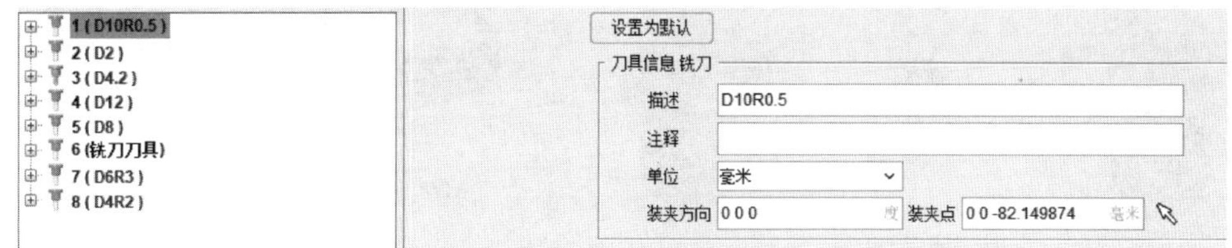

图 5.73　打开刀具文件

⑥ 调入程序 A1～A11。

⑦ 观察仿真结果，见图 5.74。

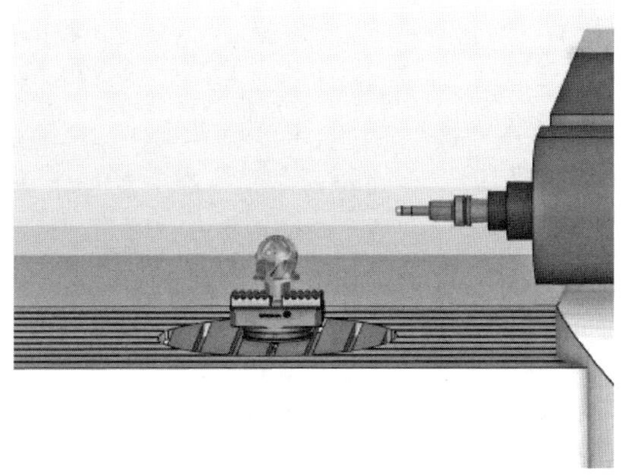

图 5.74　仿真结果

5.7　带RTCP功能的双摆头五轴加工中心机床加工案例

工艺特点：对于双摆头五轴加工中心机床，如果选用带RTCP功能的数控系统，编程时不必考虑刀具的长度和工件在机床上的装夹位置，就可以生成NC程序，刀具长度和枢轴长度引起的机床实际控制点的坐标偏移都由数控系统来处理。当刀具磨损或损坏后，只需重新测量刀具长度，就可以继续执行NC程序。

5.7.1　零件加工工艺

(1) 工件装夹

工装采用卡盘的装夹方式，见图5.75。工件零点设在零件底面中心点。图5.76为加工完的模型图。

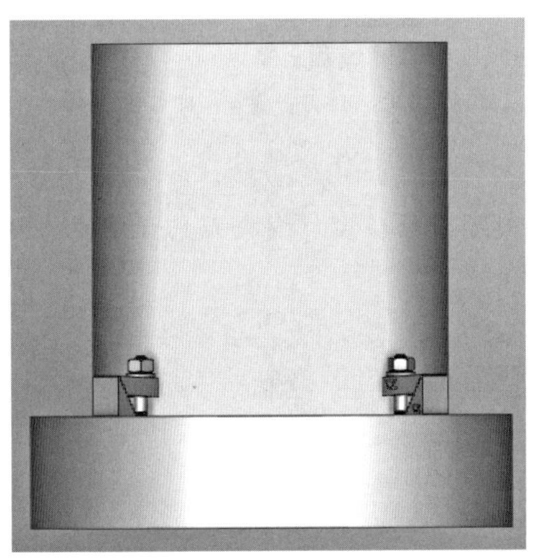

图5.75　工件装夹

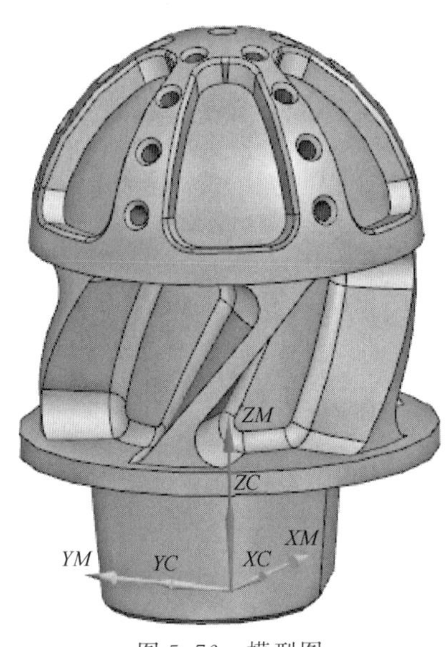

图5.76　模型图

(2) 刀具选择

T1：D10R0.5铣刀。

T2：D2铣刀。

T3：D4.2钻刀。

T4：D12铣刀。

T5：D8倒角铣刀。

T6：D6R0.5铣刀。

T7：D6R3铣刀。

T8：D4R2铣刀。

5.7.2　定制后处理

① 采集机床数据，见图5.77。

机床零点：工作台中心点。

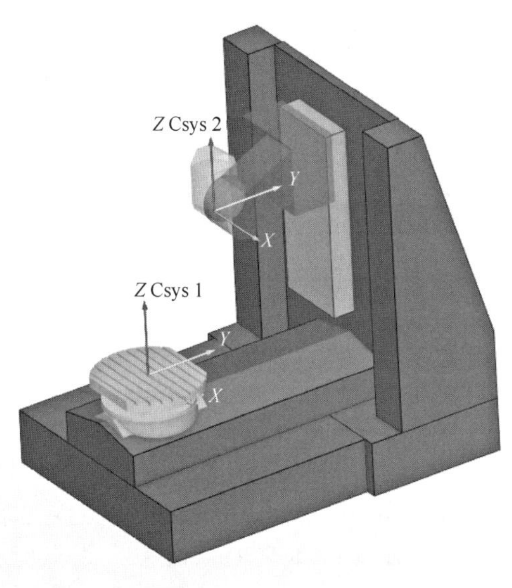

图 5.77　搜集机床数据

机床指令实际控制点：主轴端面中心点（刀长基准点）。

编程零点：工件底面中心点。

机床行程：X-5000～0　Y-2100～0　Z-1000～0　C-220～220　B-120～120。

【提示】对于带 RTCP 功能的机床，不必考虑 *B*、*C* 轴的零点位置和枢轴长度。

② 打开“D:\Program Files\Siemens\NX2206\五轴案例\双摆头 . pui”，另存为“D:\Program Files\Siemens\NX2206\五轴案例\RTCP 双摆头 . pui”，并重新打开。

③ 修改第 4、5 轴参数。设置第 4 轴和第 5 轴旋转平面，设置枢轴长度为 0，见图 5.78。设置机床零点和第 4 轴零点的偏置为 X0Y0Z0，见图 5.79。设置第 5 轴零点和第 4 轴零点的偏置为 X0Y0Z0，见图 5.80。

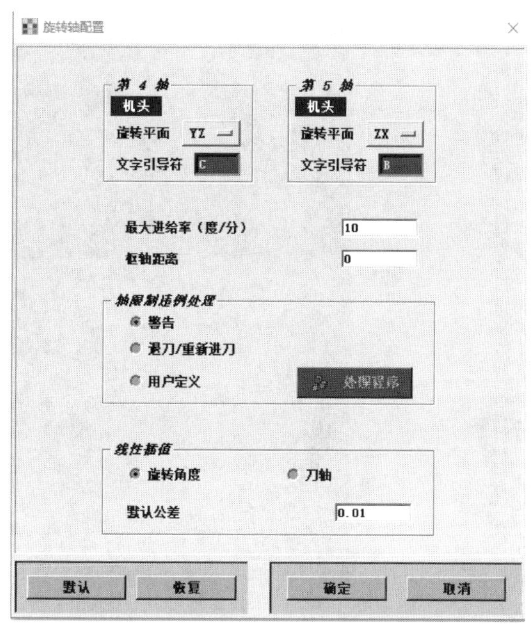

图 5.78　设置第 4 轴和第 5 轴旋转平面

机床零点到第 4 轴中心	
X 偏置	0.0
Y 偏置	0.0
Z 偏置	0.0

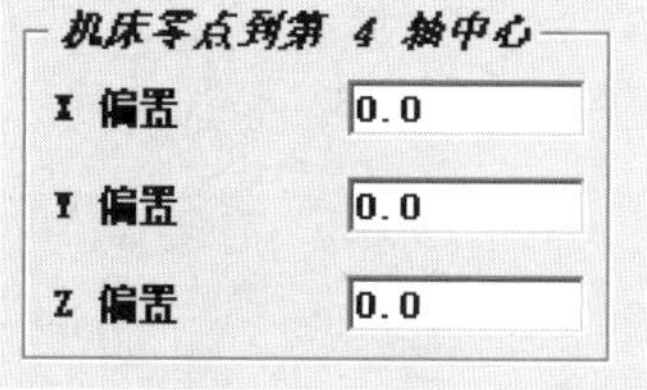

图 5.79　设置机床零点和第 4 轴零点

第 4 轴中心到第 5 轴中心	
X 偏置	0.0
Y 偏置	0.0
Z 偏置	0.0

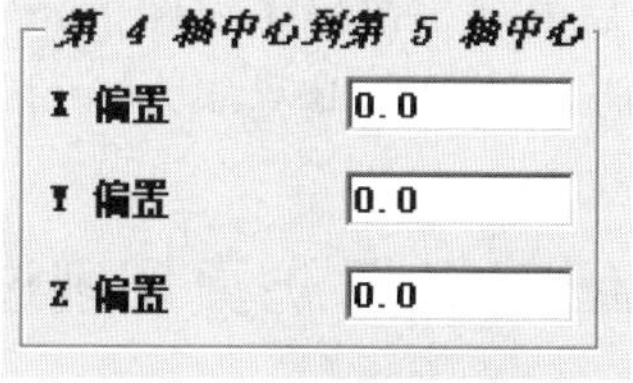

图 5.80　设置第 5 轴零点和第 4 轴零点

④ 添加 RTCP 功能代码 M150（自定义代码）。依次选择“程序和刀轨”“程序”“工序起始序列”对话框，单击“初始移动”按钮，在工件标偏置“G-Fixture Offset（G54～G59）”对话框下面添加一个新的对话框，并输入自定义代码 M150，见图 5.81。

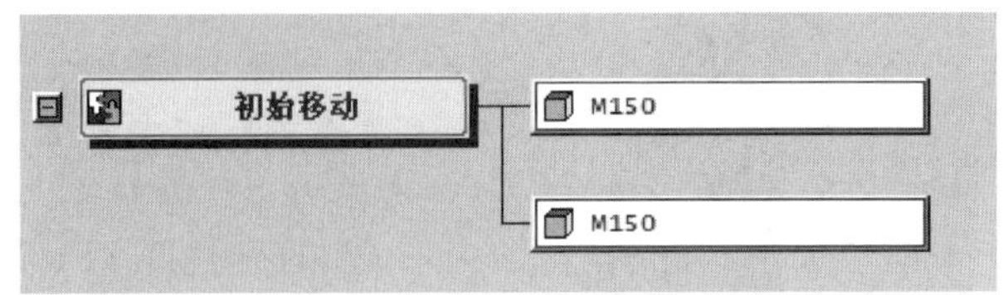

图 5.81　输入自定义代码

⑤ 保存后处理。

5.7.3　UG 编程

① 复制加工文件。复制零件模型文件“D:\Program Files\Siemens\NX2206\五轴案例.prt”，到“D:\Program Files\Siemens\NX2206\五轴案例\RTCP 双摆头”目录下。打开格式为 prt 的待编程的文件。

② 在几何视图下，检查坐标系，见图 5.82。

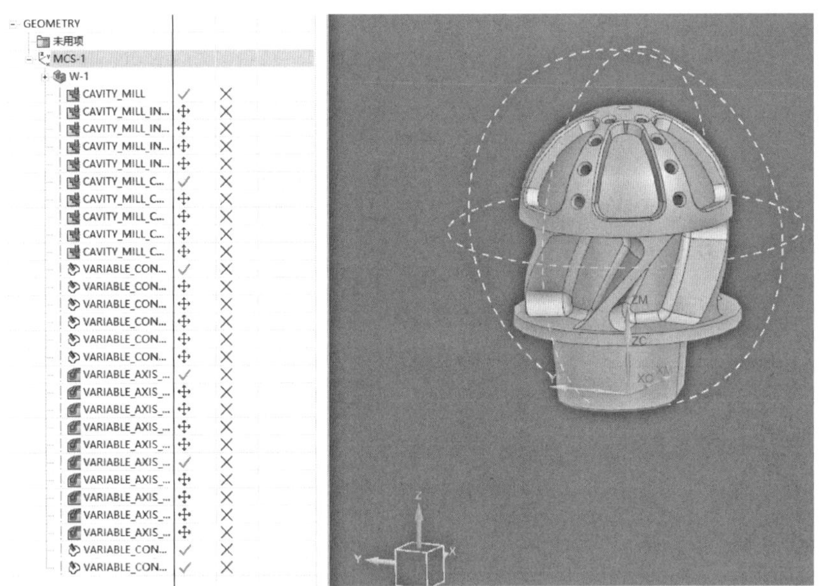

图 5.82　检查加工坐标系零点

③ 在刀具视图下，修改刀具参数，设置刀具 T1～T8 的“Z 偏置”为 0，见图 5.83。

④ 重新生成程序。

⑤ 进行后处理。在程序视图下，输出 NC 程序，后处理“D:\ProgramFiles\Siemens\NX2206\五轴案例\RTCP 双摆头.pui”。对粗加工程序组 A1～A6、精加工程序组 A7～A11 分别进行输出。

5.7.4　VERICUT 仿真切削过程

① 打开项目文件“D:\Program Files\Siemens\NX2206\五轴案例.prt”。调入机床 fan15-rtcp（数控系统 fan15-rtcp 为带 RTCP 功能的数控系统）。

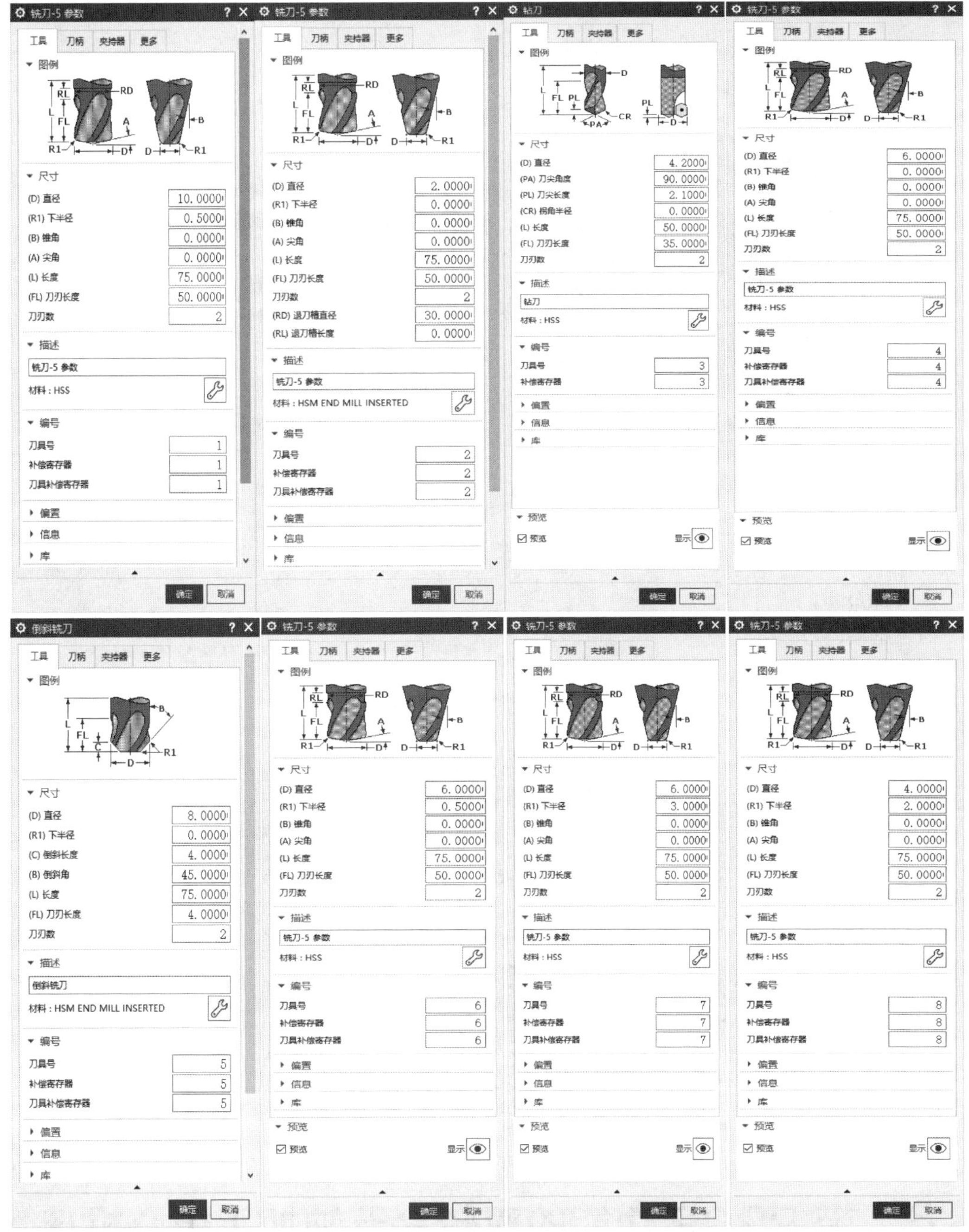

图 5.83　修改刀具 T1～T8 参数

② 装夹工件，调入夹具、毛坯，注意 X、Y、Z 轴的方向要和实际装夹位置一致，见图 5.84。

③ 对刀、确定工件偏置 G54，见图 5.85。

④ 调入刀库，打开刀具文件“D:\Program\案例 1.tls”。设置刀具长度要和实际刀具长度（编程刀具长度）一致，见图 5.86。

⑤ 调入程序 A1～A11。

⑥ 观察仿真结果，见图 5.87。

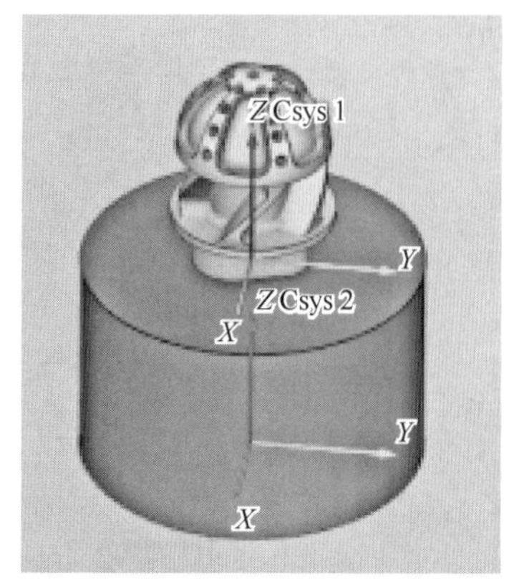

图 5.84　调入夹具、毛坯

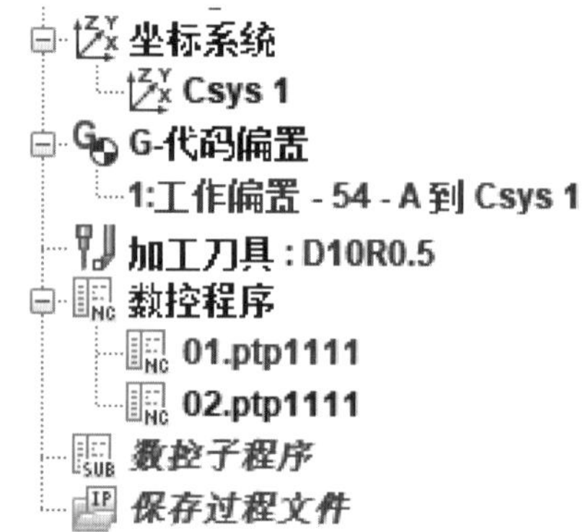

图 5.85　对刀、确定工件偏置

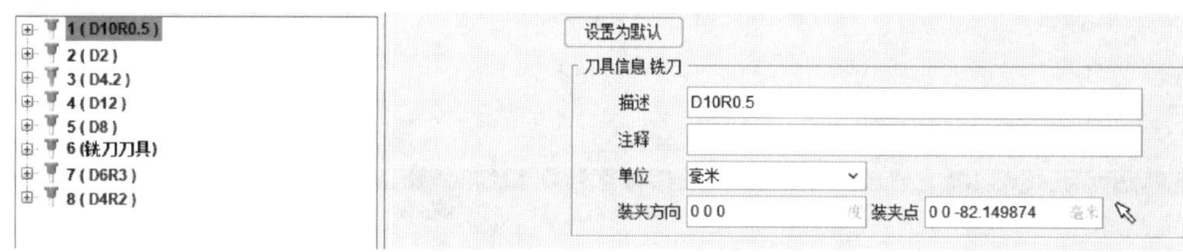

图 5.86　打开刀具文件

图 5.87　仿真结果

5.8　带 RPCP 功能的双转台五轴加工中心机床加工案例

工艺特点：对于双转台五轴加工中心机床，如果选用带 RPCP 功能的数控系统，确定装夹方案后，就可以编程了。编程时不必考虑刀具的长度和工件在机床上的装夹位置，就可以生成 NC 程序。工作台回转引起的机床实际控制点的坐标偏移都由数控系统来处理。当装夹工件后，只需重新对刀、确定工件零点就可以加工了，加工过程和三轴加工类似。

5.8.1 零件加工工艺

(1) 工件装夹

工装采用卡盘的装夹方式，见图 5.88。工件零点设在零件底面中心点。图 5.89 为加工完的模型图。

图 5.88　工件装夹

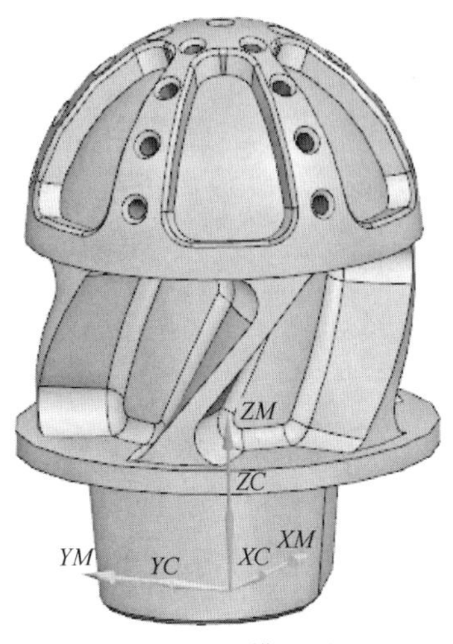

图 5.89　模型图

(2) 刀具选择

T1：D10R0.5 铣刀。

T2：D2 铣刀。

T3：D4.2 钻刀。

T4：D12 铣刀。

T5：D8 倒角铣刀。

T6：D6R0.5 铣刀。

T7：D6R3 铣刀。

T8：D4R2 铣刀。

5.8.2 定制后处理

① 采集机床数据，见图 5.90。

机床型号：DMU50。

控制系统：FANUC（带 RTCP 功能）。

机床零点：工作台中心点。

编程零点：工件底面中心点。

机床行程：X-500～0　Y-450～0　Z-400～0。

【提示】 对于带 RTCP 功能的机床，不必考虑 *B*、*C* 轴零点的相对位置。*B*、*C* 轴的各个参数都写到机床的参数中，由 RPCP 指令来调用以处理各直线轴的补偿数值。

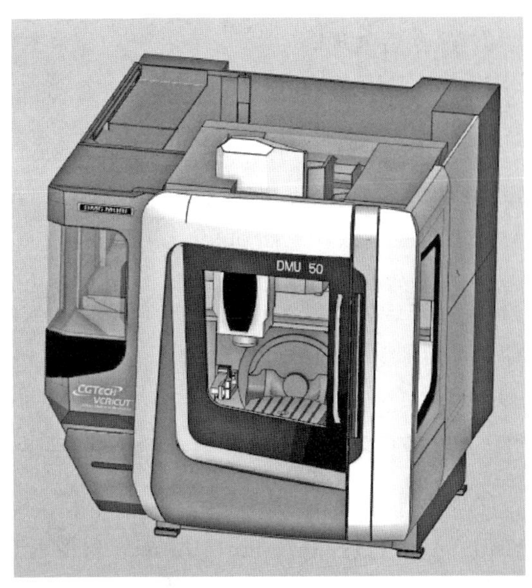

图 5.90　采集机床数据

② 打开“D:\Program Files\Siemens\

NX2206\五轴案例\双摆头 pui”，另存为“D:\Program Files\Siemens\NX2206\RTCP 双摆头 pui”。重新打开“D:\Program Files\Siemens\NX2206\RTCP 双摆头 pui”。

③ 设置第 4、5 轴参数。设置旋转轴的回转平面，见图 5.91；设置第 4 轴零点、第 5 轴零点为 0，见图 5.92、图 5.93。

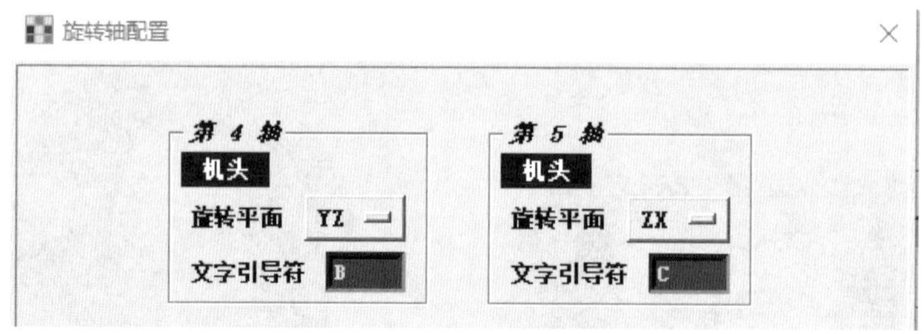

图 5.91　设置旋转轴的回转平面

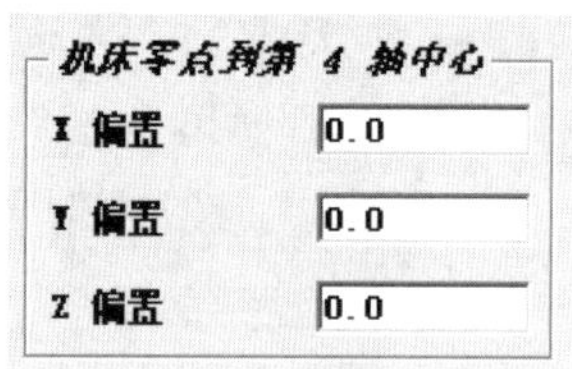

图 5.92　设置第 4 轴零点

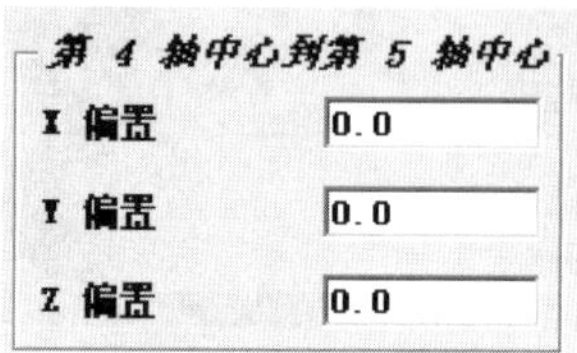

图 5.93　设置第 5 轴零点

④ 添加 RPCP 功能代码 M150（自定义代码）。依次选择“程序和刀轨”“程序”“工序起始序列”对话框，单击“初始移动”按钮，在工件标偏置“G-Fixture Offset (G54～G59)”对话框下面添加一个新的对话框，并输入自定义代码 M150，见图 5.94。

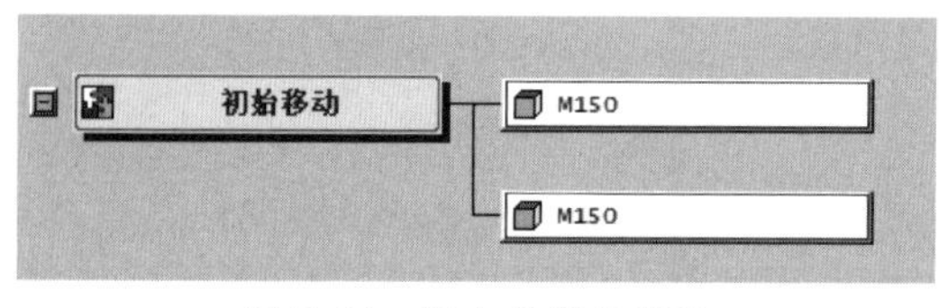

图 5.94　输入自定义代码

⑤ 保存后处理。

5.8.3　UG 编程

① 打开加工文件“D:\Program Files\Siemens\NX2206\五轴案例 . prt”。

② 在几何视图下，设置加工坐标系零点在工件地面中心点，注意 X、Y、Z 的方向要和实际装夹位置一致，见图 5.95。

③ 重新生成程序。

④ 进行后处理。在程序视图下，输出 NC 程序，后处理“D:\ProgramFiles\Siemens\NX2206\五轴案例\RTCP 双摆头 . pui”。对粗加工程序组 A1～A6、精加工程序组 A7～A11 分别进行输出。

5.8.4　VERICUT 仿真切削过程

① 打开加工文件“D:\Program Files\Siemens\NX2206\五轴案例 . prt”。调入机床 fan16im-rtcp（数控系统 fan16im-rtcp 为带 RTCP 功能的数控系统）。

② 装夹工件，调入夹具、毛坯，注意 X、Y、Z 轴的方向要和实际装夹位置一致，

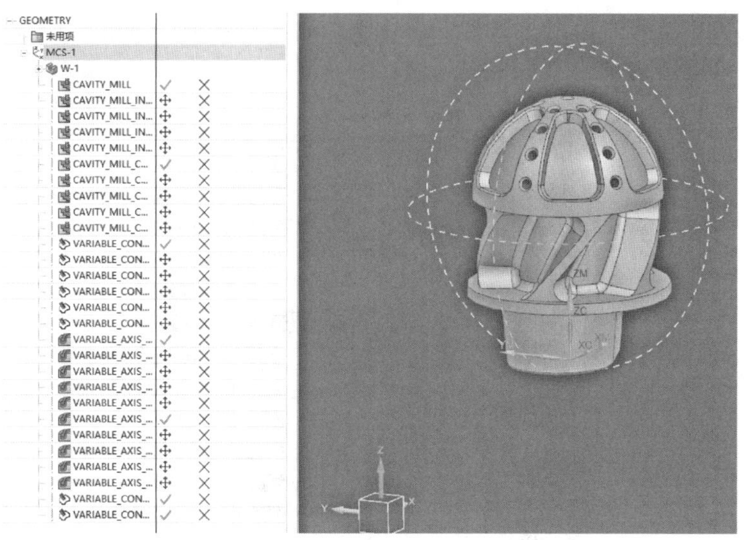

图 5.95　检查加工坐标系零点

见图 5.96。

③ 测量编程零点（底面中心点）在机床坐标系中的位置，设置工件偏置 G54：X45 Y60 Z50 C0 B0，见图 5.97。

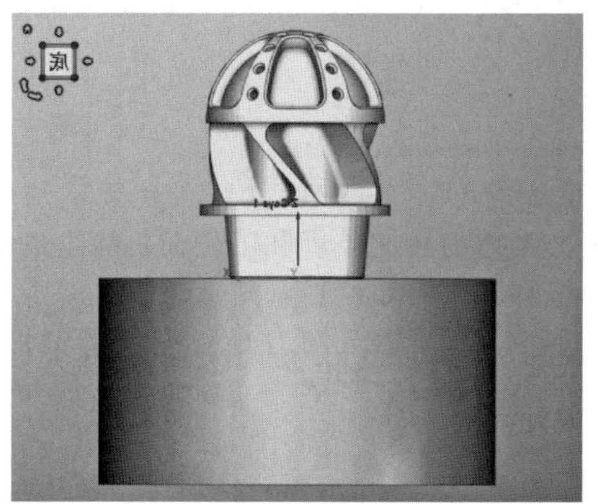

图 5.96　调入夹具、毛坯

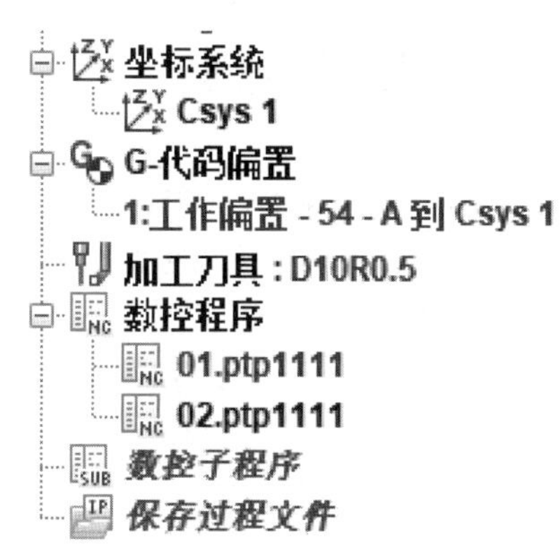

图 5.97　对刀、确定工件偏置

④ 调入刀库。

⑤ 打开刀具文件“D:\Program\案例 1. tls”。如果需要模拟实际加工时刀具、刀柄是否和机床产生干涉，则要按“对刀后的实际刀具长度”设定仿真刀具长度，见图 5.98。

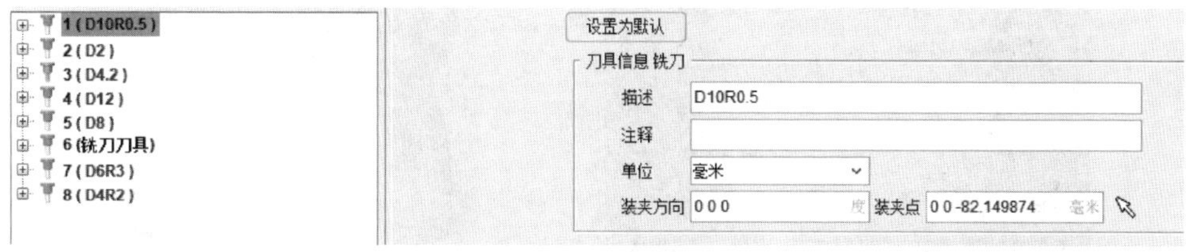

图 5.98　打开刀具文件

⑥ 调入程序 A1～A11。

⑦ 观察仿真结果，见图 5.99。

⑧ 检验 RPCP 功能的作用。调整工件在工作台上的位置，并相应修改工件偏置 G54，重新执行程序，观察机床的加工过程。

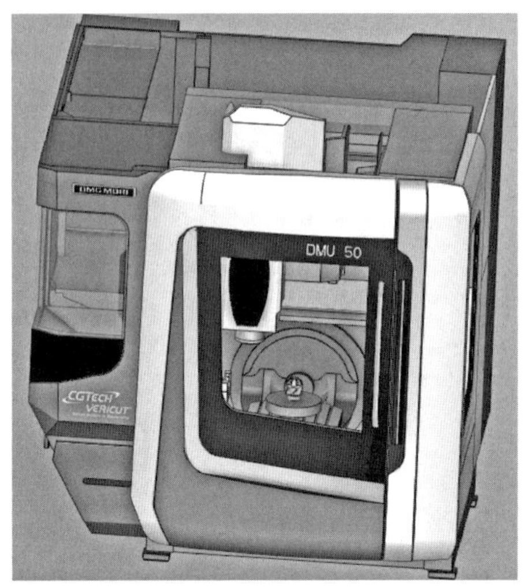

图 5.99　仿真结果

5.9　德玛吉 DMG_DMU50 双转台五轴加工中心加工案例

工艺特点：对于配备海德汉 iTNC530 数控系统的 DMG_DMU50 双转台五轴加工中心机床确定装夹方案后，就可以编程了。编程时不必考虑刀具的长度和工件在机床上的装夹位置，就可以后处理生成 NC 程序。工作台回转引起的机床实际控制点的坐标偏移都由海德汉 iTNC530 系统来处理。当装夹工件后，只需对刀确定工件零点和刀具长度就可以加工了，加工操作过程和三轴加工类似。

5.9.1　零件加工工艺

工装采用卡盘的装夹方式，见图 5.100。工件零点设在零件底面中心点。图 5.101 为加工完的模型图。

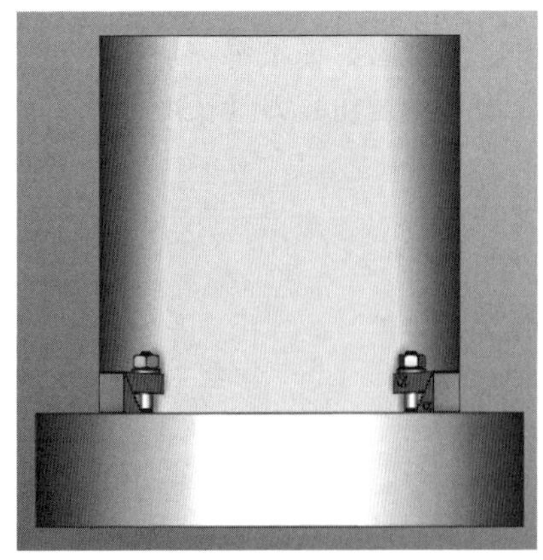

图 5.100　工件装夹

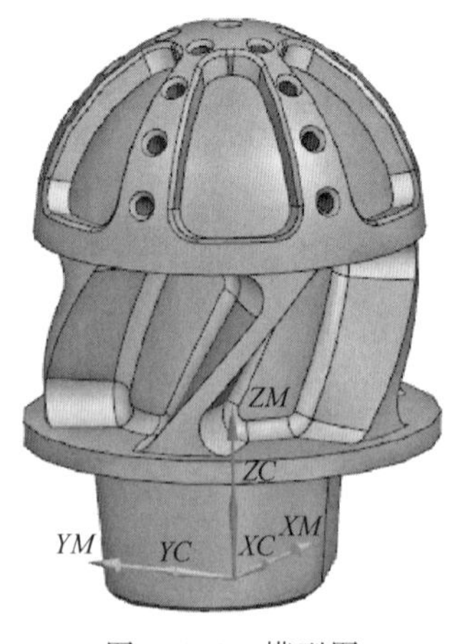

图 5.101　模型图

刀具选择：

T1：D10R0.5 铣刀。

T2：D2 铣刀。

T3：D4.2 钻刀。

T4：D12 铣刀。

T5：D8 倒角铣刀。

T6：D6R0.5 铣刀。

T7：D6R3 铣刀。

T8：D4R2 铣刀。

5.9.2　定制后处理

① 采集机床数据，见图 5.102。

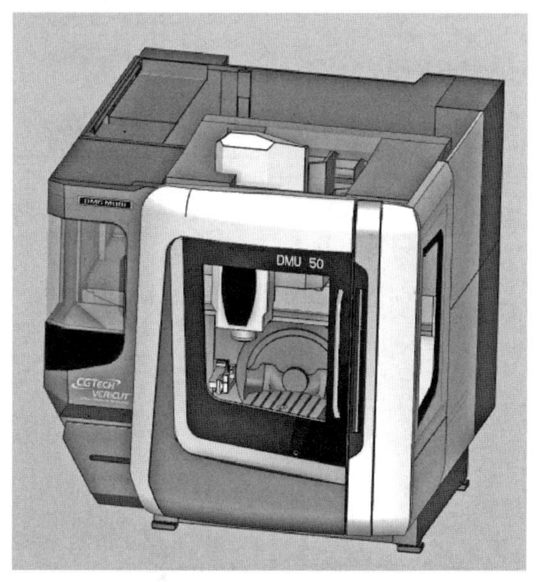

图 5.102　采集机床数据

机床型号：DMU50。

控制系统：海德汉 iTNC530。

编程零点：工作台中心点。

机床行程：X-500～0　Y-450～0　Z-400～0。

【提示】 海德汉 iTNC530 数控系统用 M128 指令和循环 CYCL19 来共同实现 RPCP 功能。其中 M128 用于五轴联动操作，循环 CYCL19 用于固定轴加工操作（俗称 3+2，即 2 个旋转轴只参与定位，切削时 2 个旋转轴是锁定状态）。编程时不必考虑 B、C 轴零点的相对位置，B、C 轴的位置参数都写到机床的系统参数中，由 M128 和循环 CYCL19 来调用以处理各线轴的补偿数值。关于海德汉 iTNC530 的后处理定制，较简单的方法是做 2 个后处理，分别用于处理五轴联动和 3+2 加工。标准的后处理定制则比较复杂，需要通过变量来识别操作是五轴联动还是 3+2 加工。如果是五轴联动的操作，则输出 M128；如果是 3+2 操作，则输出循环 CYCL19。

② 打开 UG2206 版本的后处理构造器，设置后处理名“iTNC530 5TT”、后处理单位“毫米”、机床类型“5-Axis with Dual Rotary Tables”、控制系统模板“HEIDENHAIN”，

见图 5.103。

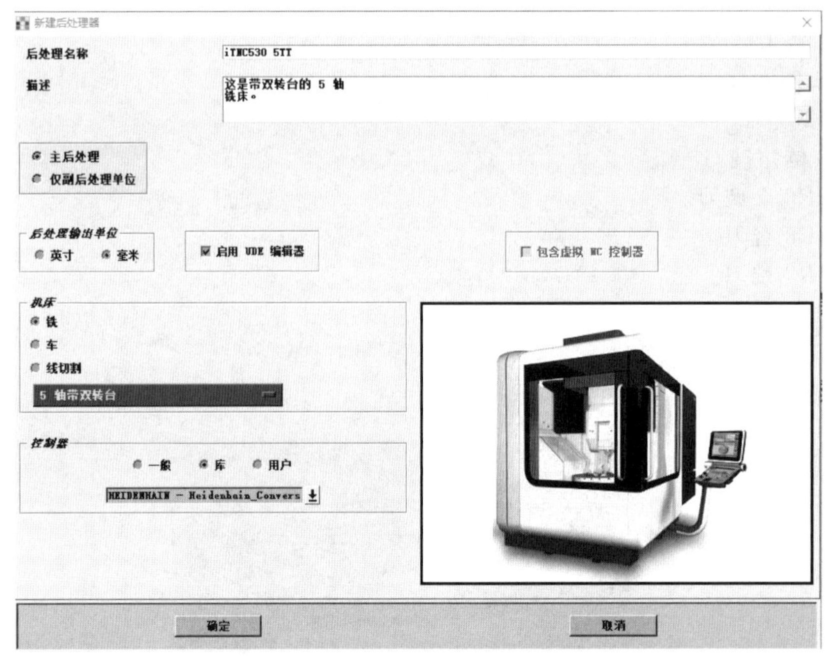

图 5.103　设置后处理

③ 设置第 4、5 轴参数。设置旋转轴的回转平面，见图 5.104；设置四轴零点、五轴零点为 0，见图 5.105、图 5.106。

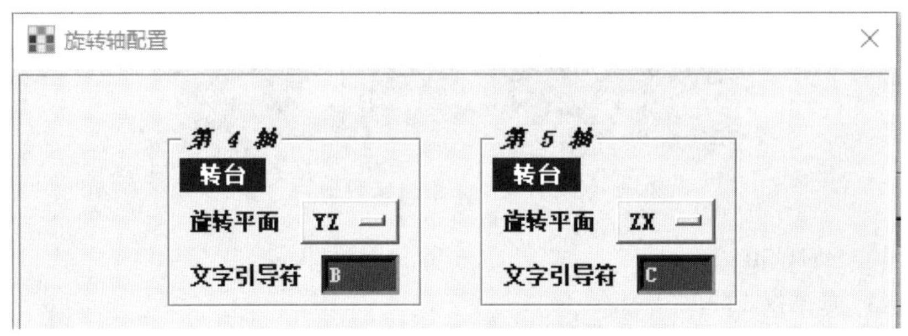

图 5.104　设置旋转轴的回转平面

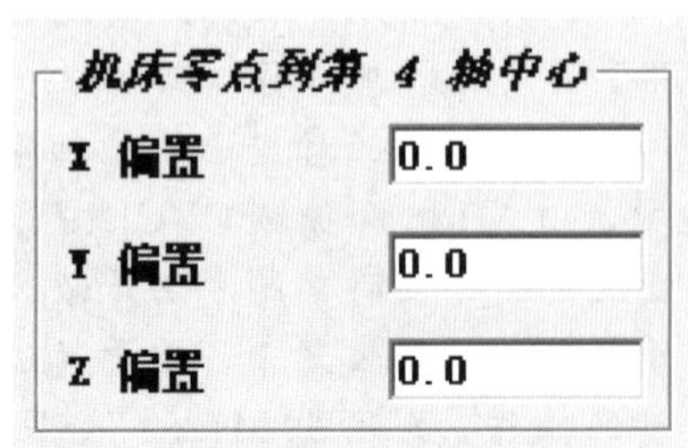

图 5.105　设置四轴零点

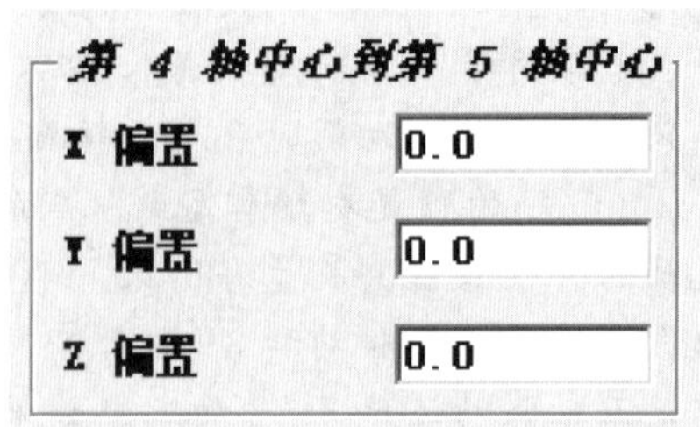

图 5.106　设置五轴零点

④ 添加工件坐标偏置。依次选择“程序和刀轨”“程序”“程序起始序列”对话框，在

“程序开始”节点底部添加一个自定义宏（CustonMaro），见图 5.107、图 5.108。在弹出的“自定义宏”界面，设置“宏名称”为“G54”，“宏输出名称”为“CYCL DEF247”，连接符号为“=”，其他参数为“None”。设置参数名称为“Q339”，参数表达式为“$mom_fixture_offset_value”，数据类型为数字（对应坐标号 1，2，3……），见图 5.109。

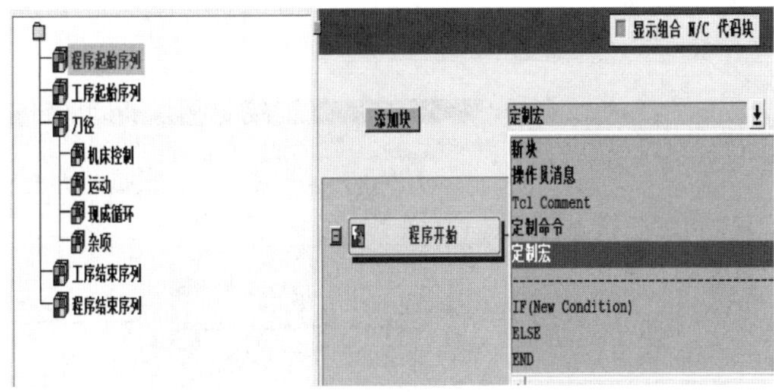

图 5.107　添加工件坐标偏置

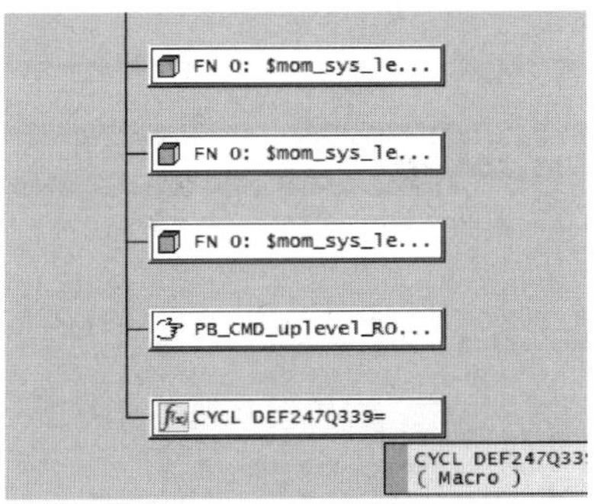

图 5.108　添加自定义宏

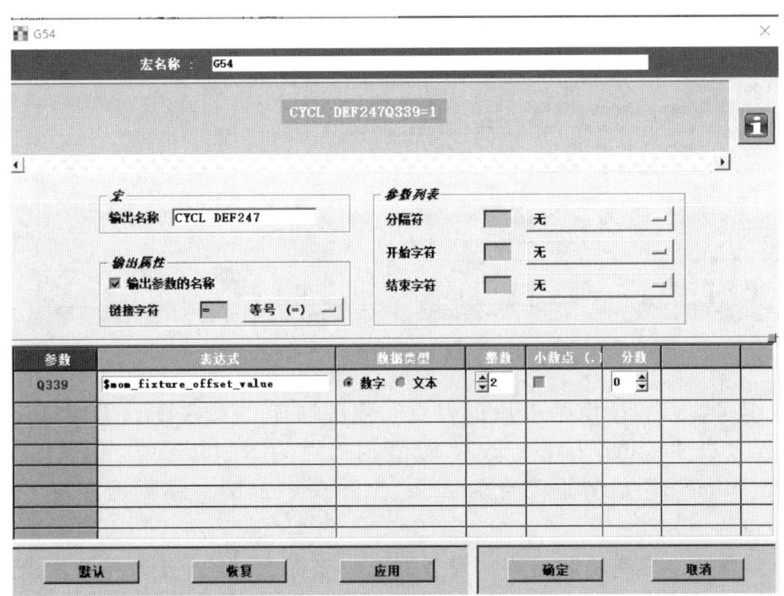

图 5.109　自定义宏

⑤ 判断五轴操作类型。依次选择“程序和刀轨”“程序”“工序起始序列”“刀轨开始”对话框，编辑命令“PBCMD_init tnc output_mode”，见图5.110。在工件坐标偏置“G-Fixture Offset（G54～G59）”对话框下面添加一个新的对话框，并输入RPCP功能自定义代码M150。在弹出的“PBCMD_init tnc output_mode”命令对话框中，设置可变轴操作、顺序铣操作、叶轮铣操作为五轴联动操作，并激活M128功能，见图5.111。如果是其他操作则激活循环CYCL19。

图5.110　判断五轴操作类型（一）

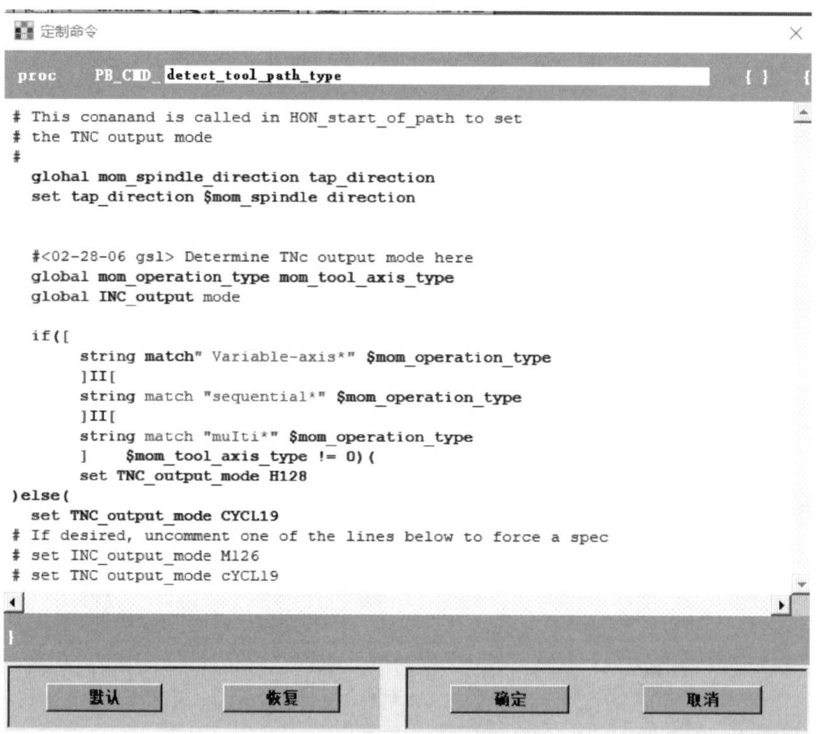

图5.111　设置五轴操作类型（二）

⑥ 设置操作起始点和操作结束后退刀点。依次选择“N/C Data Definitions”“Block”对话框，编辑程序块“return_home_xy”，设置退刀点为X-500 Y-1，见图5.112(a)；编辑程序块“return_home_z”设置退刀点为Z-1；见图5.112(b)；编辑程序块“return_home_bc”，设置退刀点为B0 C0。

⑦ 设置圆弧插补、快速功能格式。设置圆弧心坐标X、Y、Z为强制输出。设置快速功能格式为2个旋转轴先定位，而后3个直线轴联动定位，并且设定CYCL19在旋转轴定位

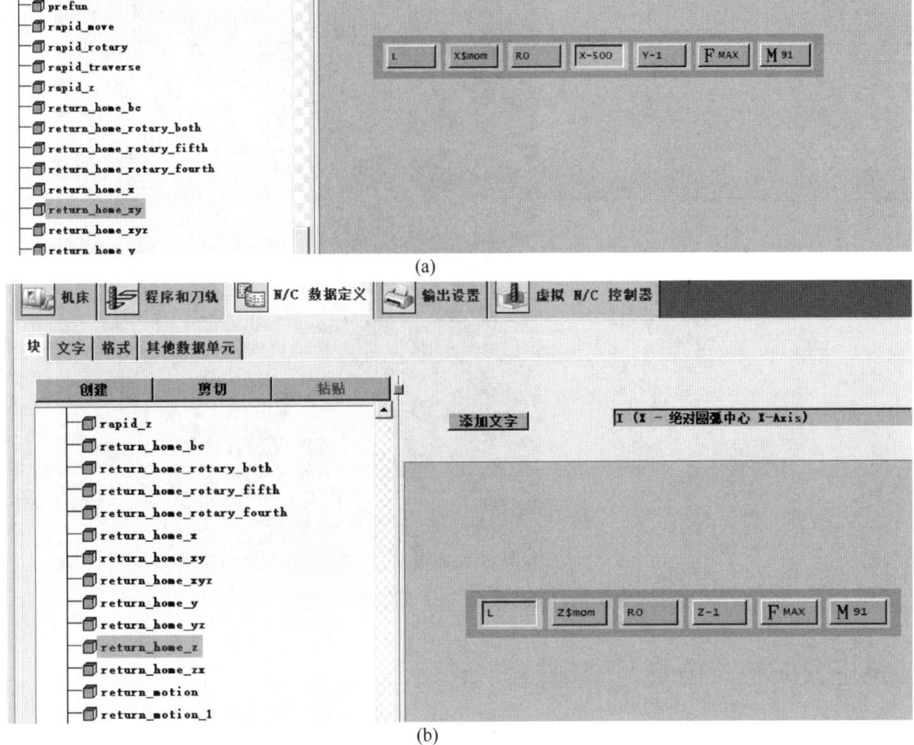

图 5.112　设置操作起始点和操作结束后退刀点

前输出，M128 指令在 *BC* 轴定位之后输出。

⑧ 设置 NC 程序格式为“*.H”，见图 5.113，保存后处理。

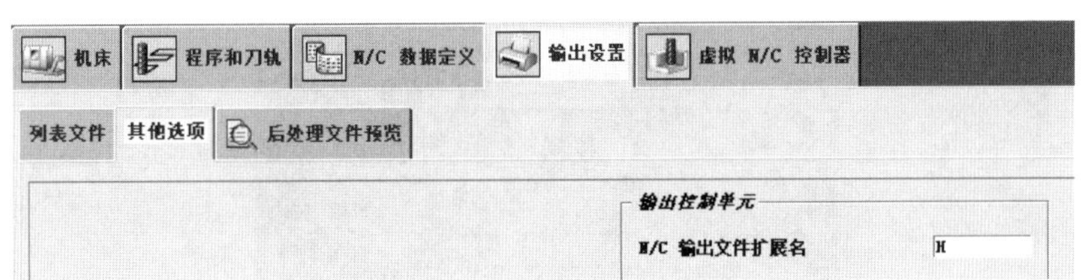

图 5.113　设置 NC 程序格式

【提示】 如果程序格式不符合自己的加工习惯，则需要进行局部的细节调整，以满足自己的加工需求。

5.9.3　UG 编程

① 打开加工文件“D:\Program Files\Siemens\NX2206\五轴案例.prt”。

② 在几何视图下，设置加工坐标系零点在工件地面中心点，注意 *X*、*Y*、*Z* 的方向要和实际装夹位置一致，见图 5.114。

③ 重新生成程序。

④ 进行后处理。在程序视图下，输出 NC 程序，后处理“D:\ProgramFiles\Siemens\NX2206\五轴案例\DMG_MI28\ITNC530_TT.pui”。对粗加工程序组 A1～A6、精加工程序组 A7～A11 分别进行输出。

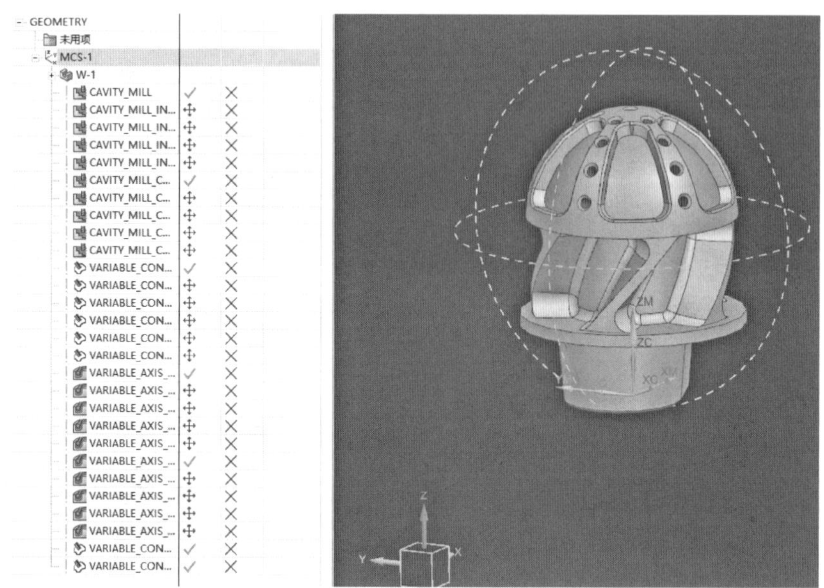

图 5.114　检查加工坐标系零点

5.9.4　VERICUT 仿真切削过程

① 打开加工文件“D:\Program Files\Siemens\NX2206\五轴案例 . prt”。

② 打开数控系统 hei530（海德汉 iTNC530）。

③ 装夹工件，调入夹具、毛坯，注意 X、Y、Z 轴的方向要和实际装夹位置一致，见图 5.115。

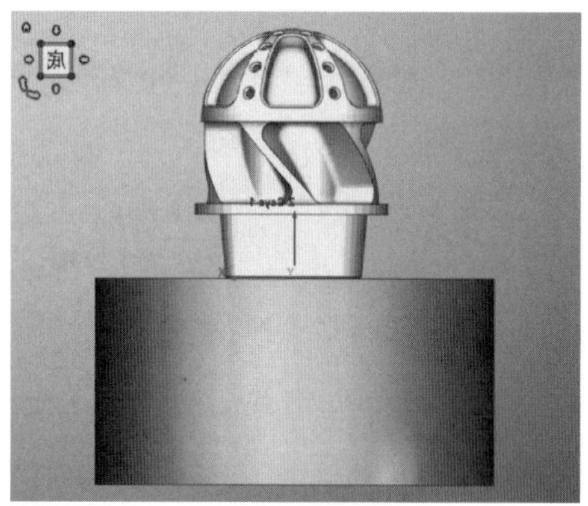

图 5.115　调入夹具、毛坯

④ 调入刀库。

⑤ 打开刀具文件“D:\Program\案例 1. tls”。如果需要模拟实际加工时刀具、刀柄是否和机床产生干涉，则要按“对刀后的实际刀具长度”设定仿真刀具长度，见图 5.116。

⑥ 调入程序 A1～A11。

⑦ 观察仿真结果，见图 5.117。

⑧ 检验 RPCP 功能的作用。调整工件在工作台上的位置，并相应修改工件偏置 G54，重新执行程序，观察机床的加工过程。

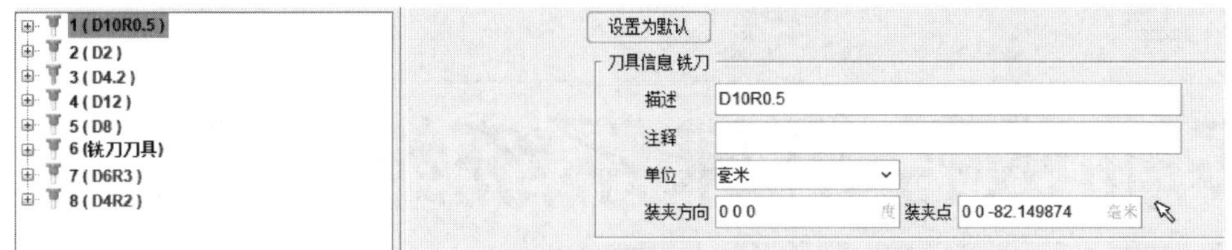

图 5.116　打开刀具文件

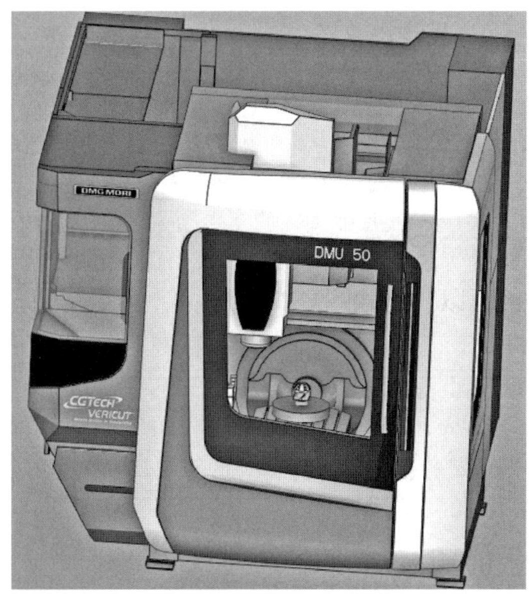

图 5.117　仿真结果

第6章

多轴数控机床系统维护及故障诊断与处理

知识目标 

① 了解多轴数控机床常规检查维护要求；

② 了解常见故障诊断以及排除的基本方法。

能力目标

① 能够对多轴数控机床进行常规检查维护；

② 能够排除常见故障。

6.1 多轴数控机床系统常规检查维护

本章以华中数控系统 HNC-818 为例。

6.1.1 环境条件

HNC-818 数控系统的运行环境条件如表 6.1 所示。

表 6.1 数控系统运行环境条件

环境	条件
工作温度/℃	0～+45 不冻
温度变化	<1.1℃/min
相对湿度	90%RH 或更低(不凝) 正常情况:75%或更小 短期(一个月内):最大为 95%

续表

环境	条件
储存温度/℃	－20～＋60 不冻
储存湿度	不凝
周围环境	室内(不晒) 防腐,雾,尘
高度	海平面以上最大 1000m
振动/(m/s)	10～60Hz 时,5.9 或更低

6.1.2　接地

在电气装置中，正确的接地是很重要的，其目的是：

① 保护工作人员不受反常现象所引起的放电伤害；

② 保护电子设备不受机器本身及其附近的其他电子设备所产生的干扰影响，这种干扰可能会引起控制装置工作不正常。

在安装机床时，必须提供可靠的接地，不能将电网中的中性线作为接地线，否则可能造成人员的伤亡或设备损坏，也可能使设备不能正常运行。

6.1.3　供电条件

HNC-818 数控装置的供电电源由机床电气控制柜提供，机床供电电源请参见机床安装说明书。

6.1.4　风扇过滤网清尘

风扇是数控装置通风散热的重要元件，为保证灰尘不至于随风扇进入装置，在进风和出风口都设有过滤网。

由于长时间使用，灰尘会逐渐堵塞过滤网，造成通风条件变差，严重时会影响设备正常运行，使用者应定期清洗所有过滤网。一般情况下建议每三个月清洗一次，环境条件较差时应缩短清洗周期。

6.1.5　长时间闲置后使用

数控装置长时间闲置后使用，首先应进行清尘、干燥处理，然后检查数控装置的连线、接地情况，再通电一段时间，在确保系统无故障后才能重新运行。

6.2　多轴数控机床常见故障分类

注意：

参与检修人员必须有相应专业知识和能力。

伺服驱动和电机断电至少 5min 后，才能触摸驱动器和电机，防止电击和灼伤。

驱动器故障报警后，须根据报警代码排除故障后才能投入使用。

复位报警前，必须确认 EN（伺服使能）信号无效，防止电机突然启动引起意外。

HSV-160 型伺服提供了 16 种不同的保护功能和故障诊断，见表 6.2。当其中任何一种保护功能被激活时，驱动器面板上的数码管显示对应的报警信息，伺服报警输出。

表 6.2　多轴数控机床常见故障

报警代码	报警名称	内容
—	正常	
1	主电路欠压	主电路电源电压过低
2	主电路过压	主电路电源电压过高
3	IPM 模块故障	IPM 智能模块故障
4	制动故障	制动电路故障
5	保险丝熔断	主回路保险丝熔断
6	电机过热	电机温度过高
7	编码器 A、B、Z 故障	编码器 A、B、Z 信号错误
8	编码器 U、V、W 故障	编码器 U、V、W 信号错误
9	控制电源欠压	控制电源电压偏低
10	过电流	电机电流过大
11	系统超速	伺服电机速度超过设定值
12	跟踪误差过大	位置偏差计数器的数值超过设定值
13	软件过热	电流值超过设定值(I^2t 检测)
14	控制参数读错误	读 EEPROM 参数故障
15	DSP 故障	DSP 故障
16	看门狗故障	软件看门狗叫唤

在使用驱动器时要求将报警输出或故障联锁输出接入急停回路，当伺服驱动器保护功能被激活时，伺服驱动器回路可以及时断开主电源。

在清除故障源后，可以通过关断电源重新给伺服驱动器上电来清除报警；也可以通过面板按键进入辅助模式，采用报警复位方式来清除报警。

带有＊标记的保护不能以报警复位方式清除，只有切断电源，清除故障原因，再接通电源，才能清除。

多轴数控机床常见故障的原因及处理方法如表 6.3 所示。

表 6.3　多轴数控机床常见故障的原因及处理方法

报警代码	报警名称	运行状态	原因	处理方法
1	主电路欠压	接通主电源时出现	①电路板故障 ②电源保险损坏 ③软启动电路故障 ④整流器损坏	换伺服驱动器
			①电源电压低 ②临时停电 20ms 以上	检查电源
		电机运行过程中出现	①电源容量不够 ②瞬时掉电	检查电源
			散热器过热	检查负载情况
2	主电路过压	接通控制电源时出现	电路板故障	换伺服驱动器
		接通主电源时出现	①电源电压过高 ②电源电压波形不正常	检查供电电源

续表

报警代码	报警名称	运行状态	原因	处理方法
2	主电路过压	电机运行过程中出现	外部制动电阻接线断开	检查外部制动电路,重新接线
			①制动晶体管损坏 ②内部制动电阻损坏	换伺服驱动器
			制动回路容量不够	①降低启停频率 ②增加加/减速时间常数 ③减小转矩限制值 ④减小负载惯量 ⑤更换大功率的驱动器和电机
3	IPM模块故障	接通控制电源时出现	电路板故障	换伺服驱动器
		电机运行过程中出现	①供电电压偏低 ②伺服驱动器过热	①检查驱动器 ②重新上电 ③更换驱动器
			驱动器U、V、W之间短路	检查接线
			接地不良	正确接线
			电机绝缘损坏	更换电机
			受到干扰	①增加线路滤波器 ②远离干扰源
4	制动故障	接通控制电源时出现	电路板故障	更换伺服驱动器
		电机运行过程中出现	外部制动电阻接线断开	重新接线
			①制动晶体管损坏 ②内部制动电阻损坏	换伺服驱动器
			制动回路容量不够	①降低启停频率 ②增加加/减速时间常数 ③减小转矩限制值 ④更换大功率的驱动器和电机
			主电路电压过高	检查主电源
5	保险丝熔断	电机运行过程中出现	驱动器外部U、V、W之间短路	检查接线
			接地不良	正确接地
			电机绝缘损坏	更换电机
			驱动器损坏	更换伺服驱动器
			超过额定转矩运行	①检查负载 ②降低启停频率 ③减小转矩限制值 ④更换大功率的驱动器和电机
			①U、V、W有一相断线 ②编码器接线错误	检查接线
6	电机过热	接通控制电源时出现	电路板故障	更换伺服驱动器
			①电缆断线 ②电机内部温度继电器损坏	①检查电缆 ②检查电机

续表

报警代码	报警名称	运行状态	原因	处理方法
6	电机过热	电机运行过程中出现	电机过负载	①减小负载 ②降低启停频率 ③减小转矩限制值 ④减小有关增益 ⑤更换大功率的驱动器和电机
			长期超过额定转矩运行	①检查负载 ②降低启停频率 ③减小转矩限制 ④更换大功率的驱动器和电机
			机械传动不良	检查机械部分
			电机内部故障	更换伺服电机
7	编码器 A、B、Z 故障		编码器接线错误	检查接线
			编码器损坏	更换电机
			外部干扰	①增加线路滤波器 ②远离干扰源
			编码器电缆不良	换电缆
			编码器电缆过长，造成编码器供电电压偏低	①缩短电缆 ②采用多芯并联供电
8	编码器 U、V、W 故障		编码器接线错误	检查接线
			编码器损坏	更换电机
			外部干扰	①增加线路滤波器 ②远离干扰源
			编码器电缆不良	更换电缆
			编码器电缆过长，造成编码器供电电压偏低	①缩短电缆 ②采用多芯并联供电
9	控制电源欠压		输入控制电源偏低	检查控制电源
			①驱动器内部接插件不良 ②开关电源异常 ③芯片损坏	①更换驱动器 ②检查接插件 ③检查开关电源
10	过电流		驱动器 U、V、W 之间短路	检查接线
			接地不良	正确接地
			电机绝缘损坏	更换电机
			驱动器损坏	更换驱动器
11	系统超速	接通控制电源时出现	①控制电路板故障 ②编码器故障	①换伺服驱动器 ②换伺服电机
		电机运行过程中出现	输入指令脉冲频率过高	正确设定输入指令脉冲
			加/减时间常数太小，使速度超调量过大	增大加/减速时间常数
			输入电子齿轮比太大	正确设置

续表

报警代码	报警名称	运行状态	原因	处理方法
11	系统超速	电机运行过程中出现	编码器故障	换伺服电机
			编码器电缆不良	换编码器电缆
			伺服系统不稳定，引起超调	①重新设定有关增益 ②如果增益不能设置到合适值，则减小负载转动惯量比率
		电机刚启动时出现	负载惯量过大	①减小负载惯量 ②换更大功率的驱动器和电机
			编码器零点错误	①换伺服电机 ②调整编码器零点
			①电机 U、V、W 引线接错 ②编码器电缆引线接错	正确接线
12	跟踪误差过大	接通控制电源时出现	电路板故障	换伺服驱动器
		接通主电源及控制线，输入指令脉冲，电机不转动	①电机 U、V、W 引线接错 ②编码器电缆引线接错	正确接线
			编码器故障	换伺服电机
		电机运行过程中出现	设定位置超差检测范围大小	增加位置超差检测范围
			位置比例增益太小	增加增益
			转矩不足	①检查转矩限制值 ②减小负载容量 ③更换大功率的驱动器和电机
			指令脉冲频率太高	降低频率
13	软件过热		转矩不足	①检查转矩限制值 ②减小负载容量 ③更换大功率的驱动器和电机
			伺服驱动器故障	更换伺服驱动器
			受到干扰	①增加线路滤波器 ②远离干扰源
14	控制参数读错误		输入控制电源不稳定	①检查控制电源电压 ②检查控制电源功率
			伺服驱动器故障	更换伺服驱动器
			受到干扰	增加线路滤波器，远离干扰源
15	DSP 故障		输入控制电源不稳定	①检查控制电源电压 ②检查控制电源功率
			伺服驱动器故障	更换伺服驱动器
			受到干扰	①增加线路滤波器 ②远离干扰源

续表

报警代码	报警名称	运行状态	原因	处理方法
16	看门狗叫唤		输入控制电源不稳定	①检查控制电源电压 ②检查控制电源功率
			伺服驱动器故障	更换伺服驱动器
			受到干扰	①增加线路滤波器 ②远离干扰源

6.3　多轴数控机床故障排除思路及应遵循的原则

数控机床技术的进步为现代制造业的发展提供了很好的条件，逐步向高效、优质以及人性化方向发展。新型数控机床在加工精度、自动化程度、生产效率、劳动强度等诸方面都有普通机床没有的优势。但是在使用中会出现丧失某种功能的可能性，故障可按表现形式、性质、起因等分为多种类型。但不论哪种故障类型，在进行诊断时，都可遵循一些原则和诊断技巧。

6.3.1　排障原则

（1）从外向内的原则

当发现问题时，工作人员应通过观察和触摸从外向内进行有效的检查。

（2）首先检查公共设备，然后检查专用设备

根据实际效果，首先检查公共设备的故障，然后检查专用设备的故障原因，掌握整体效果，有效地找出存在的问题。

（3）先简单后复杂

当检测设备中存在的问题时，特别是当许多问题叠加在一起时，简单的问题应首先解决，然后逐步深化。事实上，这一原则不仅是解决数控机床存在问题时应遵循的，也是机械维修过程中应遵循的。大多数故障是由机械作用引起的，因此，在维护中，最基本和最重要的是检查机械部件的正常运行，以确保设备上开关的正常使用和灵活性。

（4）移动前静止

当机械故障发生时，维修人员应保持冷静的心态并思考解决问题的对策。在修复故障的过程中，应该对故障进行全面的分析和研究，首先解决一些静态部件的问题，然后在解决了这部分问题后再修复动态部件。

（5）先机械后电气，先静态后动态原则

在故障检修之前，首先应注意排除机械性故障，再在运行状态下进行动态观察、检验和测试，查找故障。而对通电后会发生破坏性故障的，必须先排除危险后，方可通电。

（6）一般故障与特殊故障

在排除故障的过程中，我们应该遵循先解决常见故障，然后修复特殊故障的原则。了解故障的频率以及零件损坏的程度和概率等。在维修过程中，根据总结的经验，冷静判断一些故障零件和附件是否是经常性故障零件。如果发现其频繁出现故障，维修人员在今后的维修过程中应特别注意这些部件，做好维护和修理工作，并总结积累经验。

① 充分调查故障现象，首先对操作者进行调查，详细询问出现故障的全过程，有些什么现象产生、采取过什么措施等，然后要对现场做细致的勘测。

② 查找故障的起因时，思路要开阔，无论是集成电路，还是机械、液压器件，只要有

可能是引起该故障的原因，都要尽可能全面地列出来，然后进行综合判断和优化选择。

6.3.2 故障诊断要求

① 除了丰富的专业知识外，进行数控故障诊断作业的人员还需要具有一定的动手能力和实践操作经验，要求工作人员结合实际经验，善于分析思考，通过对故障机床的实际操作分析故障原因，做到以不变应万变，达到举一反三的效果。

② 拥有完备的维修工具及诊断仪表。常用工具如螺丝刀、钳子、扳手、电烙铁等，常用检测仪表如万用表、示波器、信号发生器等。

③ 工作人员还需要准备好必要的技术资料，如数控机床电器原理图纸、结构布局图纸、数控系统参数说明书、维修说明书、使用说明书等。

6.4 故障诊断与排除的基本方法

不同的数控系统虽然在结构和性能上有所区别，但随着微电子技术的发展，在故障诊断上有它的共性。

6.4.1 数控机床的故障诊断技术

数控系统是高技术密集型产品，要想迅速而正确地查明原因并确定其故障的部位，要借助于诊断技术。随着微处理器的不断发展，诊断技术也由简单的诊断朝着多功能的高级诊断或智能化方向发展。诊断能力的强弱也是评价 CNC 数控系统性能的一项重要指标。目前所使用的 CNC 系统的诊断技术大致可分为以下几类。

(1) 启动诊断 (Start Up Diagnostics)

启动诊断是指 CNC 系统每次从通电开始，系统内部诊断程序就自动执行诊断。诊断的内容为系统中最关键的硬件和系统控制软件，如 CPU、存储器、I/O 等单元模块，以及 MDI/CRT 单元、纸带阅读机、软盘单元等装置或外部设备。只有当全部项目都确认正确无误之后，整个系统才能进入正常运行的准备状态。否则，将在 CRT 画面或用发光二极管报警方式指示故障信息。此时启动诊断过程不能结束，系统无法投入运行。

(2) 在线诊断 (On-Line Diagnostics)

在线诊断是指通过 CNC 系统的内装程序，在系统处于正常运行状态时对 CNC 系统本身及 CNC 装置相连的各个伺服单元、伺服电机、主轴伺服单元和主轴电动机以及外部设备等进行自动诊断、检查。只要系统不停电，在线诊断就不会停止。

在线诊断包括自诊断功能的状态，一般显示有上千条，常以二进制的 0、1 来显示其状态。对正逻辑来说，0 表示断开状态，1 表示接通状态，借助状态显示可以判断出故障发生的部位。常用的有接口状态和内部状态显示，如利用 I/O 接口状态显示，再结合 PLC 梯形图和强电控制线路图，用推理法和排除法即可判断出故障点所在的真正位置。故障信息大都以报警号形式出现，一般可分为以下几大类：①过热报警类；②系统报警类；③存储报警类；④编程/设定类；⑤伺服类；⑥行程开关报警类；⑦印刷线路板间的连接故障类。

(3) 离线诊断 (Off-Line Diagnostics)

离线诊断是指数控系统出现故障后，数控系统制造厂家或专业维修中心，利用专用的诊断软件和测试装置进行停机（或脱机）检查。力求把故障定位到尽可能小的范围内，如缩小到某个功能模块、某部分电路，甚至某个芯片或元件，这种故障定位更为精确。

(4) 现代诊断技术

随着电信技术的发展，IC 和微机性价比提高，近年来国外已将一些新的概念和方法成功地应用到诊断领域。

① 通信诊断　也称远程诊断，即利用电话通信线，把带故障的 CNC 系统和专业维修中心的专用通信诊断计算机连接，进行测试诊断。如德国西门子公司在 CNC 系统诊断中采用了这种诊断功能，用户把 CNC 系统中专用的“通信接口”连接在普通电话线上，而西门子公司维修中心的专用通信诊断计算机的“数据电话”也连接到电话线路上，然后由计算机向 CNC 系统发送诊断程序，并将测试数据输回到计算机进行分析并得出结论，随后将诊断结论和处理办法通知用户。

通信诊断系统还可为用户做定期的预防性诊断，维修人员不必亲临现场，只需按预定的时间对机床做一系列运行检查，在维修中心分析诊断数据，可发现存在的故障隐患，以便及早采取措施。当然，这类 CNC 系统，必须具备远程诊断接口及联网功能。

② 自修复系统　就是在系统内设置有备用模块，在 CNC 系统的软件中装有自修复程序，当该软件在运行时一旦发现某个模块有故障，系统一方面将故障信息显示在 CRT 上，同时自动寻找是否有备用模块，如有备用模块，则系统能自动使故障脱机，而接通备用模块使系统能较快地进入正常工作状态。这种方案适用于无人管理的自动化工作的场合。

6.4.2　数控机床的故障诊断方法

由于数控机床故障比较复杂，同时，数控系统的自诊断能力还不能对系统的所有部件进行测试，往往是一个报警号指示出众多的故障原因，使人难以下手。下面介绍维修人员在生产实践中常用的故障诊断方法。

(1) 直观检查法

它是维修人员最先使用的方法，即在故障诊断时，由外向内逐一进行观察检查。特别要注意观察电路板的元器件及线路是否有烧伤、裂痕等现象，电路板上是否有短路、断路、芯片接触不良等现象，对已维修过的电路板，更要注意有无缺件、错件及断线等情况。

例如 XHK716 立式加工中心，在安装调试时，CRT 显示器突然出现无显示故障，而机床还可继续运转。停机后再开，又一切正常。观察发现，设备运转过程中，每当车间上方的门式起重机经过时，往往会出现故障，由此初步判断是元件接触不良。检查显示板，用手触动板上元件，当触动某一集成块引脚时，CRT 上显示就会消失。细查发现该脚没有完全插入插座中。另外，发现此集成块旁边的晶振有一个引脚没有焊锡。将这两种原因排除后，故障消除。

(2) 功能程序测试法

功能程序测试法是将数控系统的 G、M、S、T、F 功能用编程法编成一个功能试验程序，并存储在相应的介质上，如纸带和磁带等。在故障诊断时运行这个程序，可快速判定故障发生的可能起因。

功能程序测试法常应用于以下场合：

① 机床加工造成废品而一时无法确定是编程操作不当，还是数控系统故障引起。

② 数控系统出现随机性故障，一时难以区别是外来干扰，还是系统稳定性不好。

③ 闲置时间较长的数控机床在投入使用前或对数控机床进行定期检修时。

例如配 FANUC 9 系统的立式铣床在自动加工某一曲线零件时出现爬行现象，表面粗糙度极差。在运行测试程序时，直线、圆弧插补时皆无爬行，由此确定原因在编程方面。对加工程序仔细检查后发现该曲线由很多段小圆弧组成，而编程时又使用了正确定位外检查 G61 指令之故。将程序中的 G61 取消，改用 G64 后，爬行现象消除。

(3) 试探交换法

即在分析出故障大致起因的情况下，维修人员可以利用备用的印刷电路板、集成电路芯片或元器件替换有疑点的部分，从而把故障范围缩小到印刷线路板或芯片一级。

采用此法之前要注意备用板的设定状态与原板的状态是否完全一致，这包括检查板上的选择开关、短路棒的设定位置以及电位器的位置。一般不要轻易更换 CPU 板及存储器板，否则有可能造成程序和机床参数的丢失，造成故障的扩大；若是 EPROM 板或 EPROM 芯片，需注意存储器芯片上贴的软件版本标签是否与原版完全一致，若不一致，则不能更换。

配 FANUC 7CM 系统的 XK715F 型数控立铣床出现纵向拖板（*Y* 轴）正向进给正常，反向进给失常，时动时不动，采用手摇脉冲进给时也如此。第一次交换后故障仍在纵拖板轴，第 *N* 次交换后故障转移到横拖板轴，从而确定 *Y* 轴速度控制器有故障。将其拆下检查，发现板上一电容损坏。换上新电容后，故障消除。

（4）参数检查法

发生故障时应及时核对系统参数，参数一般存放在磁盘存储器或存放在需由电池保持的 CMOS RAM 中，一旦电量不足或由于外界的干扰等因素，可使个别参数丢失或变化、发生混乱，使机床无法正常工作。此时，可通过核对修正参数，将故障排除。

（5）原理分析法

根据 CNC 组成原理，从逻辑上分析各点的逻辑电平和特性参数，从系统各部件的工作原理着手进行分析和判断，确定故障部位的维修方法。这种方法的运用，要求维修人员对整个系统或每个部件的工作原理都有清楚的、较深的了解，才可能对故障部位进行定位。

PNE710 数控车床出现 *Y* 轴进给失控，无论是点动或是程序进给，导轨一旦移动起来就不能停下来，直到按下紧急停止为止。根据数控系统位置控制的基本原理，可以确定故障出在 *X* 轴的位置环上，并很可能是位置反馈信息丢失，这样，一旦数控装置给出进给量的指令位置，反馈的实际位置始终为零，位置误差始终不能消除，导致机床进给的失控，拆下位置测量装置脉冲编码器进行检查，发现编码器里灯丝已断，导致无反馈输入信号，更换 *Y* 轴编码器后，故障排除。

（6）测量比较法

CNC 系统生产厂在设计印刷线路板时，为了调整和维修方便，在印刷线路板上设计了一些测量端子。维修人员通过检测这些测量端子的电压或波形，可检查有关电路的工作状态是否正常。但利用检测端子进行测量之前，应先熟悉这些检测端子的作用及有关部分的电路或逻辑关系。

除以上常用的故障检测方法之外，还可以采用敲击法检查是否虚焊或接触不良等。总之，按照不同的故障现象，可以同时选用几个方法灵活应用、综合分析，才能逐步缩小故障范围，较快地排除故障。

第2部分

实操与考证

第7章

项目一：多轴四轴加工

7.1 任务一：简易定轴四轴加工

7.1.1 零件加工工艺

（1）零件分析

如图 7.1，是简单定轴四轴加工的零件图，毛坯选择 $\phi60\times36$、内孔为 $\phi18$ 的毛坯（图 7.2），材料 2A12，零件有六个面，可以采用定轴六次加工来完成，每个面上有不同的加工特征，有槽、凸台、孔、面等。加工采取先粗后精、先面后孔、先基准后其他的原则进行。

（2）工件装夹

工件的装夹，采用自制心轴装夹，一端固定在 *A* 轴转盘上，另一端通过 M10 螺钉固定工件，这样保证距离 *A* 轴转盘足够远，保证加工中不会发生干涉。图 7.3 是心轴的图纸。

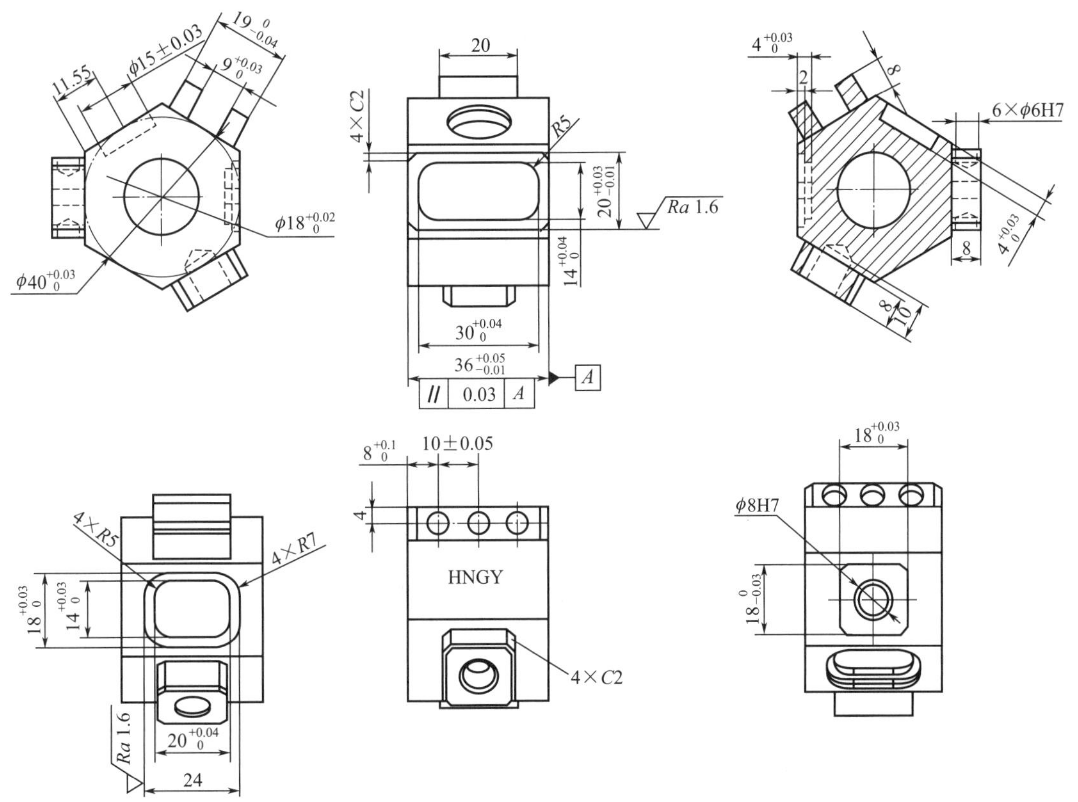

图 7.1

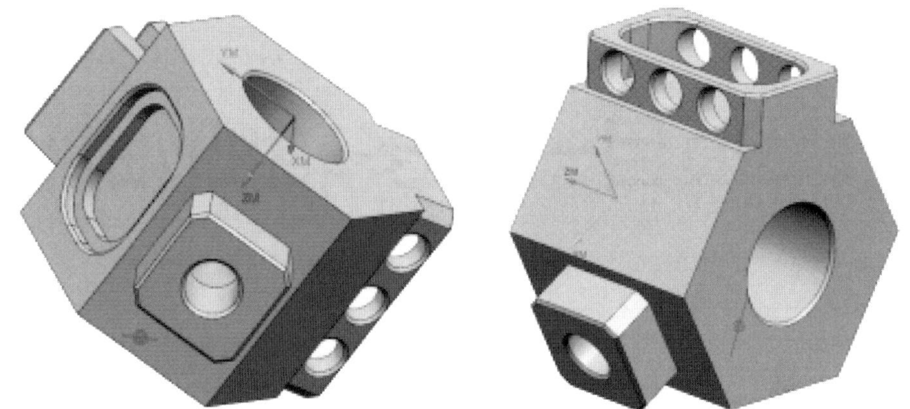

图 7.1　零件图

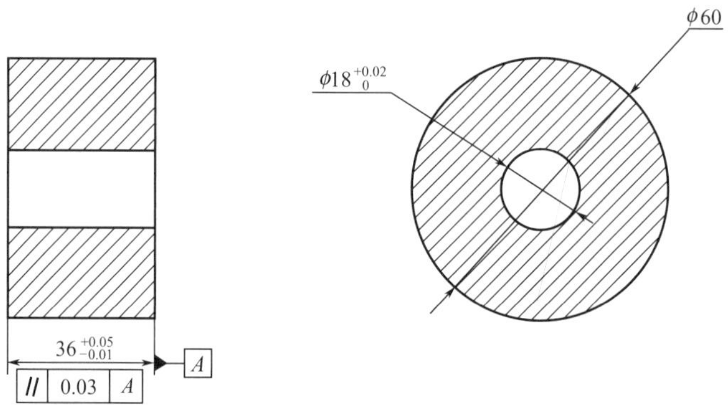

图 7.2　毛坯图

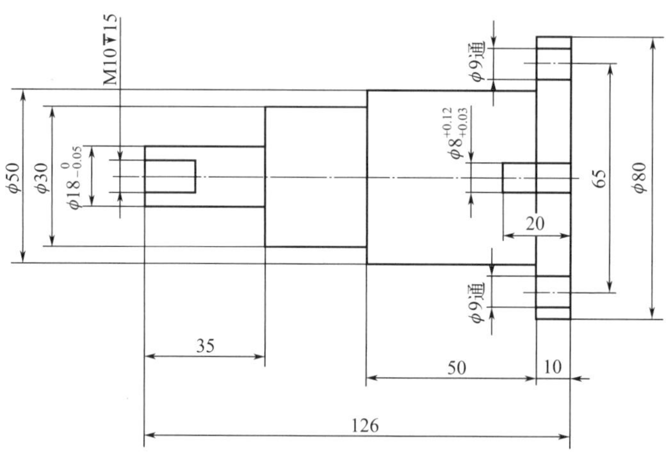

图 7.3　心轴图

(3) 刀具选择（见表 7.1）

表 7.1　刀具表

序号	刀具号	刀具名称	主轴转速/(r/min)	进给速度/(mm/min)
1	T1	φ8 立铣刀	6000	3600

续表

序号	刀具号	刀具名称	主轴转速/(r/min)	进给速度/(mm/min)
2	T2	ϕ4 立铣刀	8000	1440

7.1.2　对刀

① 对 X、Y 方向采用巡边器对刀。首先用巡边器对 Y 方向，分别用巡边器测量毛坯的 Y 向正向坐标，然后相对坐标系 Y 清零，再测量 Y 方向负向坐标值，然后查看相对坐标的数值，再除以 2 即为 Y 轴中心的坐标。再通过手轮把刀具移动到 Y 轴零点位置，X 轴直接对毛坯的左端面，测量后，相对坐标系 X 轴清零，再移动巡边器半径的位置，即为 X 轴零点。

② 对 Z 轴可以移动刀具到毛坯表面，刀具和毛坯之间放置标准圆棒，手动移动刀具与毛坯的 Z 向位置，直到圆棒通过为止，这时刀尖加上圆棒直径再加上毛坯半径即为轴线中心位置。

③ 由于毛坯是圆柱形，所以 A 轴零点可以默认 0°即可。

对刀如图 7.4 所示。

7.1.3　UG 编程

(1) 模型的建立（图 7.5）

由于图形比较简单，应用草图和拉伸就能够完成，这里建模不作为讲解的重点，读者可自行建模。建立好模型后导出 stl 格式模型，为后面的 VERICUT 仿真做好准备。

(2) 毛坯和夹具的建立

本模型的毛坯和夹具尺寸如图 7.6，建立好毛坯和夹具后，与模型装配在一起。

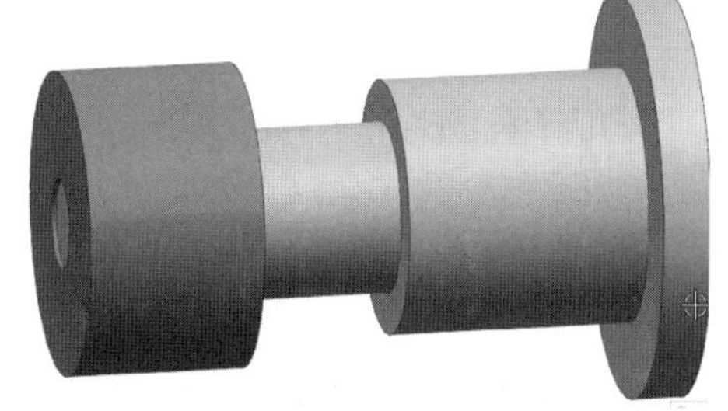

图 7.4　对刀

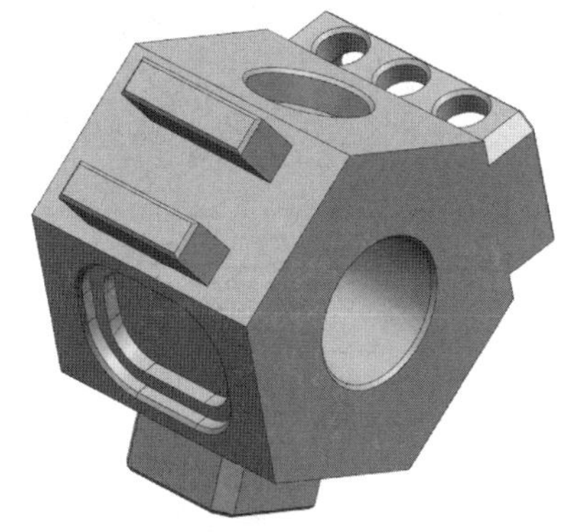

图 7.5　建模

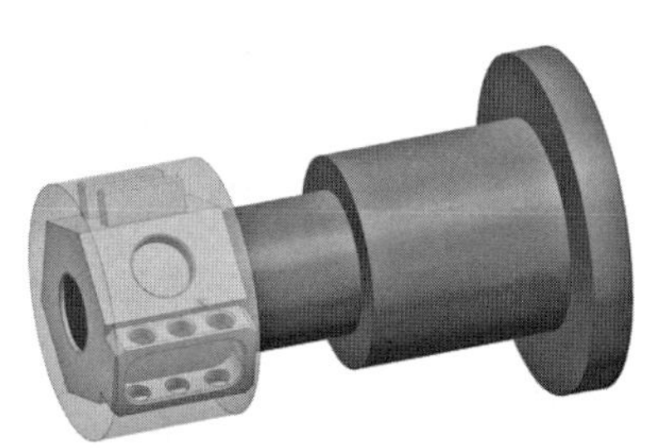

图 7.6　毛坯和夹具

(3) 加工前准备

① 加工方法的建立

a. MILL_ROUGH 粗加工的方法设定（图 7.7）。部件余量这里设定 0.25mm。公差设定：内公差设定 0.03mm，外公差设定 0.03mm。粗加工时一般公差不设置过于精确。

b. MILL_SEMI_FINISH 半精加工的方法设定。由于本加工模型都是平面居多，而且还是铝件，本次加工不选用半精加工。

c. MILL_FINISH 精加工的方法设定（图 7.8）。部件余量这里设定 0mm。由于是精加工，所以部件不留余量。公差设定：内公差设定 0.01mm，外公差设定 0.01mm。精加工时一般公差设置 0.01mm 或者 0.005mm。

图 7.7　粗加工方法设定

图 7.8　精加工方法设定

② 几何体的建立

a. 加工坐标系 MCS 的建立（图 7.9）。双击 MCS_MILL 坐标系弹出 MCS 铣削对话框，单击坐标系对话框，在模型上出现坐标系，手动旋转坐标系，保证坐标系 X 轴与工件轴线同轴，坐标系零点建立在端面处。

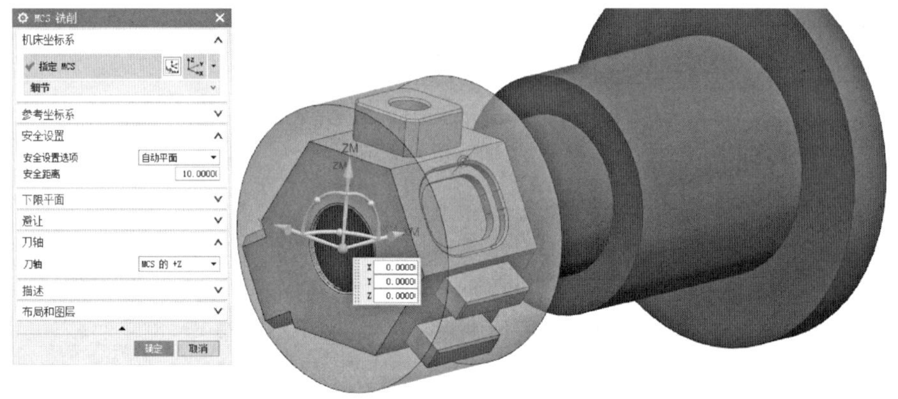

图 7.9　坐标系建立

b. 单击创建几何体，选择 WORKPIECE，单击选择或编辑部件几何体，选择对象鼠标单击部件后确定，如图 7.10。

c. 在创建好的 WORKPIECE 上选择制定毛坯。单击选择或编辑毛坯几何体，选择对象鼠标单击毛坯后确定，如图 7.11。

③ 加工刀具的建立

a. 建立刀具名称（图 7.12）。单击左上角创建刀具，在刀具子类型中选择 MILL，选择立铣刀加工，并在弹出的对话框中下方输入刀具名称“T1_D8”表示一号刀具直径是 8mm 的铣刀；然后单击“确定”。

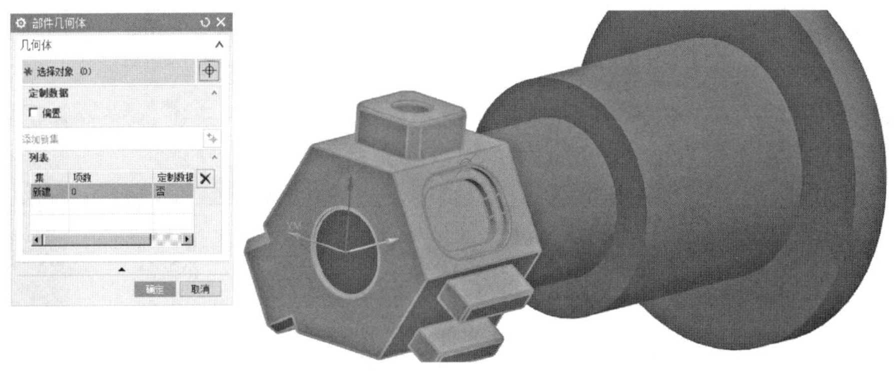

图 7.10　创建几何体

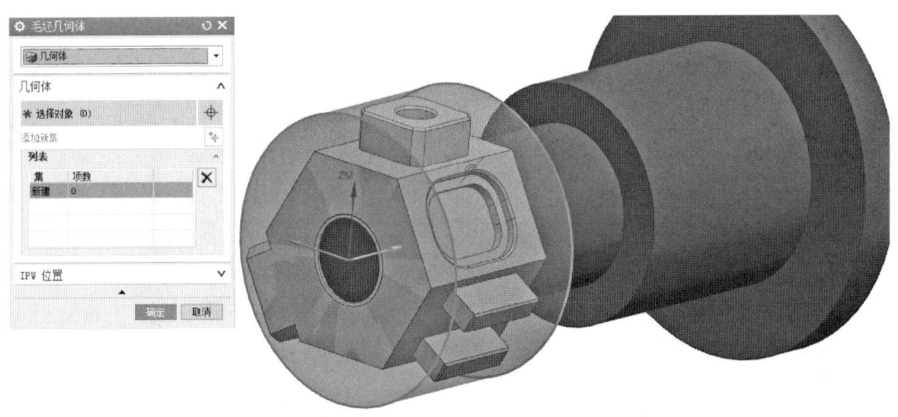

图 7.11　制定毛坯

b. 刀具参数的设定（图 7.13）。在铣刀参数对话框中，直径填写 8，下半径输入 0，锥角输入 0，尖角输入 0，长度输入 28，刀刃长度输入 24，刀刃输入 3，刀具号输入 1，补偿寄存器输入 1，刀具补偿寄存器输入 1；在设定刀具参数时，要根据实际加工刀具的情况设定，这样在后续的仿真过程中才能起到保障作用。

c. 刀柄与夹持器的设定（图 7.14）。刀柄的设定：刀柄一般是有加长杆的可以设定，或者是铣刀刀刃上方没有螺旋槽的这部分长度可以认为是刀柄，这部分不能参与切削，不能与工件接触，在多轴加工中一定要真实设定加工刀具，保证仿真的真实有效。刀柄直径输入 8，刀柄长度根据加工真实刀具刀柄长度设定，这里输入 4，锥柄长度 0。夹持器的设定：夹持器就是我们常说的刀柄，刀柄的尺寸也要根据真实的刀柄尺寸设定，这里下直径输入 28，长度 49，上直径 28，锥角 0，拐角半径 0，设定完成后单击“确定”。第二把刀选用直径 4mm 的立铣刀，可以复制第一把设置好的刀具参数，然后修改参数。

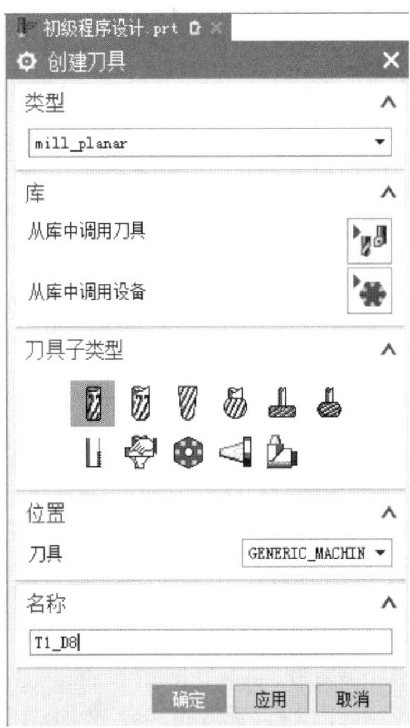

图 7.12　建立刀具名称

图 7.13　设定刀具参数

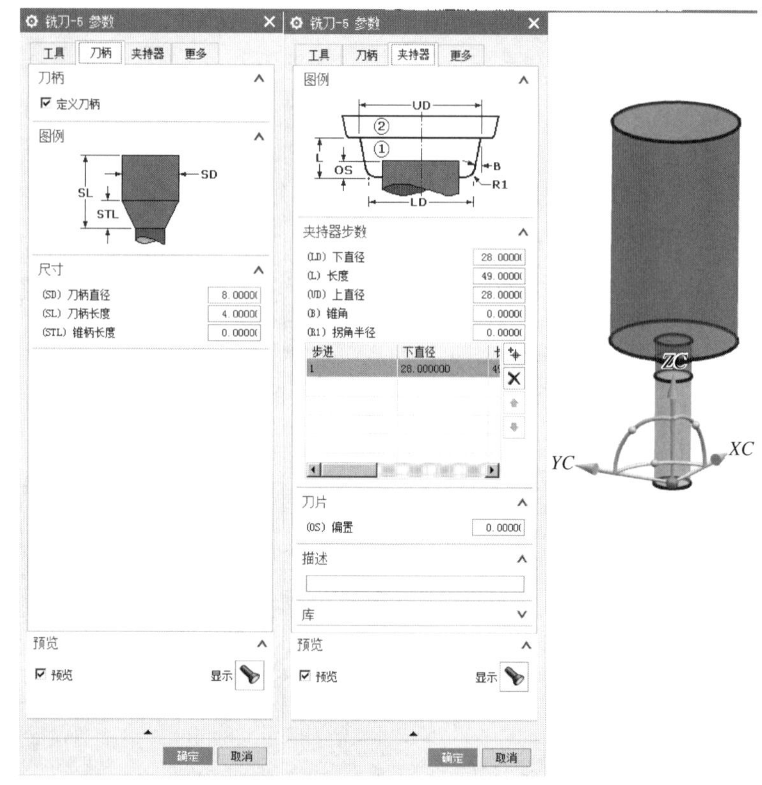

图 7.14　刀柄与夹持器设定

④ 加工程序顺序文件夹建立。创建程序文件夹，这样可以把同一类的加工工序放在同一个文件夹中，一般按照加工方法分为粗加工文件夹 ROUGH、半精加工文件夹 SEMI_FINISH、精加工文件夹 FINISH、孔加工文件夹 DRILL、倒角文件夹 CHAMFER 五种。单击左上角创建程序（图 7.15），弹出创建程序对话框，在下方输入名称 ROUGH，单击“确定”（图 7.16）。其他几个文件夹方法同理。

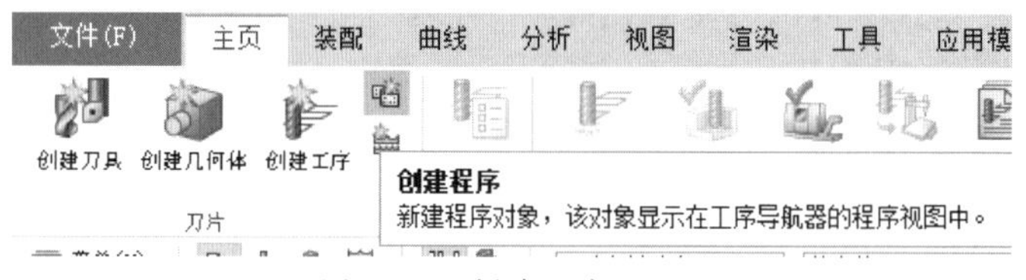

图 7.15　创建程序（一）

(4) 加工工序创建

① 粗加工工序创建

a. 型腔铣创建工序。单击创建工序，类型选择 mill_contour，工序子类型选择“型腔铣”，下面程序下拉菜单选择已建立好的 ROUGH 文件夹，刀具选择已建立好的 T1_D8，几何体选择 WORKPIECE，加工方法选择 MILL_ROUGH，名称选择默认，然后单击“确定”，见图 7.17。

b. 型腔铣各个参数设置。上一环节已经设置好了几何体、指定部件、指定毛坯，右侧的手电筒已经亮起的表示这项已经设置好了。指定检查体、指定切削区域、指定修建边界、不设定。工具下的刀具已经设定好了，刀轴这项选择“指定矢量”后单击“矢量对话框”，然后单击下拉菜单，选择“自动判断的矢量”再单击要加工的表面作为刀轴的法向矢量，判断方向正确后单击“确定”，见图 7.18。

图 7.16　创建程序（二）

图 7.17　型腔铣创建工序

c. 刀轨设置。加工方法在前面已经设定好了，这里不需要设定。切削模式单击下拉菜单，下面有 7 种加工方式，可以选择跟随部件或者跟随周边。步距选择“%刀具平直”，平面直径百分比选择 60，公共每刀切削深度选择“恒定”，最大距离选择 0.5mm，见图 7.19。

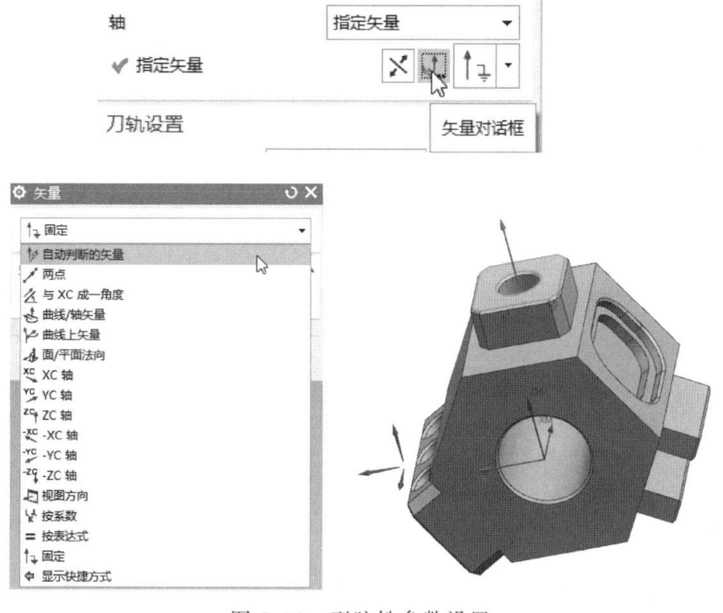

图 7.18　型腔铣参数设置

切削层设定：单击“切削层”按钮，弹出切削层对话框，在列表项后点击“删除”，范围深度输入 21，预览正确后单击“确定”，见图 7.20。

图 7.19　刀轨设置　　图 7.20　切削层设定

切削参数设定：单击“切削参数”进入切削参数对话框，单击“策略”，切削方向选择顺铣，切削顺序选择深度优先，刀路方向选择向内，延伸路径在边上延伸选择 0mm，取消在延伸毛坯下切削，精加工刀路不添加，见图 7.21。

余量参数设定：此项已经在前面的加工方法中设置好了。

拐角参数设定：此对话框默认即可。

连接参数设定：区域排序选择优化或者标准，见图 7.22。

图 7.21　切削参数设定

图 7.22　连接参数设定

空间范围参数设定：修剪方式选择无，过程工件选择无，其他参数默认即可，单击“确定”，见图7.23。

非切削移动参数设定：单击“非切削移动”进入到非切削移动对话框，进刀类型选择“沿形状斜进刀”，斜坡角度输入2，高度输入3mm，高度起点“前一层”，最大宽度选择“无”，其他设定如图7.24。退刀与进刀相同。光顺选择默认。设定好后单击“确定”。

图7.23　空间范围参数设定

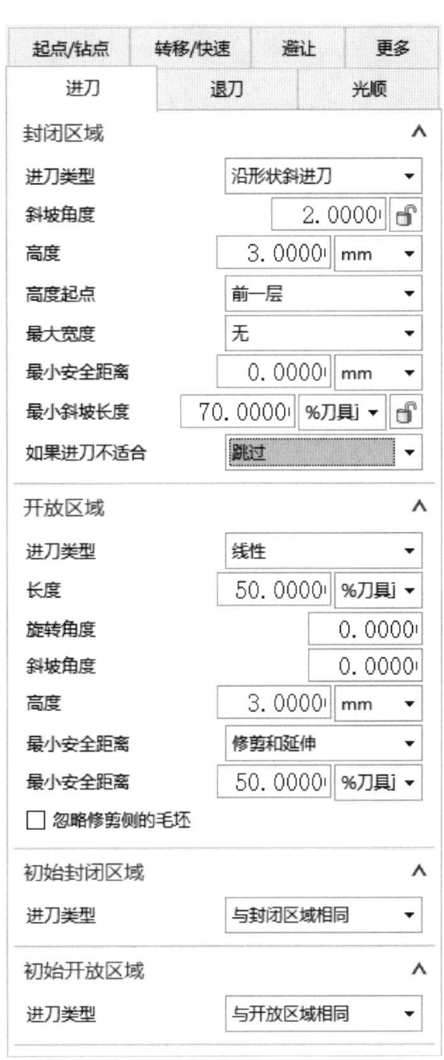

图7.24　非切削移动参数设定

进给率和速度参数设定：单击“进给率和速度”进入到进给率和速度对话框；自动设置表面速度输入200m/min，单击右侧计算器，得到转速7958r/min，取整为8000r/min；选择每齿进给量0.2，单击右侧计算器，得到进给率4774.8mm/min，取整5000mm/min。最终主轴转速8000r/min，进给速度5000mm/min，见图7.25。

设定好后单击下面的生成（图7.26）。其他几个面粗加工可以复制这些设置好的参数，然后更改刀轴和切削层等参数，这里不再讲述。刀轨效果见图7.27。

② 精加工工序创建　单击创建工序选择mill_planar，点击精铣底面，程序选择FINISH，刀具选择T1-D8，几何体选择WORKPIECE，方法选择MILL_FINISH，单击“确定”，见图7.28。

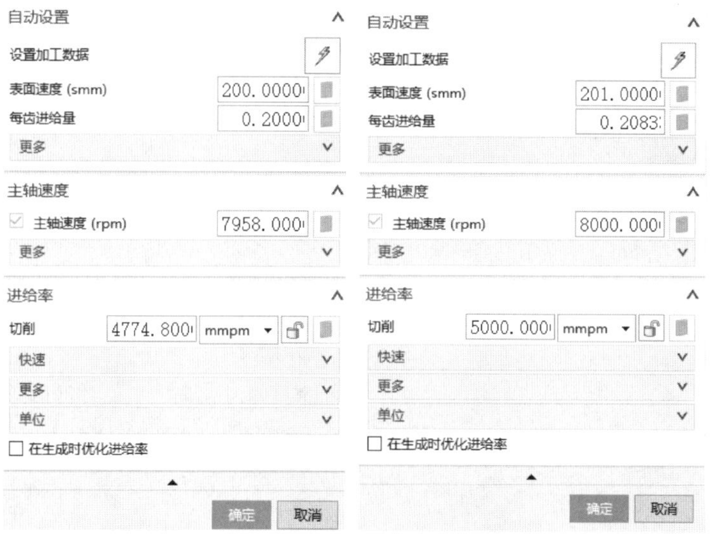

图 7.25 进给率和速度参数设定

图 7.26 单击生成

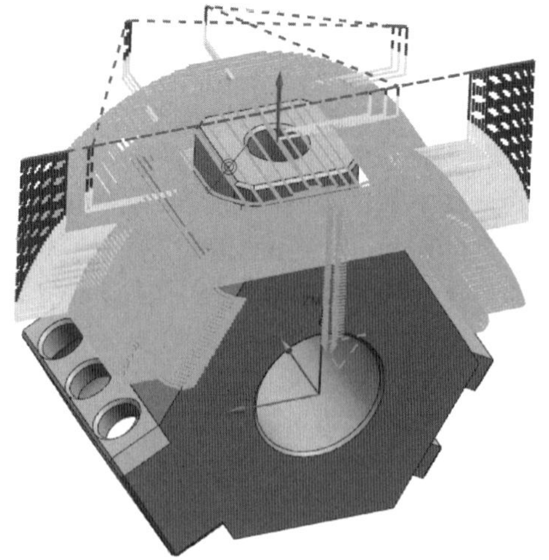

图 7.27 刀轨效果

图 7.28　创建工序

a. 精铣底面几何体参数设定：单击指定部件边界，选择方法有四种，这里选择曲线，选择要精加工的面上的岛屿边线，刀具侧选择外侧，平面选择自动，单击“确定”，见图 7.29。

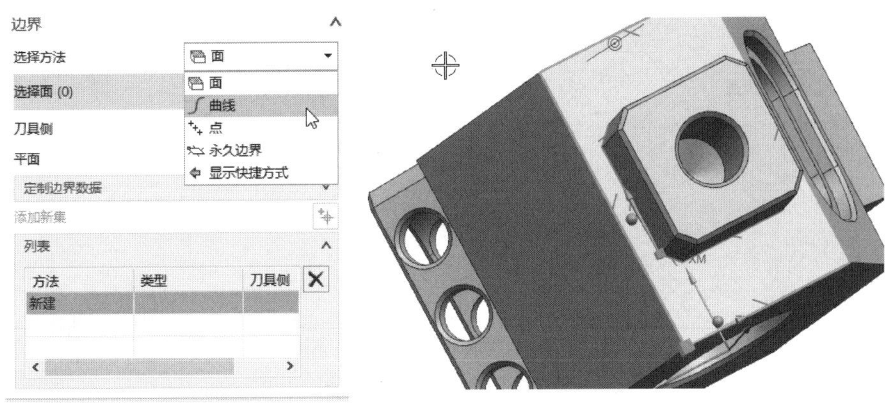

图 7.29　精铣底面几何体参数设定

单击指定毛坯边界，进入毛坯边界对话框，鼠标单击要加工的底面，刀具侧选择内侧，平面选择自动，见图 7.30。

单击指定底面，单击要铣削的底面，单击“确定”，见图 7.31。

b. 刀轨设置：方法选择 MILL_FINISH，切削模式选择跟随周边，步距选择“%刀具平直”，平面直径百分比选择 50，切削层选择仅底面；切削参数中切削方向选择顺铣，切削顺序选择深度优先，刀路方向选择向内，单击确定，见图 7.32。都设定好了单击下方生成。其他精铣同理。刀轨设置效果见图 7.33。

图 7.30　毛坯边界设定

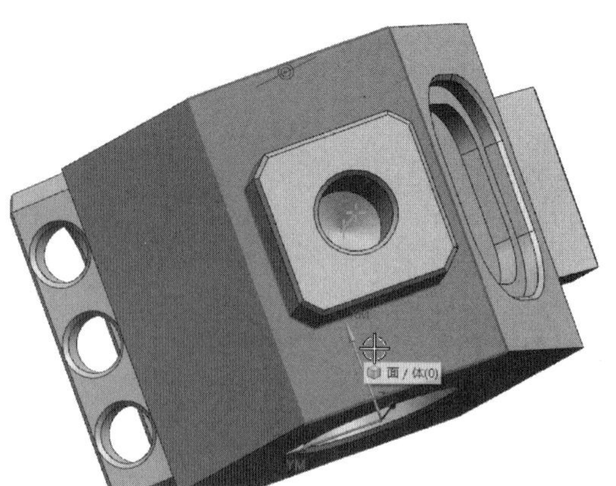

图 7.31　单击指定底面

图 7.32　刀轨设置

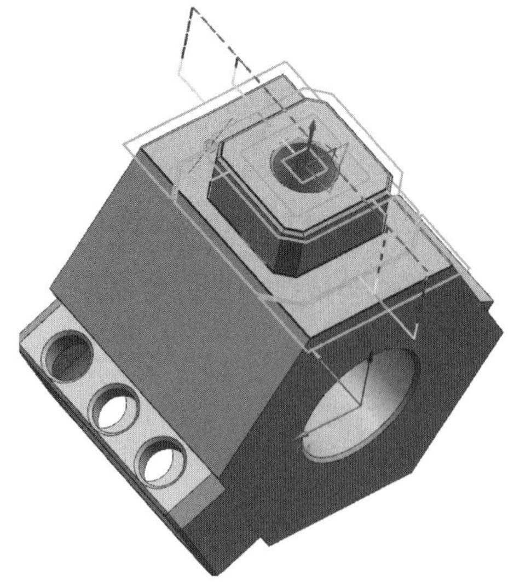

图 7.33　刀轨设置效果

(5) 后处理生成加工程序

右键单击工序文件夹，在右键菜单中单击“后处理”，弹出后处理对话框，找到前面做的四轴后处理，并在下方输出文件选择文件保存路径，单击“确定”生成程序，见图 7.34。

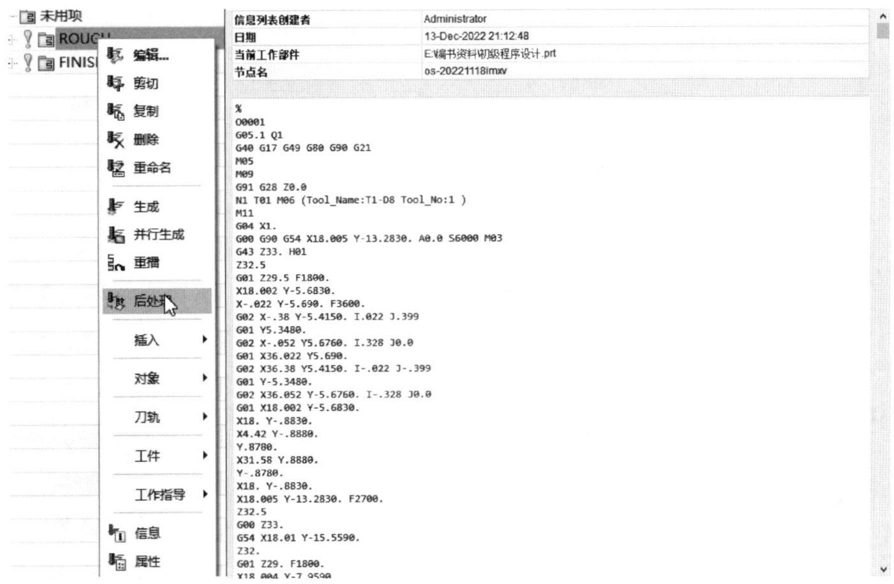

图 7.34　后处理生成加工程序

7.1.4　使用 VERICUT 仿真切削过程

(1) 数控机床建立（图 7.35）

这里选择 FANUC 系统，立式四轴加工中心。在 Attach 的项目树下面右键 Fixture，选择添加模型，选择模型文件；找到前面 UG 建模保存的 stl 格式的心轴导入进来。在配置模型中调整心轴的轴线与 A 轴轴线共线，心轴的右端与转盘连接。然后以同样方法在 Stock 中右键调入毛坯模型，并在配置模型对话框中调整毛坯与心轴连接好。

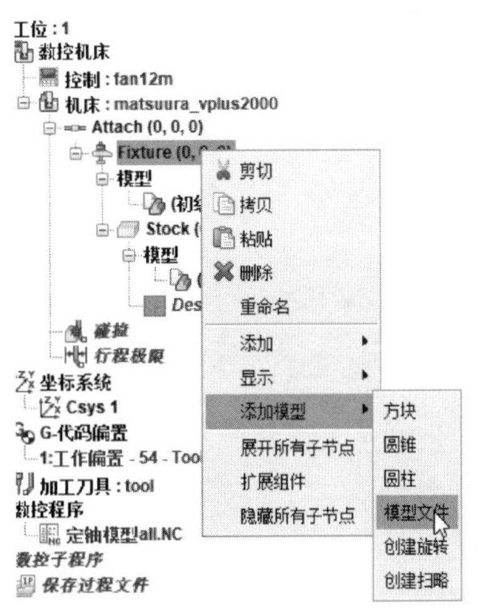

图 7.35

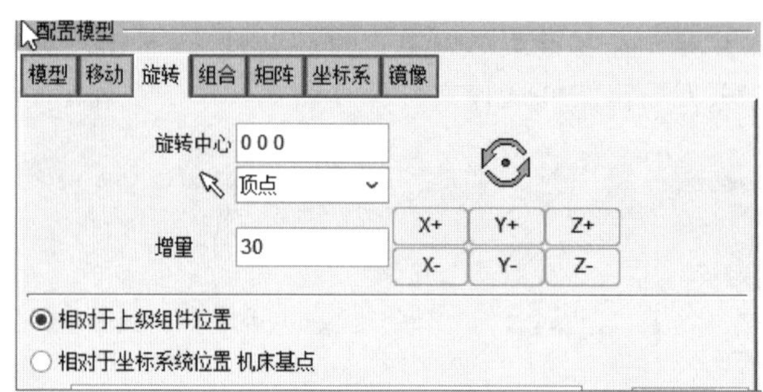

图 7.35　数控机床建立

(2) 坐标系建立（图 7.36）

在坐标系统右键，添加新的坐标系，然后通过配置坐标系统调整坐标系到工件左侧中心处。

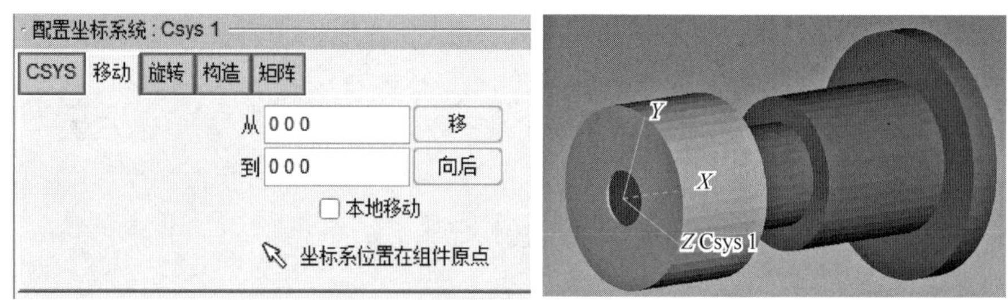

图 7.36　坐标系建立

(3) G-代码偏置建立（图 7.37）

在配置 G-代码偏置对话框中，子系统名选择 1，偏置选择“工作偏置”，寄存器 54，根据你的 UG 编程用的哪个坐标系来选择，然后单击添加。单击“工作偏置-54-Spindle 到 Stock”，然后配置工作偏置，从组件后面选择刀具 Tool，到坐标系原点 Csys1。

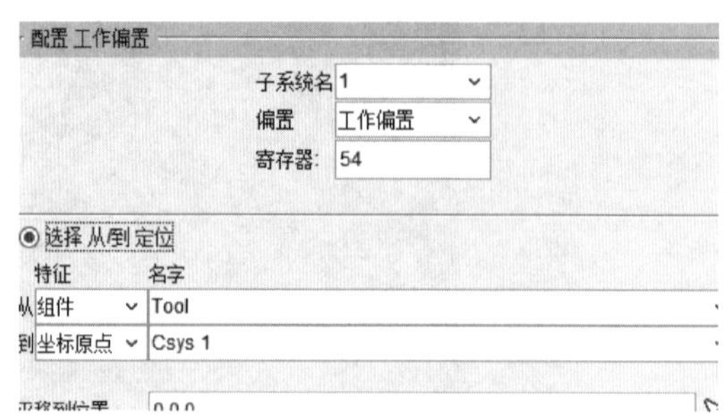

图 7.37　G-代码偏置建立

（4）加工刀具建立

根据加工实际情况建立刀具和刀柄尺寸。

（5）数控程序的导入

前面通过 UG 软件已经生成了加工程序，可以右键数控程序，添加数控程序，找到加工程序。

（6）VERICUT 仿真

单击视图下方的控制区，找到重置模型，然后单击右边的“仿真播放”按钮就可以仿真了，见图 7.38。

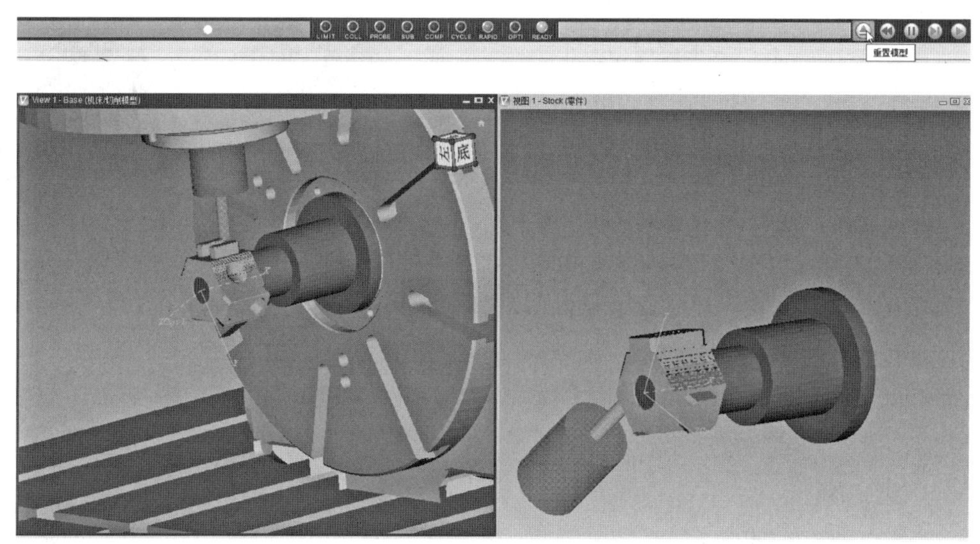

图 7.38　开始仿真

7.2　任务二：刀路转曲线四轴加工

7.2.1　零件加工工艺

如图 7.39 是典型四轴刀路转曲线加工的零件图，毛坯选择 $\phi 80 \times 50$、内孔为 $\phi 18$ 的毛坯，材料 2A12，零件主要是圆柱面，圆柱侧面中心有凸台，粗加工可以采用定轴完成，圆柱底面精加工可以采用刀路转曲线精加工，其他加工特征根据实际情况采用相应的工序加工。加工采取先粗后精、先面后孔、先基准后其他的原则进行。

工件的装夹，采用自制心轴装夹，一端固定在 A 轴转盘上，另一端通过 M10 螺钉固定工件，这样保证距离 A 轴转盘足够远，保证加工中不会发生干涉。

7.2.2　对刀

① 对 X、Y 方向采用巡边器对刀。首先用巡边器对 Y 方向，分别用巡边器测量毛坯的 Y 向正向坐标，然后在相对坐标系 Y 清零，再测量 Y 方向负向坐标值，然后查看相对坐标的数值，再除以 2 即为 Y 轴中心的坐标，再通过手轮把刀具移动到 Y 轴零点位置。X 轴直接对毛坯的左端面，测量后，相对坐标系 X 轴清零，移动巡边器半径的位置，即为 X 轴零点。

② 对 Z 轴可以移动刀具到毛坯表面。通过圆棒手动移动刀具与毛坯的 Z 向位置，直到

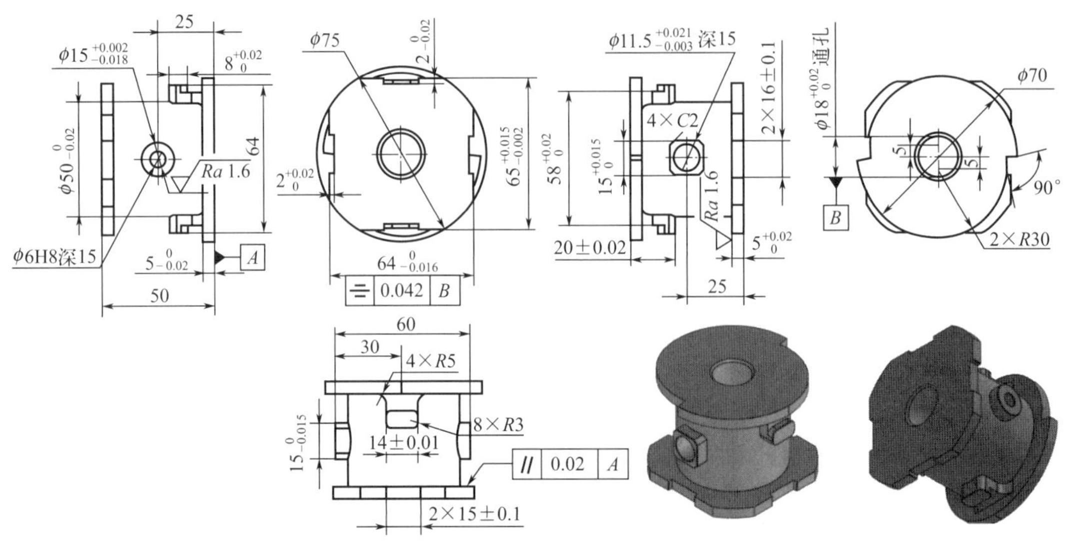

图 7.39　四轴刀路转曲线加工零件图

圆棒通过为止，这时刀尖加上圆棒直径再加上毛坯半径即为轴线中心位置。

③ 由于毛坯是圆柱形，所以 A 轴零点默认 0°即可。

对刀示意如图 7.40 所示。

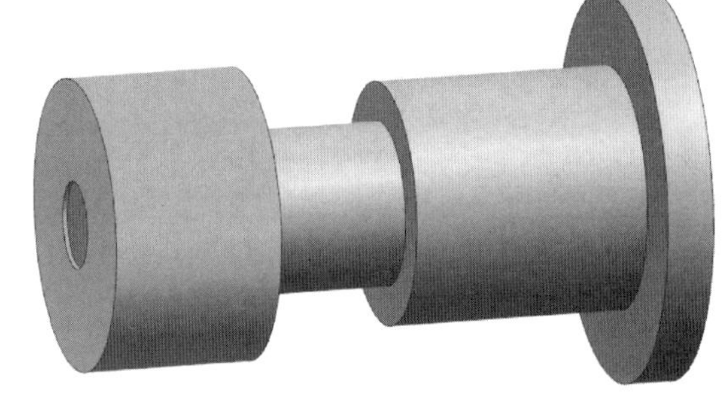

图 7.40　对刀

7.2.3　UG 编程

(1) 模型的建立（图 7.41）

由于图形比较简单，应用拉伸命令就能够完成，这里建模不作为讲解的重点，读者可自行建模。建立好模型后导出 stl 格式模型，为后面的 VERICUT 仿真做好准备。

(2) 毛坯的建立（图 7.42）

本模型的毛坯尺寸是 $\phi80\times50$、内孔为 $\phi18$，建立好毛坯后，与模型装配在一起。

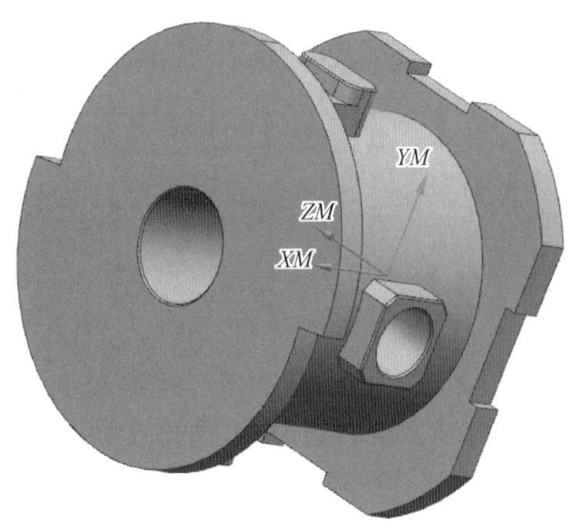

图 7.41　建模

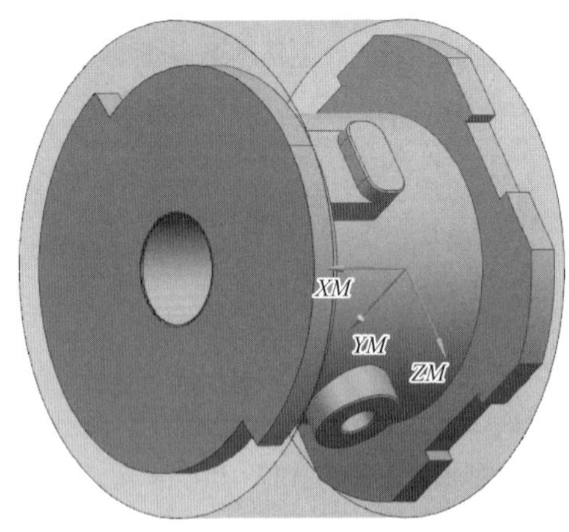

图 7.42　建立毛坯

(3) 加工前准备

① 加工方法的建立

a. MILL_ROUGH 粗加工的方法设定（图 7.43）。部件余量设定 0.25，内公差设定 0.03，外公差设定 0.03。粗加工时一般公差不设置过于精确。

b. MILL_SEMI_FINISH 半精加工的方法设定。由于本加工模型都是平面和圆柱面，而且还是铝件，故本次加工不选用半精加工。

c. MILL_FINISH 精加工的方法设定（图 7.44）。部件余量这里设定 0，由于是精加工，所以部件不留余量。内公差设定 0.01，外公差设定 0.01。精加工时一般公差设置 0.01 或者 0.005。

图 7.43　粗加工方法设定

图 7.44　精加工方法设定

② 几何体的建立

a. 加工坐标系 MCS 的建立（图 7.45）。双击 MCS_MILL 坐标系弹出 MCS 铣削对话

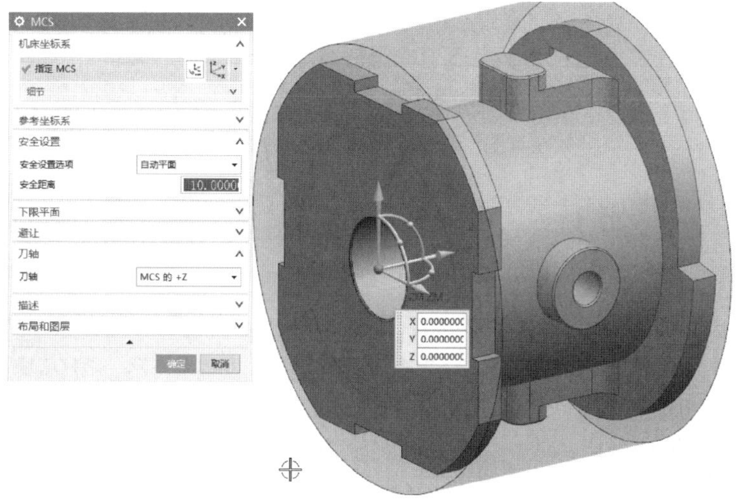

图 7.45　加工坐标系 MCS 的建立

框，单击坐标系对话框，在模型上出现坐标系，手动旋转坐标系，保证坐标系 X 轴与工件轴线同轴，坐标系零点建立在端面处。

b. 单击创建几何体，选择 WORKPIECE，单击选择或编辑部件几何体，选择对象，鼠标单击部件后“确定”，见图 7.46。

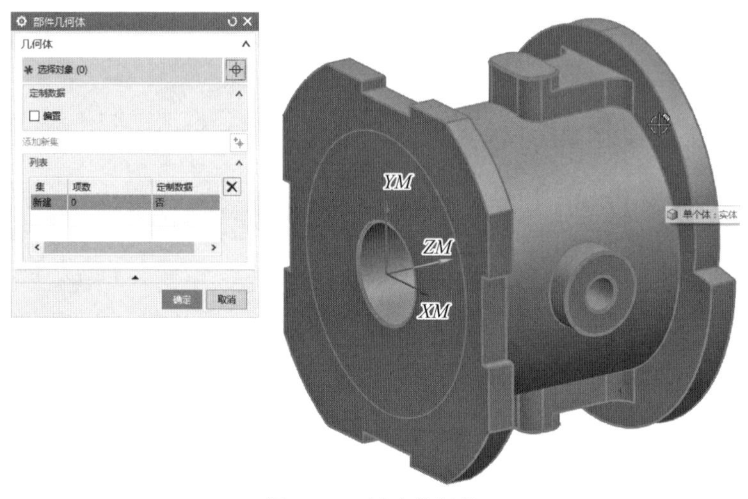

图 7.46　创建几何体

c. 在创建好的 WORKPIECE 中选择制定毛坯，单击选择或编辑毛坯几何体，选择对象，鼠标单击毛坯后“确定”，见图 7.47。

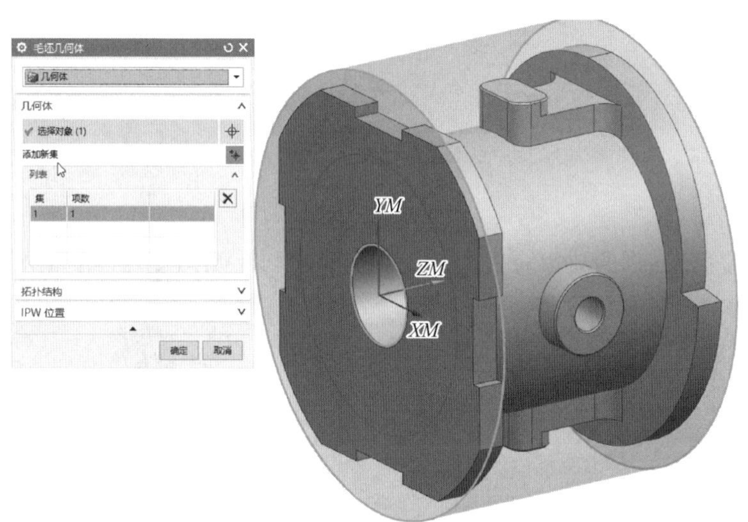

图 7.47　创建毛坯

③ 加工刀具的建立

a. 刀具名称建立（图 7.48）　单击左上角创建刀具，在刀具子类型中选择 MILL，选择立铣刀加工，并在弹出的对话框下方输入刀具名称“T1_D8”表示一号刀具直径是 8mm 的铣刀，然后单击“确定”。

b. 刀具参数的设定（图 7.49）　在铣刀参数对话框中，直径填写 8，下半径输入 0，锥角输入 0，尖角输入 0，长度输入 28，刀刃长度输入 24，刀刃输入 3，刀具号输入 1，补偿寄存器输入 1，刀具补偿寄存器输入 1；在设定刀具参数时，要根据实际加工刀具的情况设定，这样在后续的仿真过程中才能起到保障作用。

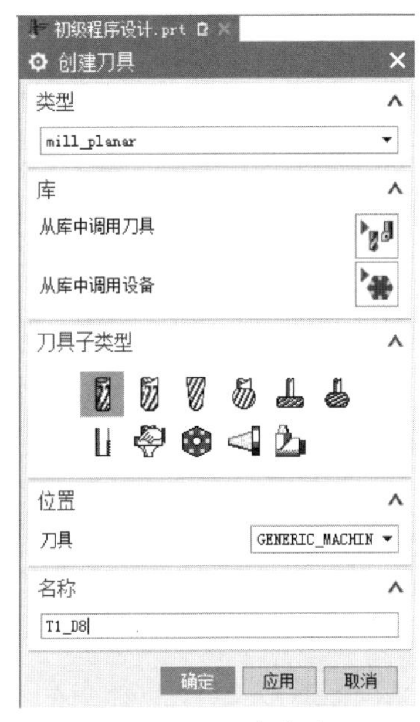

图 7.48　刀具名称建立

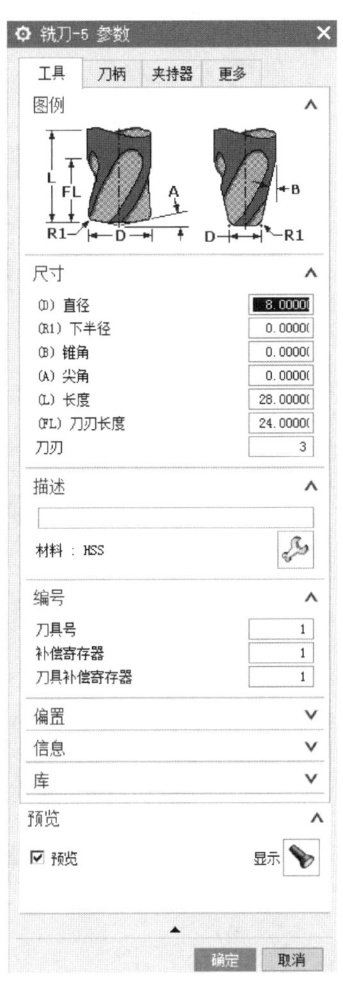

图 7.49　刀具参数设定

c. 刀柄与夹持器的设定（图 7.50）

刀柄的设定：刀柄一般是有加长杆的可以设定，或者是铣刀刀刃上方没有螺旋槽的这部分长度可以认为是刀柄，这部分不能参与切削，不能与工件接触。在多轴加工中一定要真实设定加工刀具，保证仿真的真实有效性。刀柄直径输入 8，刀柄长度根据加工真实刀具刀柄长度设定，这里输入 4，锥柄长度 0。

夹持器的设定：夹持器就是我们常说的刀柄，刀柄的尺寸也要根据真实的刀柄尺寸设定，这里下直径输入 28，长度 49，上直径 28，锥角 0，拐角半径 0，设定完成后单击“确定”。

第二把刀用的是直径 6mm、下半径 $R0.5$ 的圆鼻刀，可以复制第一把设置好的刀具的参数，然后修改参数。

④ 加工程序顺序文件夹建立（图 7.51、图 7.52）

创建程序文件夹，这样可以把同一类的加工工序放在同一个文件夹中，一般按照加工方法分为粗加工文件夹 ROUGH、半精加工文件夹 SEMI_FINISH、精加工文件夹 FINISH、孔加工文件夹 DRILL、倒角文件夹 CHAMFER 五类。单击左上角创建程序，弹出创建程序对话框，在下方输入名称 ROUGH，单击“确定”。其他几个文件夹方法同理。

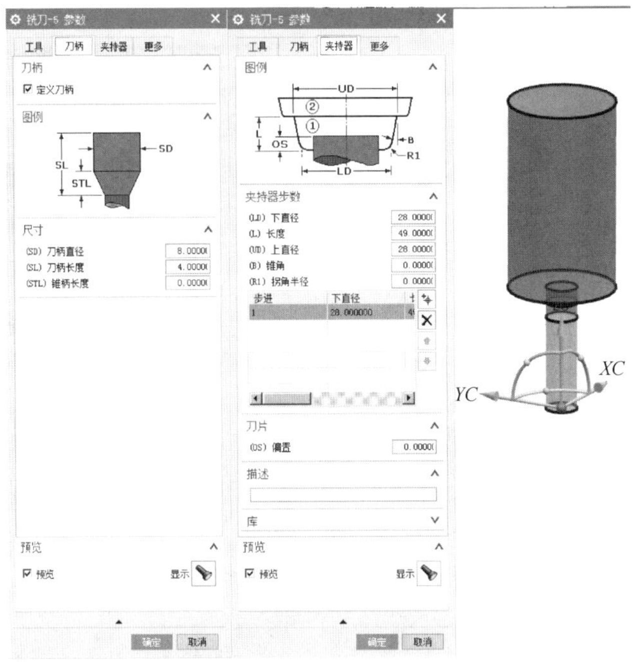

图 7.50　刀柄与夹持器设定

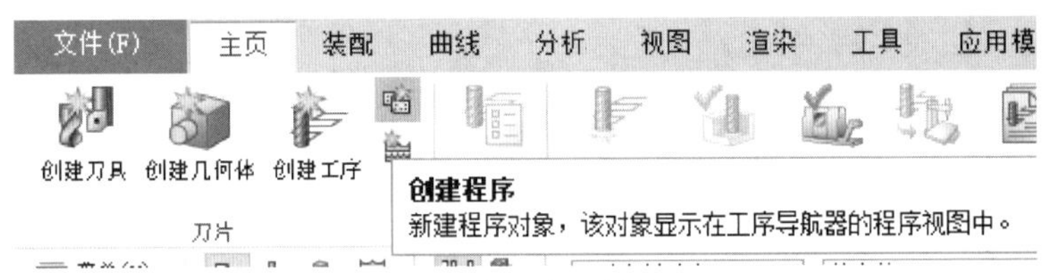

图 7.51　创建程序文件夹（一）

图 7.52　创建程序文件夹（二）

(4) 加工工序创建

粗加工可以使用型腔铣开粗，前面已经介绍过开粗的过程，这里不再讲解。本例主要讲解刀路转曲线的精加工圆柱面。

① 刀路转曲线工序创建

a. 展开圆柱面利用平面铣生成刀路

在建模环境下，首先在圆柱面上做一个相切平面。单击菜单下的插入命令，选择派生曲线，在“缠绕/展开曲线”对话框中，单击下拉菜单，选择“展开”，单击曲线或点，在过滤器中选择面上的边，然后单击要展开的圆柱面；在面的下边单击“选择面”，在模型上单击要展开的面；在下方的平面选择单击“选择对象”，然后单击刚刚建立好的相切平面，这样圆柱面上的轮廓线就展开在相切平面上了，然后单击“确定”，见图 7.53～图 7.56。

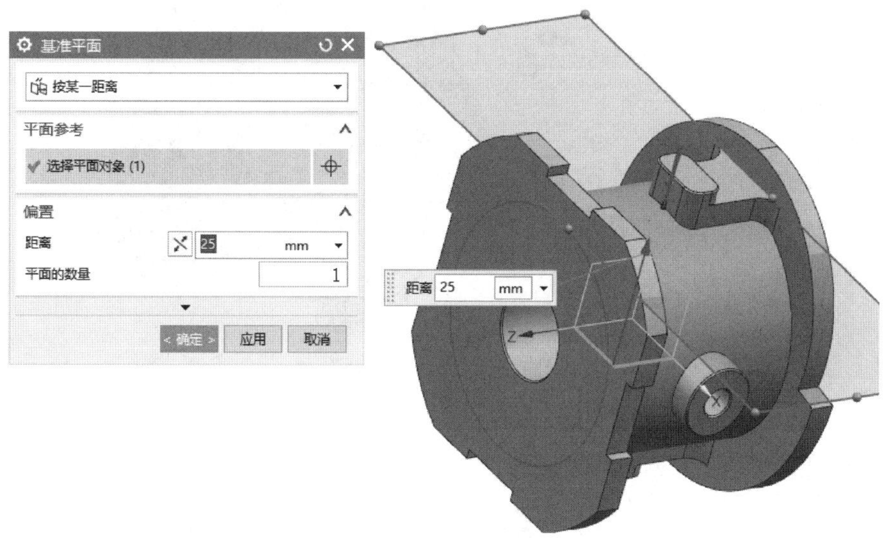

图 7.53　进入建模环境

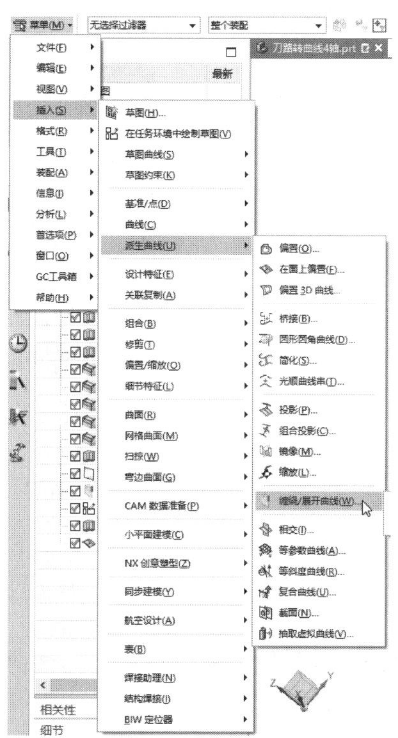

图 7.54　打开“缠绕/展开曲线”

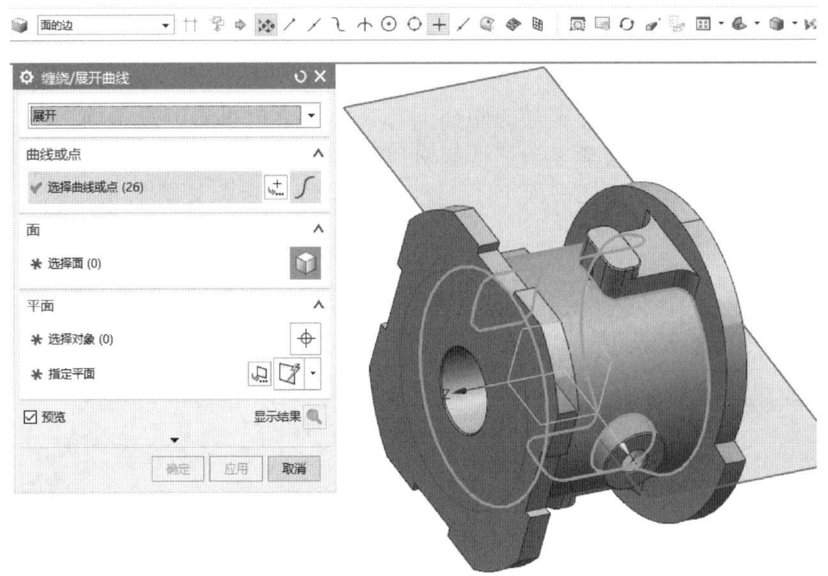

图 7.55　选择“展开”

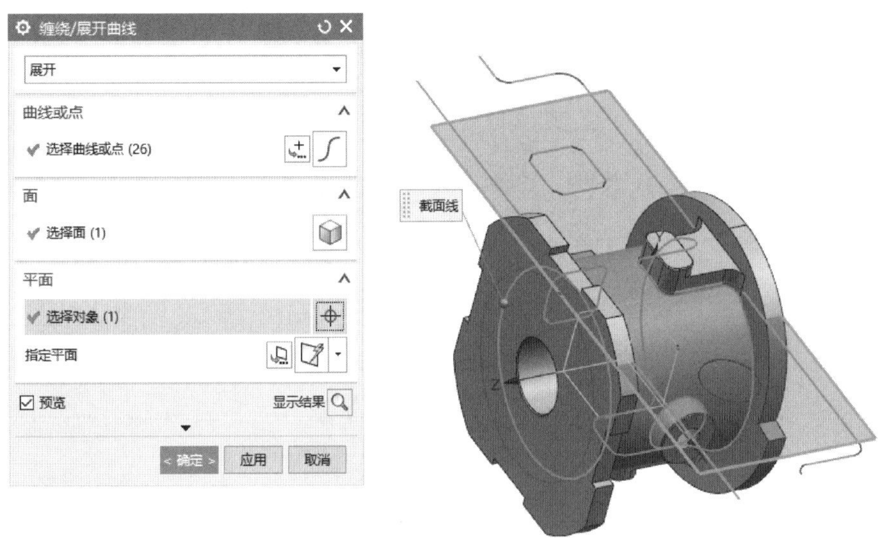

图 7.56　选择“选择对象”

然后新建草图，把刚刚展开好的轮廓线投影到草图中，把展开的轮廓线两头通过线段连接好，形成封闭的轮廓线，见图 7.57。

然后进入到加工模块，创建工序，在 mill_planar 工序下选择平面铣，程序选择 FINISH，刀具选择 T1-D8，几何体选择 MCS，方法选择 MILL_FINISH，单击“确定”，见图 7.58。

进入到平面铣对话框，单击指定部件边界，方法选择“曲线”，边界类型选择“封闭”，刀具侧选择“内侧”，平面选择“自动”，然后再单击添加新集，分别选择里边的正方形和圆形，再单击“确定”，见图 7.59。

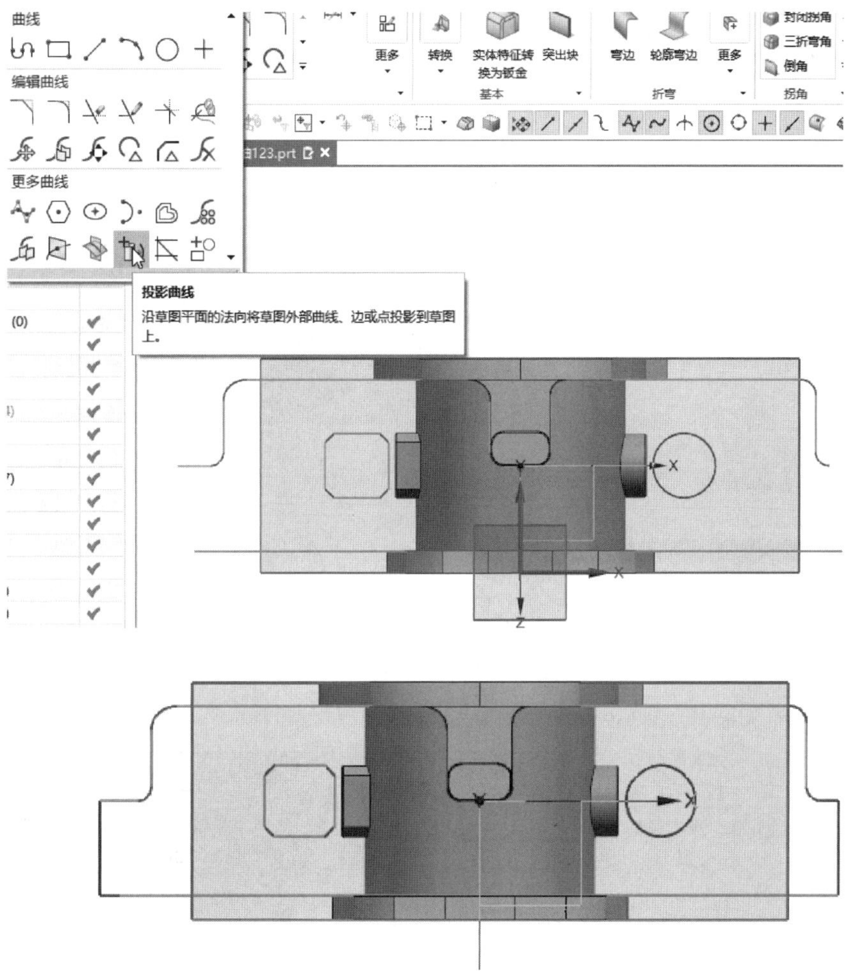

图 7.57　把轮廓线投影到草图

图 7.58　创建工序

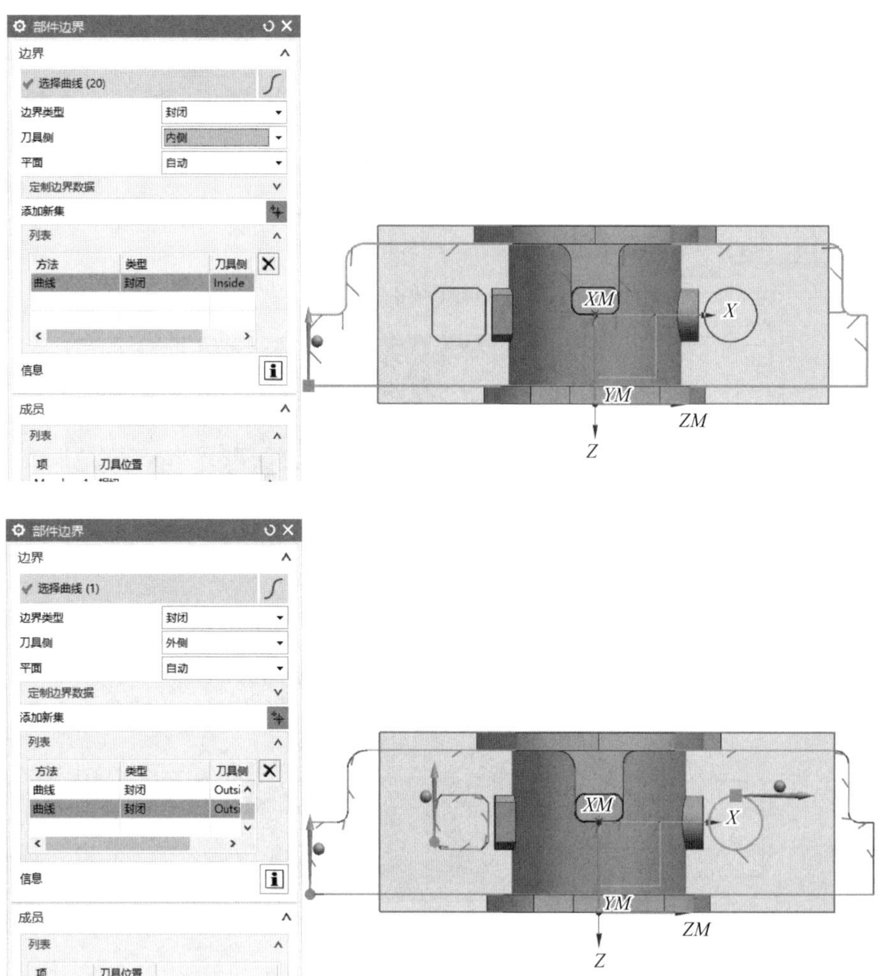

图 7.59　部件边界设定

单击指定底面，然后单击选择对象，鼠标单击建立好的相切平面，再单击确定，见图 7.60。

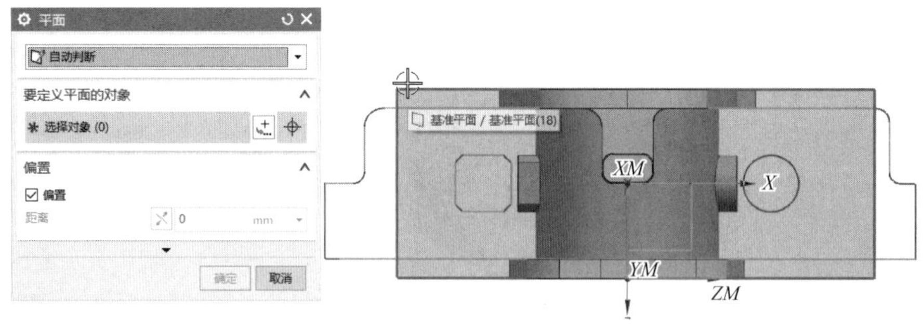

图 7.60　底面设定

然后单击刀轴，选择指定矢量，再单击矢量对话框，选择自动判断矢量，再选择建立的相切平面，然后单击“确定”，效果见图 7.61。

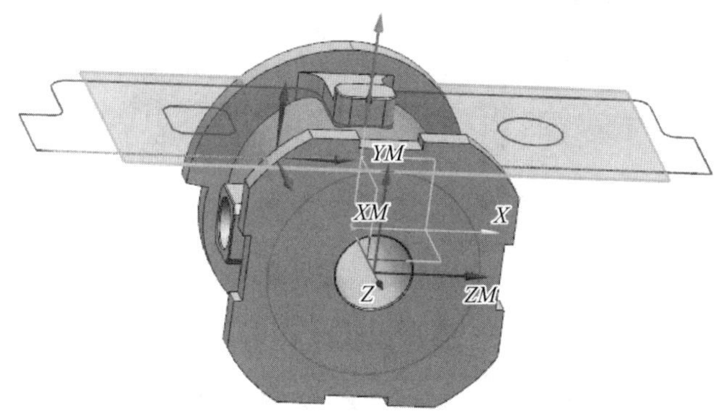

图 7.61　建立相切平面效果

切削模式选择跟随部件（图 7.62），步距选择恒定，最大距离选择 0.2mm，单击“非切削移动”，封闭区域和开放区域的进刀类型都选择“无”。

“转移/快速”选项下面的安全设置选项选择“无”，然后单击“确定”，见图 7.63。

图 7.62　切削模式设定

图 7.63　安全设置选项

其他进给率和速度由读者自行设定，然后单击“生成”，效果见图 7.64。

b. 后处理刀路生成坐标点，再通过样条曲线生成曲线。通过刀路转曲线后处理生成 dat

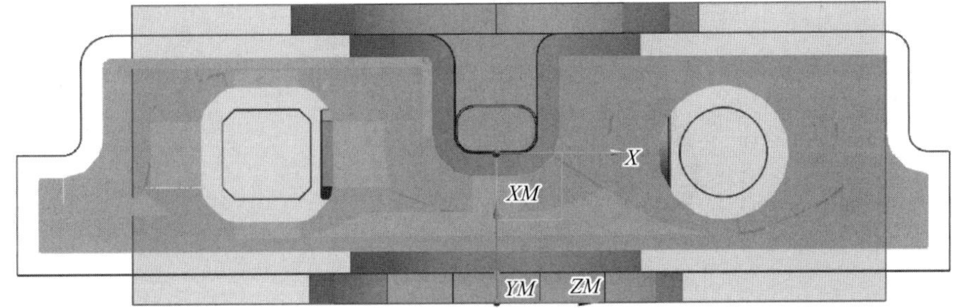

图 7.64　生成效果

文件，再通过样条命令，根据极点生成样条，曲线次数选择 1，单击“确定”，见图 7.65。

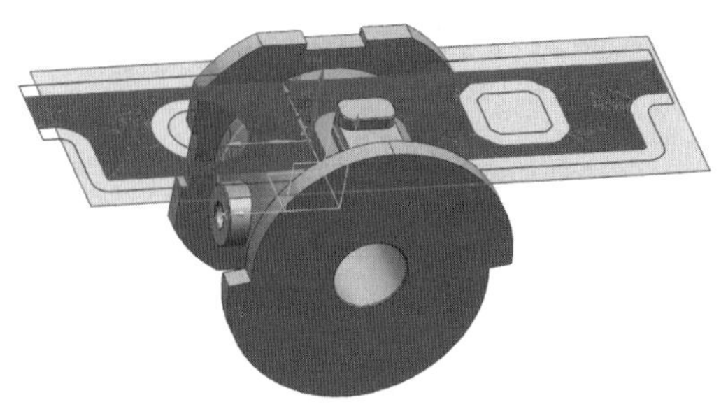

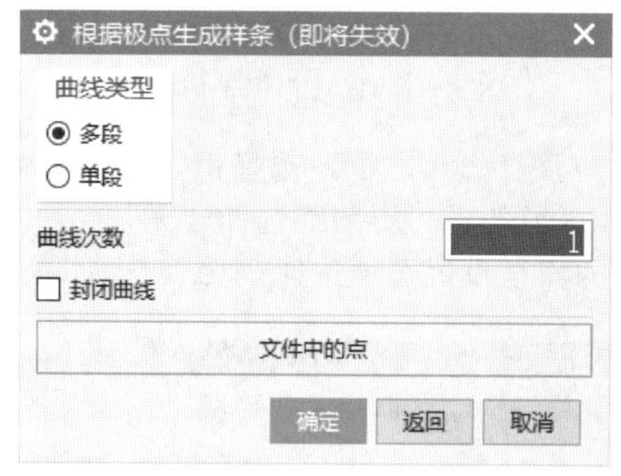

图 7.65　生成样条

c. 曲线缠绕到圆柱面。回到建模界面，单击菜单栏，单击“插入”，然后单击“派生曲线”，再单击“缠绕/展开曲线”，在“缠绕/展开曲线”对话框中选择“缠绕”，曲线或点选择刚刚生成的曲线，面选择要缠绕的圆柱面，平面选择建立的相切平面，然后单击“确定”，见图 7.66。

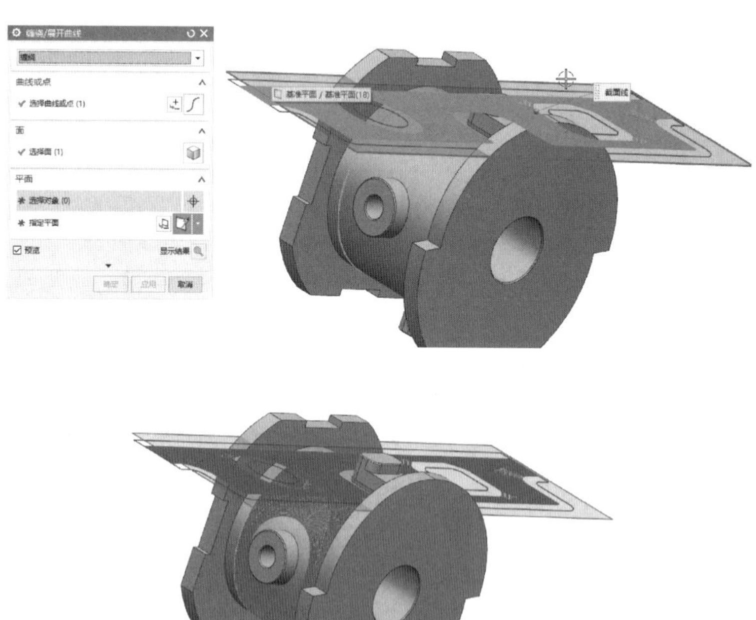

图 7.66　曲线缠绕到圆柱面

② 可变轮廓铣加工圆柱面　进入到加工，单击“创建工序”，选择“mill_multi-axis”，选择可变轮廓铣，程序选择 FINISH，刀具选择 T1-D8，几何体选择 MCS，方法选择 MILL_FINISH，然后单击“确定”，驱动方法选择曲线/点，见图 7.67。

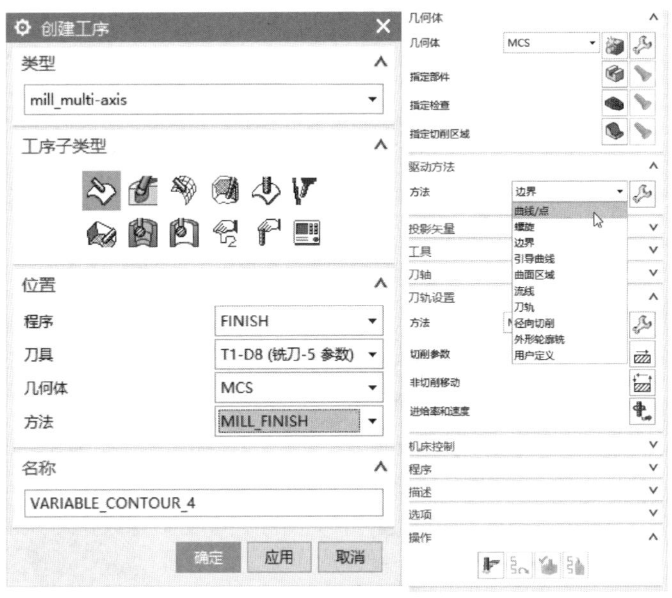

图 7.67　创建工序

在驱动几何体下方选择“选择曲线”，然后单击刚刚缠绕好的曲线，然后“确定”，见图 7.68。

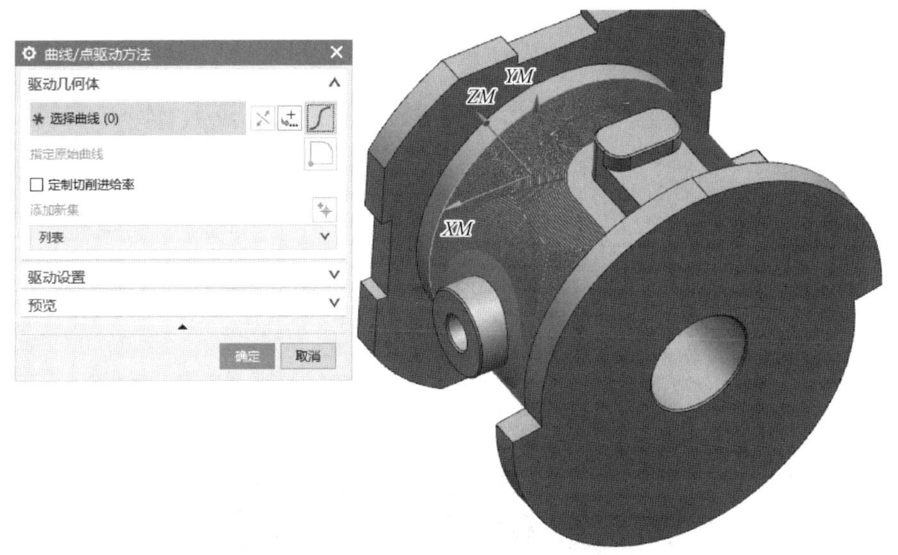

图 7.68　选择曲线

投影矢量选择“刀轴”，刀轴选择“远离直线”，加工方法选择 MILL_FINISH，然后单击“非切削移动”，单击“转移/快速”，安全设置选项选择“圆柱”，半径选择 40，单击“预览”，单击“确定”，见图 7.69、图 7.70。

图 7.69　投影矢量与刀轴设置

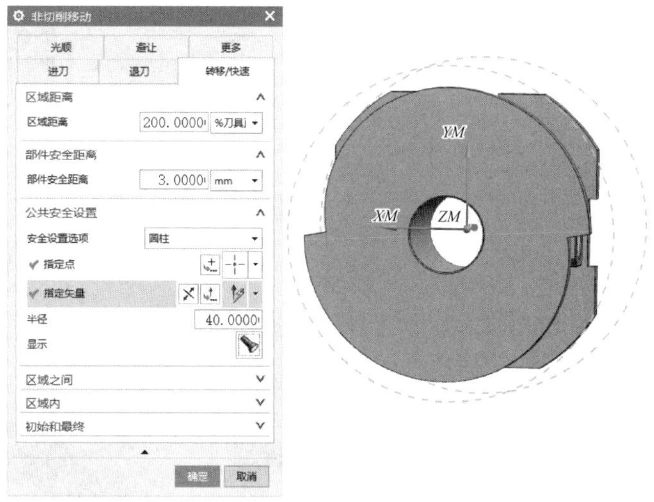

图 7.70　安全设置

其他进给率和速度等参数自行设定，然后单击“生成”，效果见图 7.71。

图 7.71　生成效果

(5) 后处理生成加工程序

右键单击工序文件夹，再右键菜单单击后处理，弹出后处理对话框，找到前面做的四轴后处理，并在下方输出文件选择文件保存路径，单击“确定”生成程序。

7.2.4　使用 VERICUT 仿真切削过程

(1) 数控机床建立

选择 FANUC 系统，立式四轴加工中心，在 Attach 的项目树下面右键 Fixture，选择添加模型，选择模型文件，找到前面 UG 建模保存的 stl 格式的心轴导入进来，见图 7.72。在配置模型中调整心轴的轴线与 *A* 轴轴线共线，心轴的右端与转盘连接。然后以同样方法在 Stock 中右键调入毛坯模型，并在配置模型对话框中调整毛坯与心轴连接好。

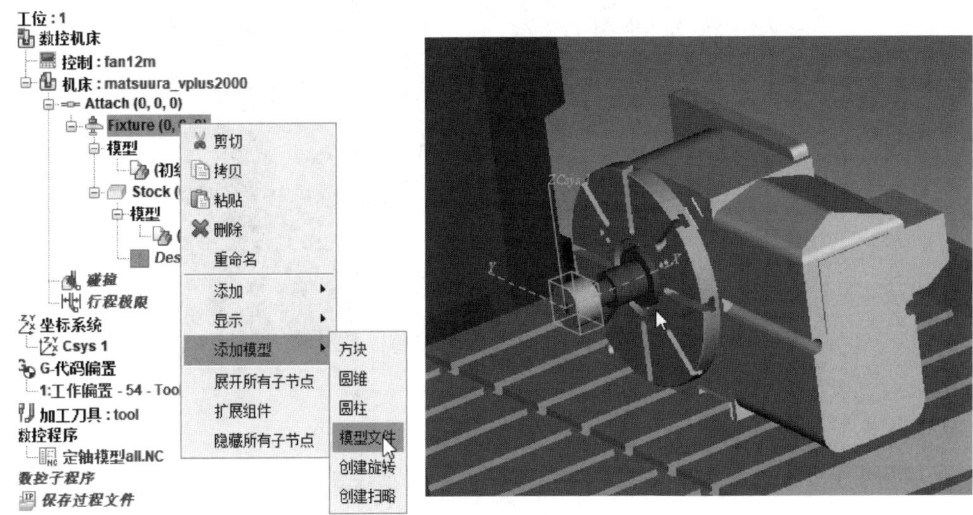

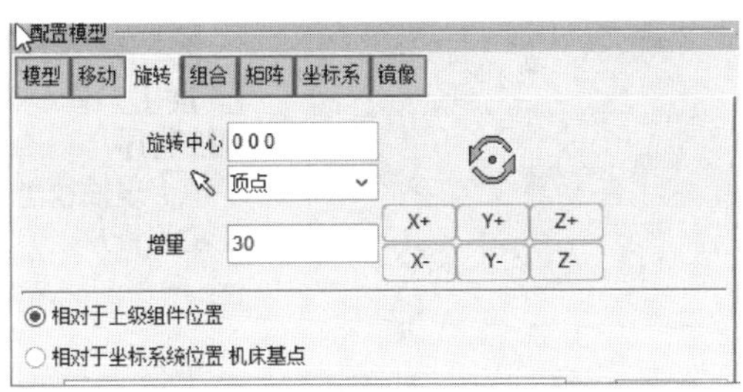

图 7.72　数控机床建立

(2) 坐标系统建立（图 7.73、图 7.74）

在坐标系统右键，添加新的坐标系，然后通过配置坐标系统调整坐标系到工件左侧中心处。

(3) G-代码偏置建立（图 7.75）

在配置 G-代码偏置对话框中，子系统名选择 1，偏置选择“工作偏置”，寄存器 54，根据你的 UG 编程用的哪个坐标系来选择，然后单击“添加”。单击“工作偏置-54-Spindle 到 Stock”，然后配置工作偏置，从组件后面选择刀具“Tool”，到坐标系原点“Csys1”。

(4) 加工刀具建立

根据加工实际情况建立刀具和刀柄尺寸。

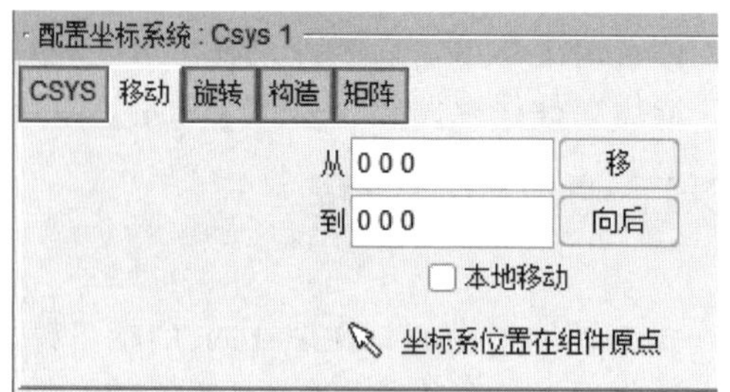

图 7.73　坐标系统建立（一）

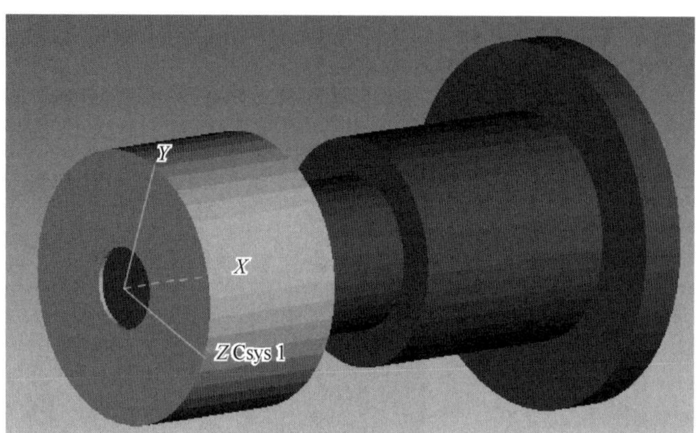

图 7.74　坐标系统建立（二）

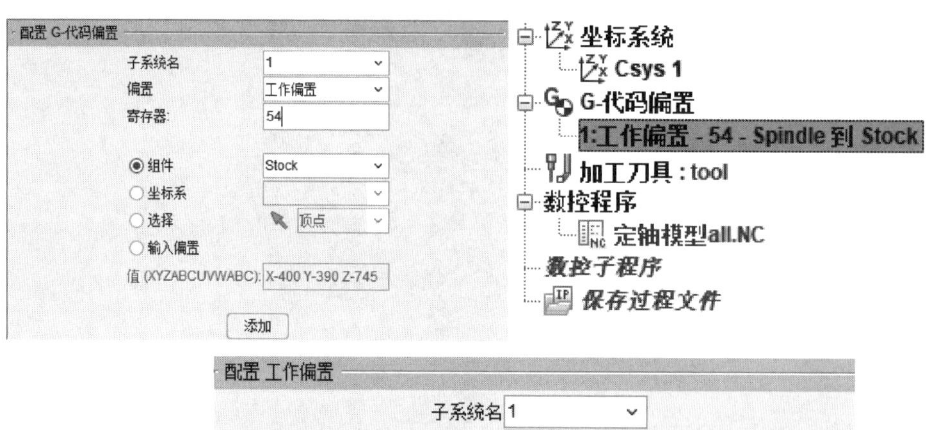

图 7.75　G-代码偏置建立

(5) 数控程序的导入

前面通过 UG 软件已经生成了加工程序，可以右键“数控程序”，选择“添加数控程序”，找到加工程序。

(6) VERICUT 仿真

单击视图下方的控制区，找到重置模型，然后单击右边的“仿真播放”按钮就可以仿真了，如图 7.76 所示。

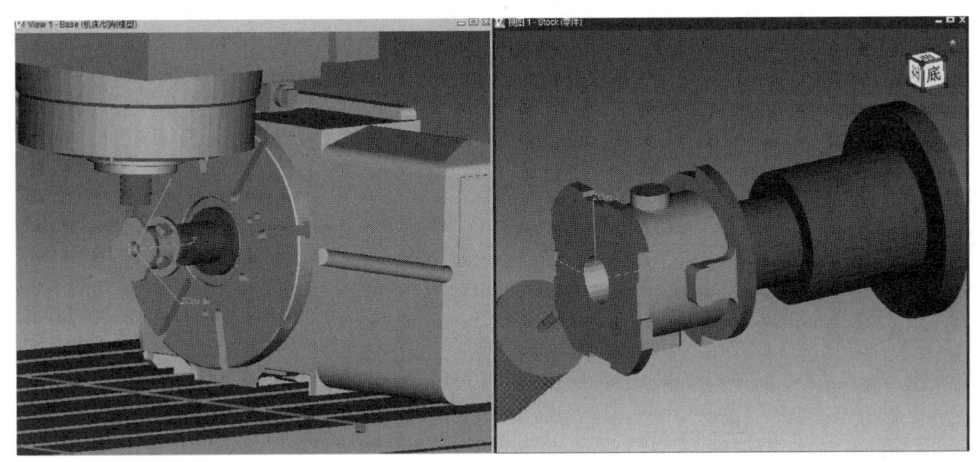

图 7.76　仿真效果

第8章

项目二：多轴五轴加工

8.1 任务一：壳体零件加工

加工如图 8.1 所示的壳体零件。壳体上分布着不同尺寸的孔，孔与孔之间往往有着严格的位置精度要求，保证这些精度要求的最好方法就是一次装夹后完成整个壳体的加工，但由于壳体的加工部位往往不是敞开的，普通数控三轴加工无法完成。利用五轴数控机床工作台和主轴的摆角功能可以使加工部位敞开，UG 的五轴编程功能会很好地编制出壳体的五轴数控加工程序。

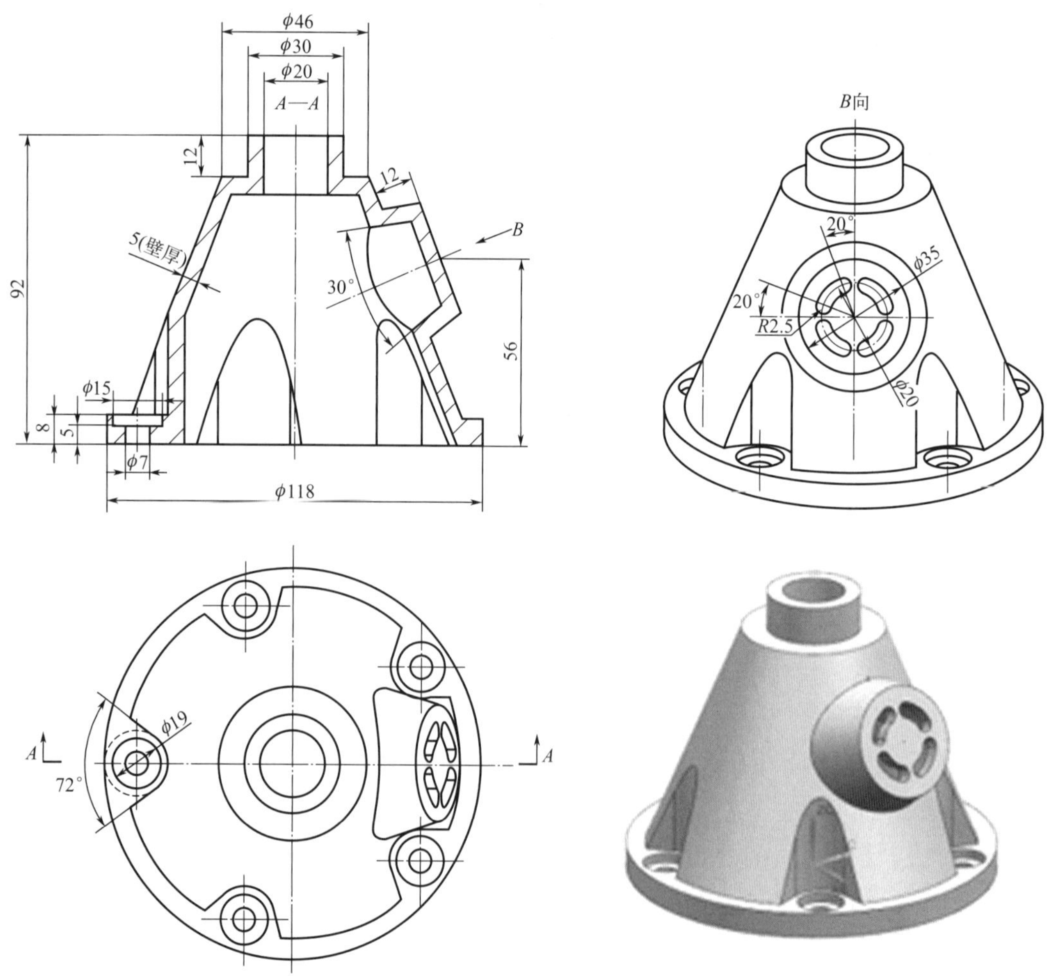

图 8.1　壳体零件

8.1.1　壳体零件的工艺分析

（1）确定定位基准

工件坐标系选择在机壳的毛坯顶部中心，即 X、Y 选择在工件的回转中心，Z 选择在机壳上端面上。

（2）加工难点

① 工件是薄壁件，加工中工艺参数的设置。

② 选用合理的加工工艺来提高工件的表面质量。

（3）工艺方案

通过 3D 模型分析，在工艺分析的基础上，从实际出发制订工艺方案。对工件进行几何形状分析，以如下工序完成工件的全部加工内容。

第 1 道工序：大锥体部分精加工。

第 2 道工序：凸缘锥体部分精加工。

第 3 道工序：凸缘平面部分精加工。

第 4 道工序：凸缘腰型槽精加工。

由于工件的轮廓加工余量较小，可将精加工分为两刀进行，加工参数仅需调整余量，其余参数均一致，这里省略，仅作一次加工。

8.1.2　对刀

对刀如图 8.2 所示。

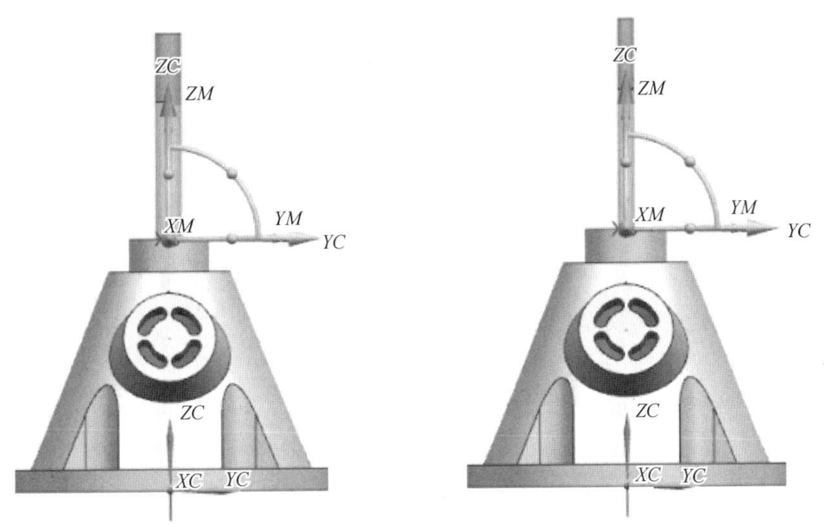

图 8.2　对刀示意图

T1：ϕ10 立铣刀；T2：ϕ3 立铣刀。

本例中工件毛坯采用安装孔固定在底座上，便于加工。

刀具在对刀时，采用绝对对刀方式，均采用上平面中心位置作为编程原点。

8.1.3　UG 编程

（1）操作步骤 1 创建加工父级组

单击快速访问工具栏上的“几何视图”按钮，将工序导航器切换到几何视图显示。

① 创建加工几何组

a. 设置加工坐标系。具体操作步骤如下：

双击工序导航器中的 MCS 图标 MCS_MILL，弹出 MCS 铣削对话框，输入（0,0,92），如图 8.3 所示。

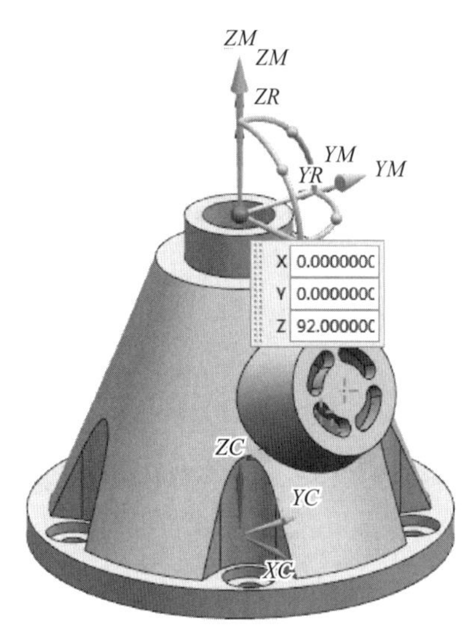

图 8.3　MCS 设置

单击“机床坐标系”选项组中的坐标系对话框按钮，弹出“坐标系”对话框，在图形窗口中旋转坐标系手柄，单击“确定”按钮。

b. 设置安全平面。在“MCS 铣削”对话框中，在“安全设置”选项组的“安全设置选项”下拉列表中选择“球”，半径距离为“110”。

c. 创建加工几何体。具体操作步骤如下：

在工序导航器中双击“WORKPIECE”图标，弹出“工件”对话框。

单击“几何体”选项组中“指定部件”选项后的选择部件几何体按钮，弹出“部件几何体”对话框，选择壳体模型，单击“确定”按钮。

单击“几何体”选项组中“指定毛坯”选项后的选择毛坯几何体按钮，弹出“毛坯几何体”对话框，选择部件偏置，偏置值为 0.5，如图 8.4 所示，完成毛坯设置。

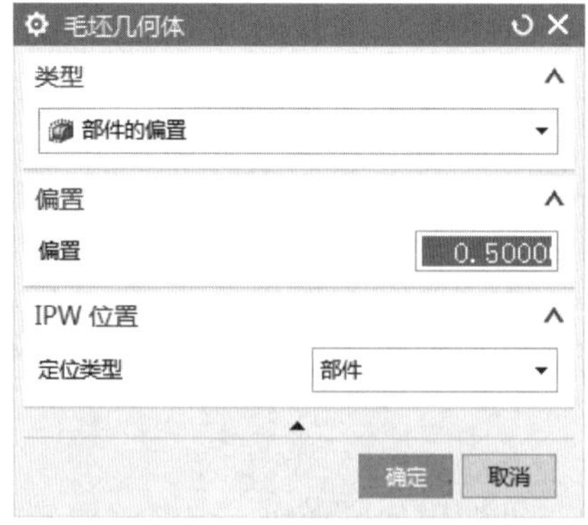

图 8.4　设置毛坯

② 创建刀具组

创建铣刀。具体操作步骤如下：

单击创建刀具按钮，弹出“创建刀具”对话框。在“类型”下拉列表中选择“mill_multi-axis”，“刀具子类型”选择 MILL 图标，在“名称”文本框中输入 D10，单击“确定”按钮，弹出“铣刀-5 参数”对话框，输入刀具直径 10，刀具号 1。创建另一把立铣刀 D6，输入刀具直径 6，刀具号 2，如图 8.5 所示。

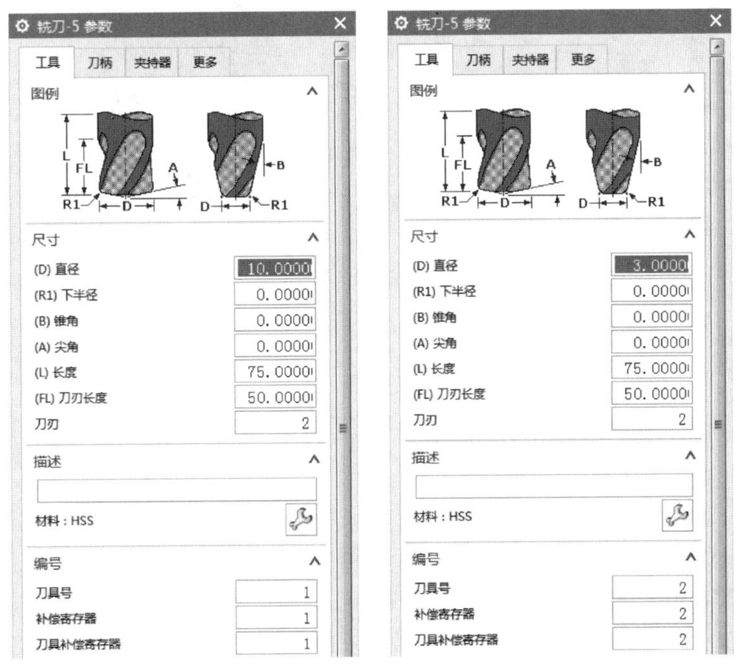

图 8.5　创建刀具组

（2）操作步骤 2 大锥体外表面精加工

① 创建可变轮廓铣工序　单击创建工序按钮，在“创建工序”对话框的“类型”下拉列表中选择“mill_multi-axis”，“工序子类型”选择可变轮廓铣图标，“位置”选项组中“程序”选择“NC_PROGRAM”，“刀具”选择“D10”，“几何体”选择“WORKPIECE”，“方法”选择“MILL_FINISH”，在“名称”文本框中输入“大锥面轮廓”，单击“确定”按钮。弹出“可变轮廓铣-大锥面轮廓”对话框。

② 设置切削区域　在“几何体”选项组中选择“指定切削区域”按钮，选中零件的外锥面底表面为切削区域。

③ 设置驱动方法　在“驱动方法”选项组中选择“方法”为“曲面铣削”，如图 8.6 所示。在曲面区域铣削驱动方法对话框中，“指定驱动几何体”按钮选择如图 8.7 所示锥面作为驱动曲面，调整材料方向线头如图 8.7 所示；“切削模式”为“螺旋”，“步距”为“残留高度”，“最大残留高度”为“0.005”。

图 8.6　驱动方法设置

④ 设置投影矢量　在“投影矢量”选项组中选择“指定矢量”，如图 8.8 所示。

⑤ 设置刀轴方向　在“刀轴”选项组中选择“轴”为“垂直于部件”，如图 8.9 所示。

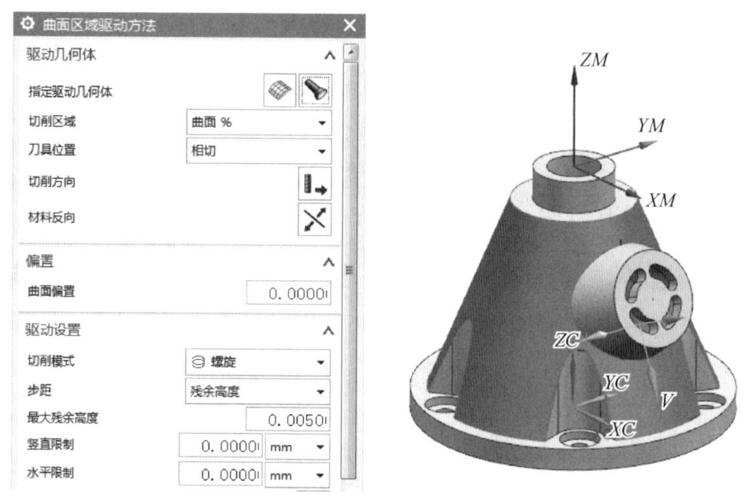

图 8.7　曲面区域驱动方法设置

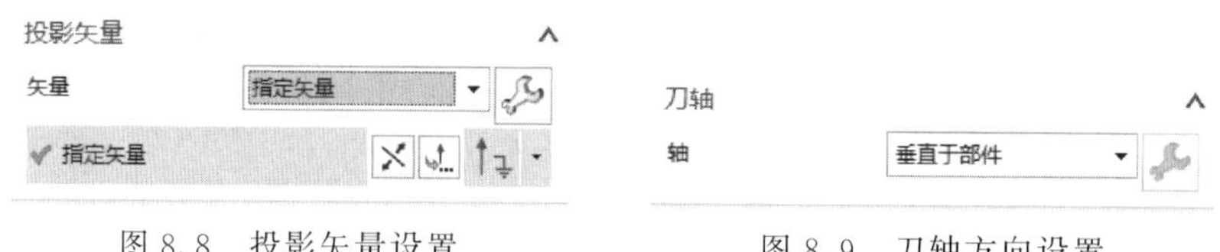

图 8.8　投影矢量设置

图 8.9　刀轴方向设置

⑥ 设置切削参数　单击“刀轨设置”选项组中的“切削参数”按钮，弹出“切削参数”对话框，切削加工参数保持为默认状态即可。

⑦ 设置非切削参数　单击“刀轨设置”选项组中的“非切削移动”按钮，弹出“非切削移动”对话框。

a. 单击“光顺”选项卡，采用默认设置，如图 8.10 所示。

b. 单击“进刀”选项卡，“进刀类型”设为“顺时针螺旋”，“进刀位置”为“距离”，

图 8.10　非切削移动“光顺”设置

“高度”为“60%刀具”，“斜坡角度”为“2 度”，如图 8.11 所示。

图 8.11　非切削移动中的“进刀”“退刀”设置

c. 单击“退刀”选项卡，选择“与进刀相同”。单击“确定”按钮，完成非切削参数的设置。

d. 单击“转移/快速”选项卡，指定公共安全设置为“球”，指定球的基准点坐标为(0,0,0)，半径为 100，其他参数设置如图 8.12 所示，单击“确定”按钮，完成“转移/快速”参数的设置。

⑧ 设置进给参数　单击“刀轨设置”选项组中的“进给率和速度”按钮，弹出“进给率和速度”对话框。设置“主轴速度（rpm）”为 5000.000，“切削”速度为 2000.000，单位为“mmpm”，其他参数设置如图 8.13 所示。

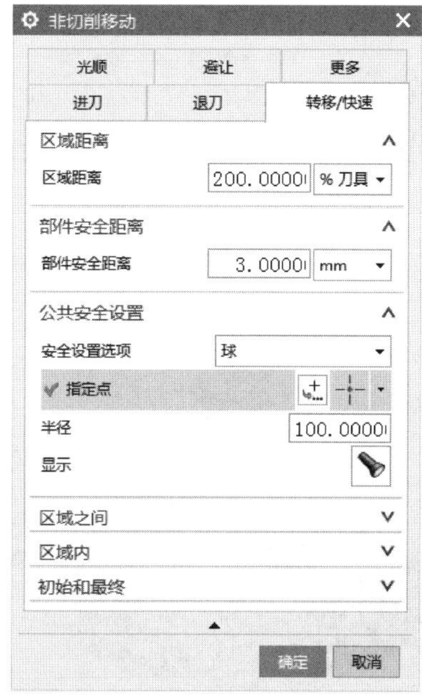

图 8.12　“转移/快速”参数设置

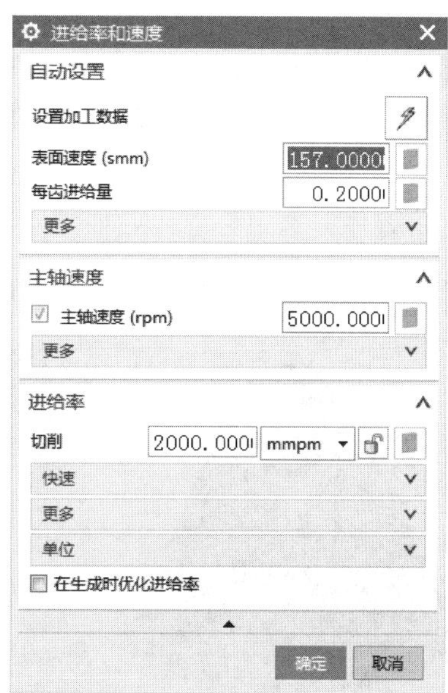

图 8.13　进给率和速度设置

⑨ 生成刀具路径并验证

a. 单击“操作”对话框底部“操作”选项组中的“生成”按钮，可生成该操作的刀具路径，如图 8.14 所示。

b. 单击“操作”对话框底部“操作”选项组中的“确认”按钮，弹出“导轨可视化”对话框，然后选择“3D 动态”选项卡，单击“播放”按钮，可进行 3D 动态刀具切削过程模拟，如图 8.15 所示。

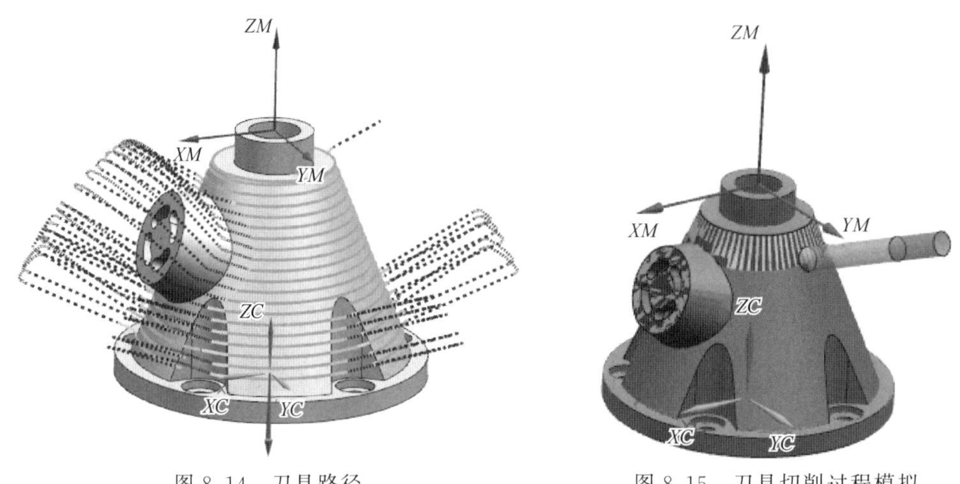

图 8.14　刀具路径　　图 8.15　刀具切削过程模拟

(3) 操作步骤 3 凸缘面粗加工

① 创建外形轮廓铣工序

a. 单击插入工具栏上的创建工序按钮，弹出“创建工序”对话框。在“创建工序”对话框的“类型”下拉列表中选择“mill_multi-axis”，“工序子类型”选择外形轮廓铣图标，“位置”选项组中“程序”选择“NC_PROGRAM”，“刀具”选择“D10”，“几何体”选择“WORKPIECE”，“方法”选择“MILL_FINISH”，在“名称”文本框中输入“凸缘面粗加工”。

b. 单击“确定”按钮。

② 设置切削区域　在“外形轮廓铣-凸缘面粗加工”对话框的“几何体”选项组中选择“指定底面”按钮，选中零件的外锥面底表面为底面，如图 8.16 所示。

③ 设置检查体　选中检查体，如图 8.17 所示。

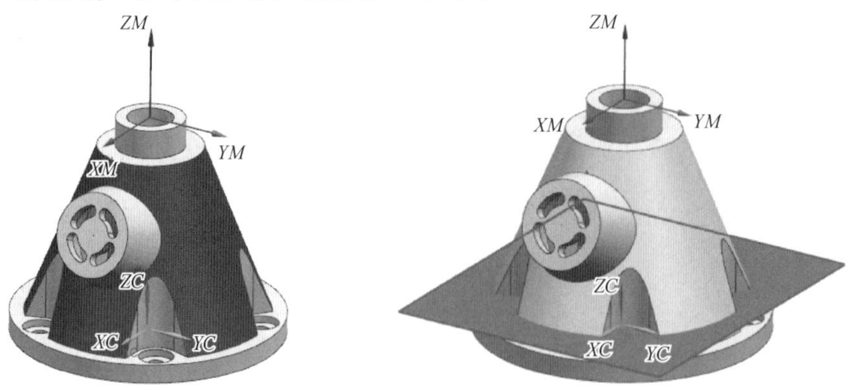

图 8.16　指定切削底面　　图 8.17　设置检查体

由于圆锥曲面与凸缘曲面、圆锥曲面与底面法兰面是两个外形轮廓加工清根区域，如果不做处理会生成两个刀路，故制作一个辅助面作为检查体，将下面的清根刀路去除掉。

④ 设置驱动方法　在“外形轮廓铣-凸缘面粗加工”对话框的“驱动方法”选项组中，选择“方法”为“外形轮廓铣”，如图 8.18 所示。

⑤ 设置刀轴方向　在“外形轮廓铣-凸缘面粗加工”对话框的“刀轴”选项组中选择“轴”为“自动”，如图 8.19 所示。

图 8.18　驱动方法设置　　图 8.19　刀轴设置

⑥ 驱动参数设置　在“外形轮廓铣-凸缘面粗加工”对话框的“驱动设置”选项组中选择“进刀矢量”为“+ZM”，如图 8.20 所示。

⑦ 设置切削参数　单击“刀轨设置”选项组中的“切削参数”按钮，弹出“切削参数”对话框，设置切削加工参数保持为默认状态即可。

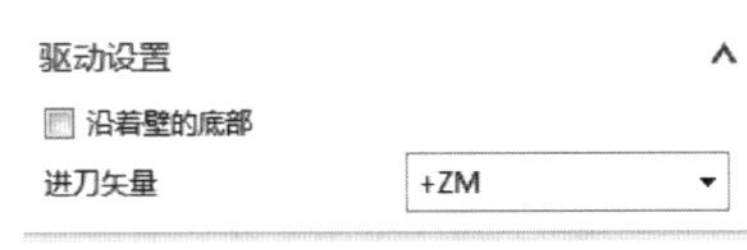

图 8.20　驱动参数设置

⑧ 设置非切削参数　单击“刀轨设置”选项组中的“非切削移动”按钮，弹出“非切削移动”对话框。

a. 单击“光顺”选项卡，选中“替代为光顺连接”，“光顺长度”设为“50％刀具”，“光顺高度”设为“15％刀具”，“最大步距”为“30％刀具”，其他参数设置如图 8.21 所示。

b. 单击“进刀”选项卡，在“封闭区域”选项组中，“进刀类型”设为“线性”，“进刀位置”为“距离”，“高度”为“100％刀具”，其他参数设置如图 8.22 所示。

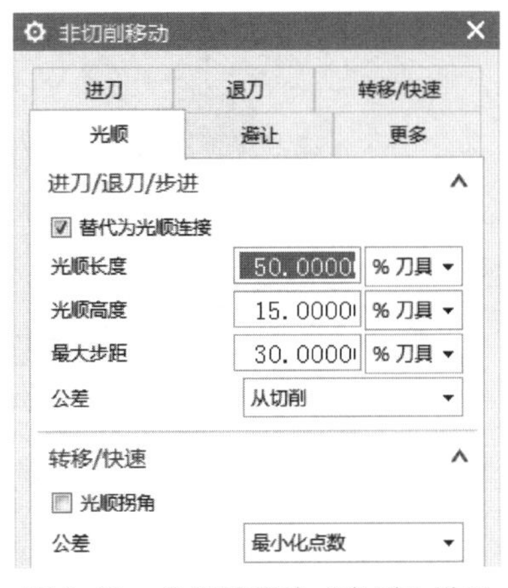

图 8.21　非切削移动“光顺”设置

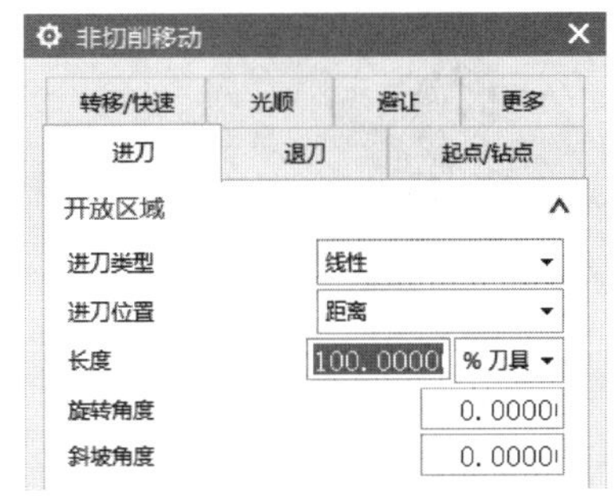

图 8.22　非切削移动中的“进刀”设置

c. 单击“退刀”选项卡，在“退刀”选项组的“退刀类型”下拉列表中选择“与进刀相同”，如图 8.23 所示。单击“非切削移动”对话框中的“确定”按钮。

⑨ 设置进给参数　单击“刀轨设置”选项组中的“进给率和速度”按钮，弹出“进给率和速度”对话框。设置“主轴速度（rpm）”为 5000.000，“切削”速度为 2000.000，其他参数设置如图 8.24 所示。

⑩ 生成刀具路径并验证

a. 在“操作”对话框中完成参数设置后，单击该对话框底部“操作”选项组中的“生

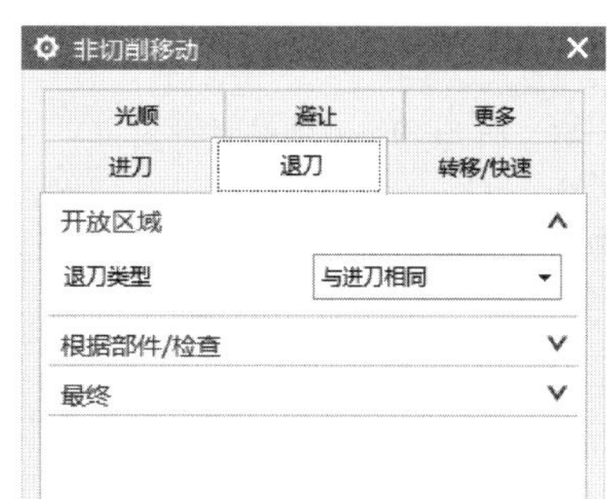

图 8.23　非切削移动中的“退刀”设置

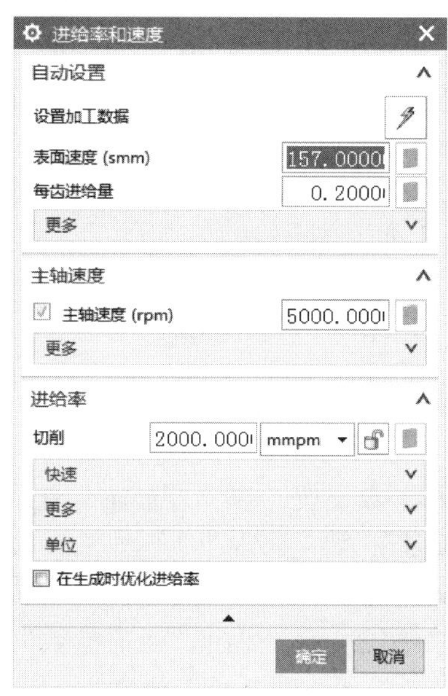

图 8.24　进给率和速度设置

成”按钮，可生成该操作的刀具路径，如图 8.25 所示。

b. 单击“操作”对话框底部“操作”选项组中的“确认”按钮，弹出“导轨可视化”对话框，然后选择“3D 动态”选项卡，单击“播放”按钮，进行 3D 动态刀具切削过程模拟，如图 8.26 所示。

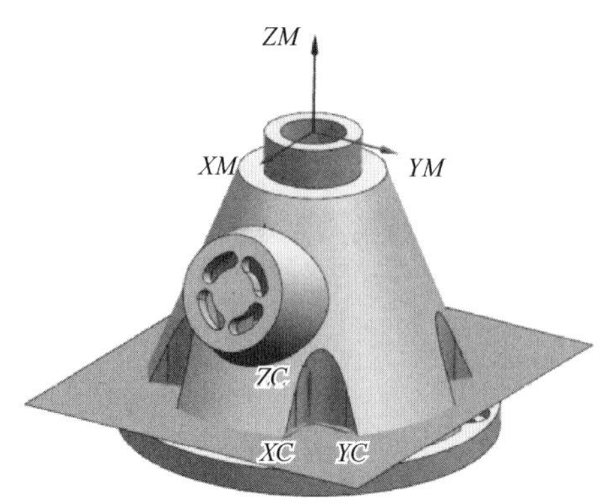

图 8.25　刀具路径

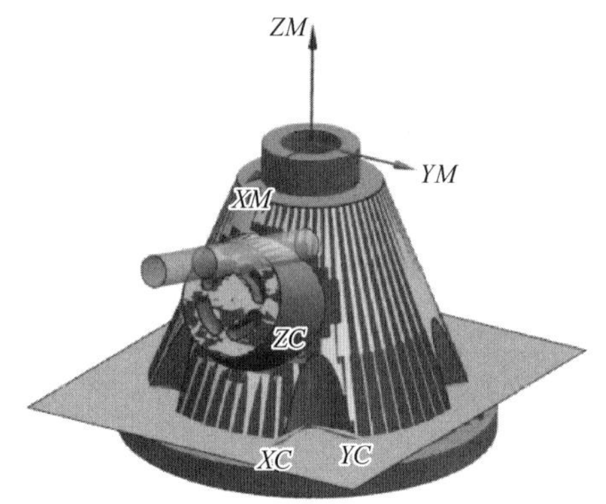

图 8.26　刀具切削过程模拟

(4) 操作步骤 4 凸缘表面精加工

① 创建面铣工序

a. 单击插入工具栏上的创建工序按钮，弹出“创建工序”对话框。在“创建工序”对话框的“类型”下拉列表中选择“mill_planar”，“工序子类型”选择带边界面铣图标，“位置”选项组中的“程序”选择“NC_PROGRAM”，“刀具”选择“D10”，“几何体”选择“WORKPIECE”，“方法”选择“MILL_FINISH”，在“名称”文本框中输入“凸缘表面”。

b. 单击“确定”按钮，弹出“凸缘表面”对话框。

② 选择面边界在“几何体”选项组的“指定面边界”选项后，单击“选择或编辑面几何体”按钮，弹出“毛坯边界”对话框，选择图 8.27 所示区域作为边界区域，单击“确

定”按钮，返回“凸缘平面”对话框。

③“刀轴”选项组的“轴”选择“垂直于第一个面”，如图 8.28 所示。

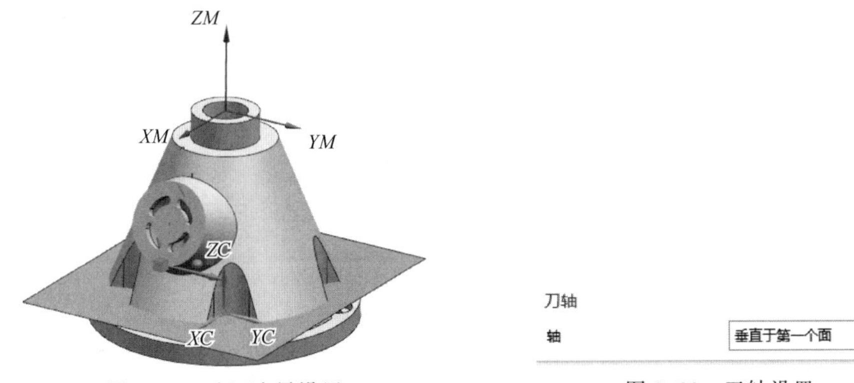

图 8.27　毛坯边界设置　　图 8.28　刀轴设置

④ 在“切削模式”下拉列表中选择“跟随周边”，“平面直径百分比”选择刀具的 60%，“毛坯距离”输入 0.3，如图 8.29。

⑤ 设置切削参数。单击“刀轨设置”选项组中的“切削参数”按钮，弹出“切削参数”对话框，设置切削加工参数。

a. 单击“策略”选项卡，选择“切削方向”为“顺铣”，“刀路方向”为“向内”，其他参数设置如图 8.30 所示。

图 8.29　设置切削模式

图 8.30　“策略”设置

b. 单击“拐角”选项卡，选择“凸角”为“绕对象滚动”，选择“光顺”为“None”，如图 8.31 所示。

c. 单击“确定”按钮，完成切削参数的设置。

⑥ 设置非切削参数。单击“刀轨设置”选项组的“非切削移动”按钮，弹出“非切削移动”对话框。

a. 单击“进刀”选项卡，在“封闭区域”选项组中，“进刀类型”设为“沿形状斜进刀”，“斜坡角度”为“3”，“高度”为“0.2”，其他参数设置如图 8.32 所示。

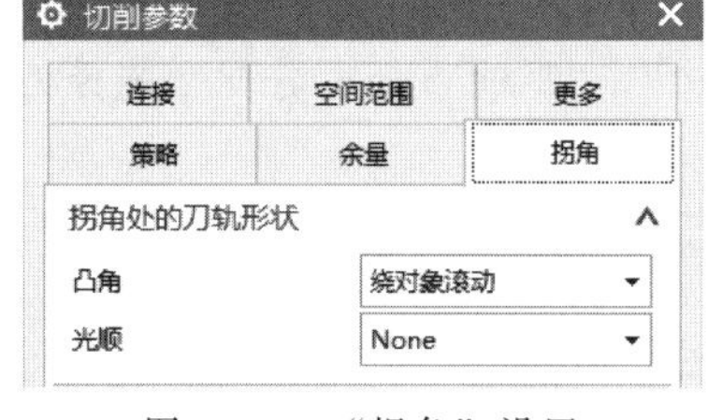

图 8.31　“拐角”设置

图 8.32　“进刀”设置

b. 单击“退刀”选项卡，在“退刀”选项组的“退刀类型”下拉列表中选择“与进刀相同”。

c. 单击“非切削移动”对话框中的“确定”按钮。

⑦ 设置进给参数。单击“刀轨设置”选项组中的“进给率和速度”按钮，弹出“进给率和速度”对话框。设置“主轴速度（rpm）”为 5000.000，“切削”速度为 2000.000，其他参数设置如图 8.33 所示。

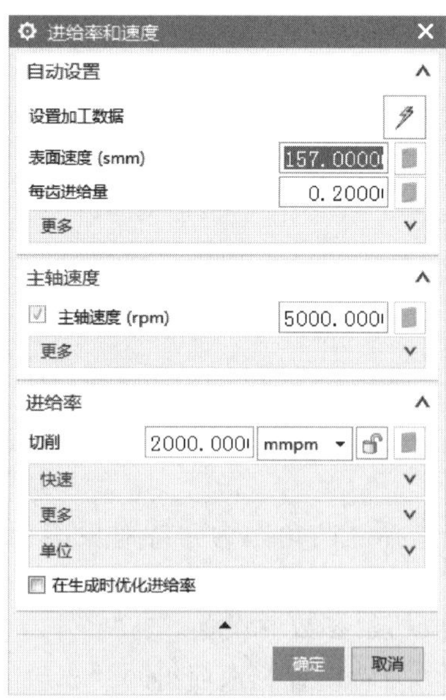

图 8.33　“进给率和速度”设置

⑧ 生成刀具路径并验证

a. 单击对话框底部“操作”选项组中的“生成”按钮，可生成该操作的刀具路径，如图 8.34 所示。

b. 单击对话框底部“操作”选项组中的“确认”按钮，弹出“导轨可视化”对话框，然后选择“3D 动态”选项卡，单击“播放”按钮，进行 3D 动态刀具切削过程模拟，如图 8.35 所示。

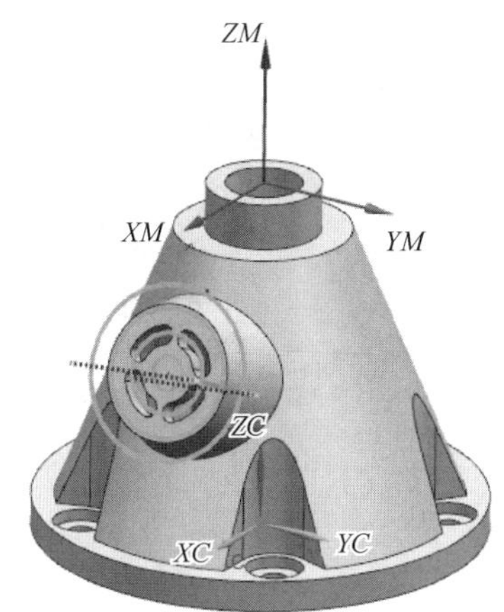

图 8.34　刀具路径

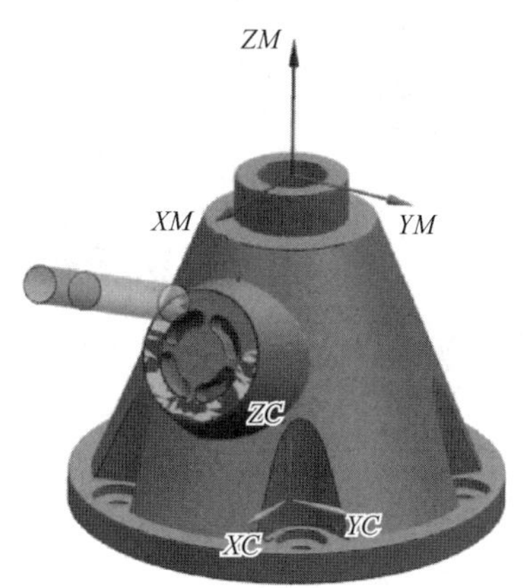

图 8.35　刀具切削过程模拟

(5) 操作步骤 5 凸缘腰型槽加工

① 创建底壁铣工序

a. 单击创建工序按钮（创建工序），弹出“创建工序”对话框。在“创建工序”对话框的“类型”下拉列表中选择“mill _ planar”，“工序子类型”选择底壁铣图标，“位置”选项组中的“程序”选择“NC_PROGRAM”，“刀具”选择“D3”，“几何体”选择“WORKPIECE”，“方法”选择“MILL_FINISH”，在“名称”文本框中输入“凸缘腰型槽”。

b. 单击“确定”按钮。

② 选择铣削区底面　在“几何体”选项组的“指定切削区底面”选项后，单击指定切削区域几何体按钮，弹出“切削区域”对话框，选择图 8.36 所示区域作为切削区域，单击“确定”按钮。

③ 选择铣削区侧面　在“几何体”选项组的“指定切削区底面”选项后，单击指定壁几何体按钮，弹出“壁几何体”对话框，选择图 8.37 所示区域作为切削壁，单击“确定”按钮。

④ 设置刀轴方向　在“凸缘腰型槽”对话框的“刀轴”选项组中选择“轴”为“指定矢量”，选择“两点方式”按钮，拾取凸缘底平面圆心和顶平面圆心位置，指定矢量为垂直于该凸缘，如图 8.38 所示。

⑤ 设置刀轨参数　在“刀轨设置”选项组中设置相关参数，在“切削区域空间范围”下拉列表中选择“底面”，“最大距离”选择刀具的 50%，底面毛坯厚度输入 0.3，“每刀切削深度”输入 0.3，如图 8.39 所示。

⑥ 设置切削参数　单击“刀轨设置”选项组中的“切削参数”按钮，弹出“切削参数”对话框，设置切削加工参数。

a. 单击“策略”选项卡，选择“切削方向”为“顺铣”，“刀路方向”为“向内”，如

图 8.40 所示。

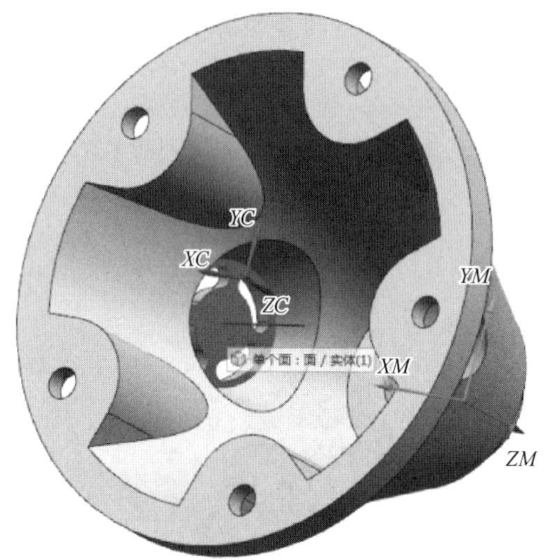

图 8.36　“切削区域”设置

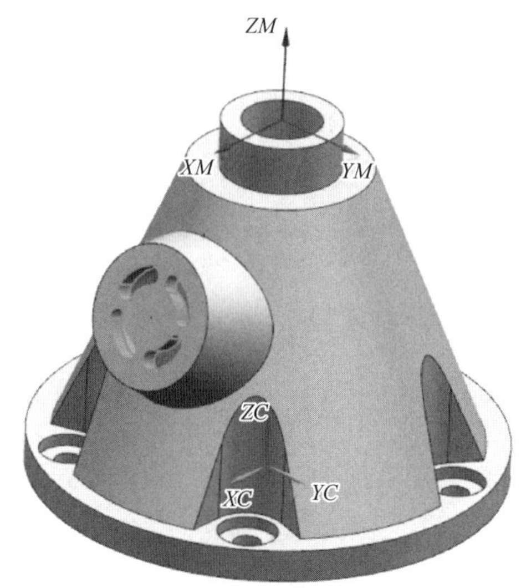

图 8.37　选中壁几何体

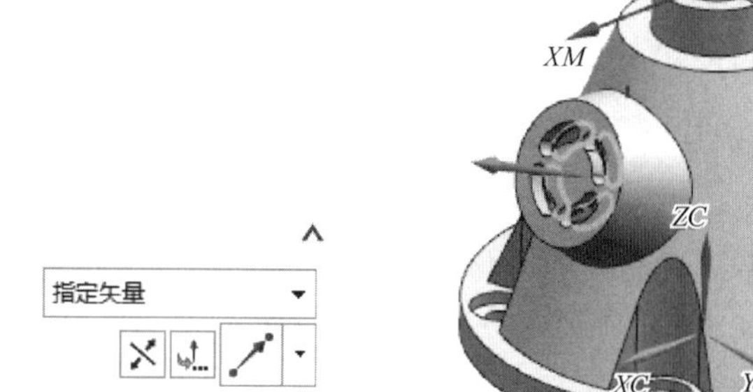

图 8.38　刀轴设置

图 8.39　设置刀轨参数

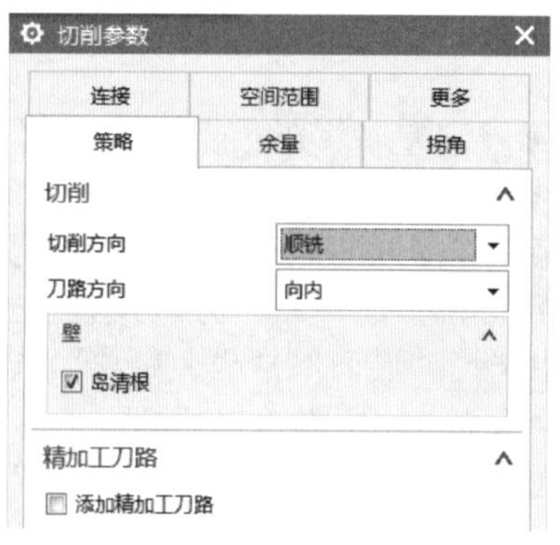

图 8.40　“策略”设置

b. 单击“拐角”选项卡，选择“凸角”为延伸并修剪，选择“光顺”为“None”，其他参数设置如图 8.41 所示。

图 8.41　“拐角”设置

c. 单击“确定”按钮，完成切削参数的设置。

⑦ 设置非切削参数　单击“刀轨设置”选项组中的“非切削移动”按钮，弹出“非切削移动”对话框。

a. 单击“进刀”选项卡，在“封闭区域”选项组中，“进刀类型”设为“沿形状斜进刀”，其他参数设置如图 8.42 所示。

b. 单击“退刀”选项卡，在“退刀”选项组的“退刀类型”下拉列表中选择“与进刀相同”。

c. 单击“非切削移动”对话框中的“确定”按钮。

⑧ 设置进给参数　单击“刀轨设置”选项组中的“进给率和速度”按钮，弹出“进给率和速度”对话框。设置“主轴速度（rpm）”为 7000.000，“切削”速度为 2000.000，其他参数设置如图 8.43 所示。

图 8.42　“进刀”设置

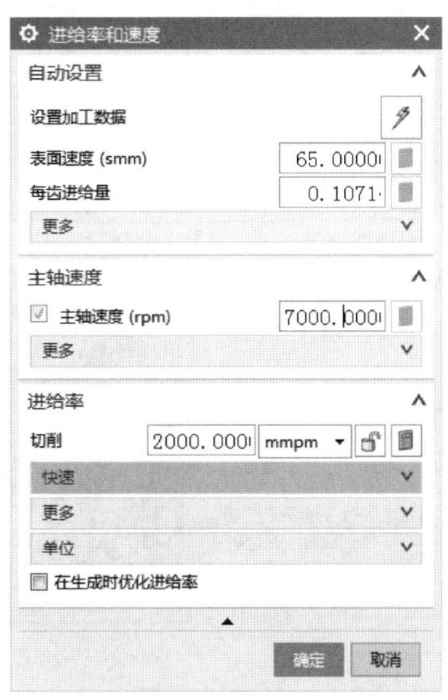

图 8.43　“进给率和速度”参数设置

⑨ 生成刀具路径并验证

a. 单击“操作”对话框底部“操作”选项组中的“生成”按钮，可生成该操作的刀具路径，如图 8.44 所示。

b. 单击“操作”对话框底部“操作”选项组中的“确认”按钮，弹出“导轨可视化”对话框，然后选择“3D 动态”选项卡，单击“播放”按钮，可进行 3D 动态刀具切削过程模拟，如图 8.45 所示。

c. 单击“确定”按钮，接受刀具路径。

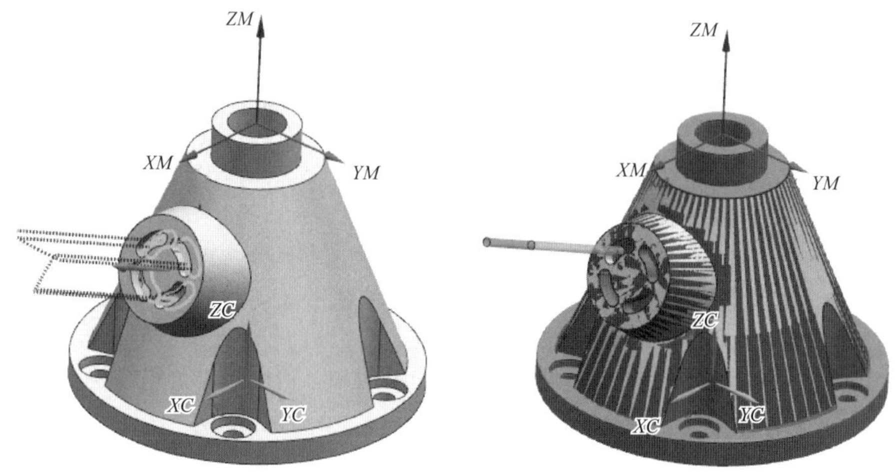

图 8.44　刀具路径　　图 8.45　切削过程模拟

（6）VERICUT 仿真切削过程

启动 VERICUT 软件，在主菜单里执行“文件”→“打开”命令，在系统弹出的“打开项目”对话框里，选取“壳体 . vcproject”，单击“打开”按钮，如图 8.46 所示。

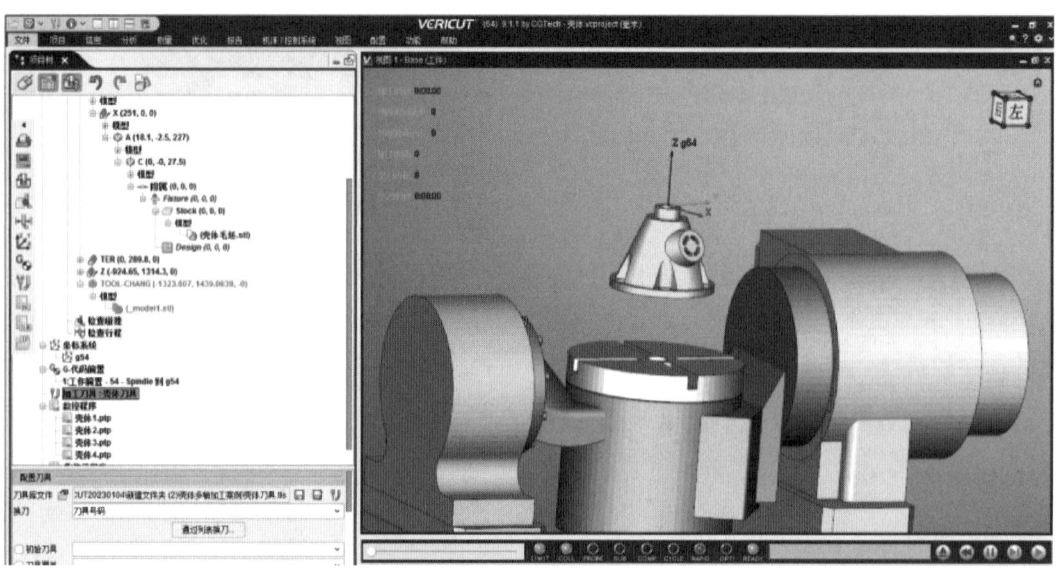

图 8.46　仿真初始页面

① 检查附件　在左侧的目录树里，展开工件节点，本例初始项目中已经导入零件毛

坯——壳体毛坯.stl，如图 8.47 所示。

② 添加数控程序　在左目录树里单击“数控程序”按钮，再单击“添加数控程序文件”按钮，在系统弹出的“数控程序”对话框里，选取经过 UG 后处理得到的数控程序，单击“确定”完成添加程序，如图 8.48 所示。

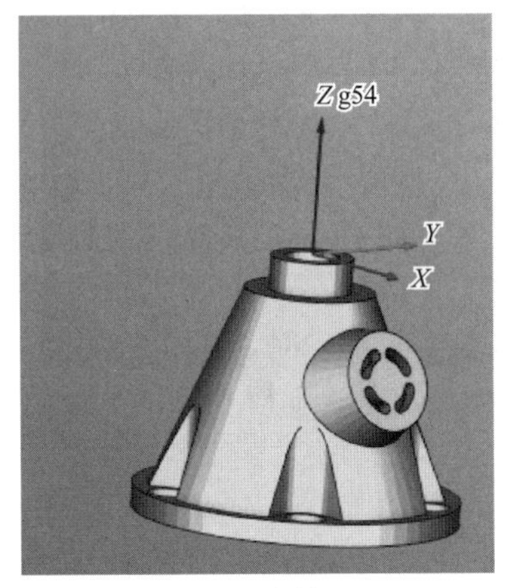

图 8.47　壳体毛坯

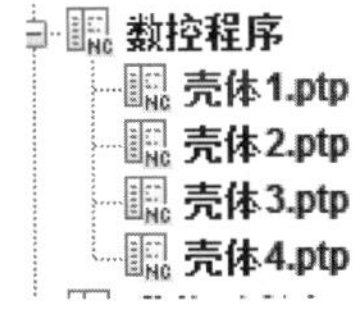

图 8.48　添加数控程序

③ 检查对刀参数　在左侧目录树里单击 G-代码偏置 前的加号展开树，检查参数，坐标代码“寄存器”为“54”，双击壳体刀具，进入壳体刀具对话框，逐个设置 D10、D3 刀具参数，如图 8.49 所示。

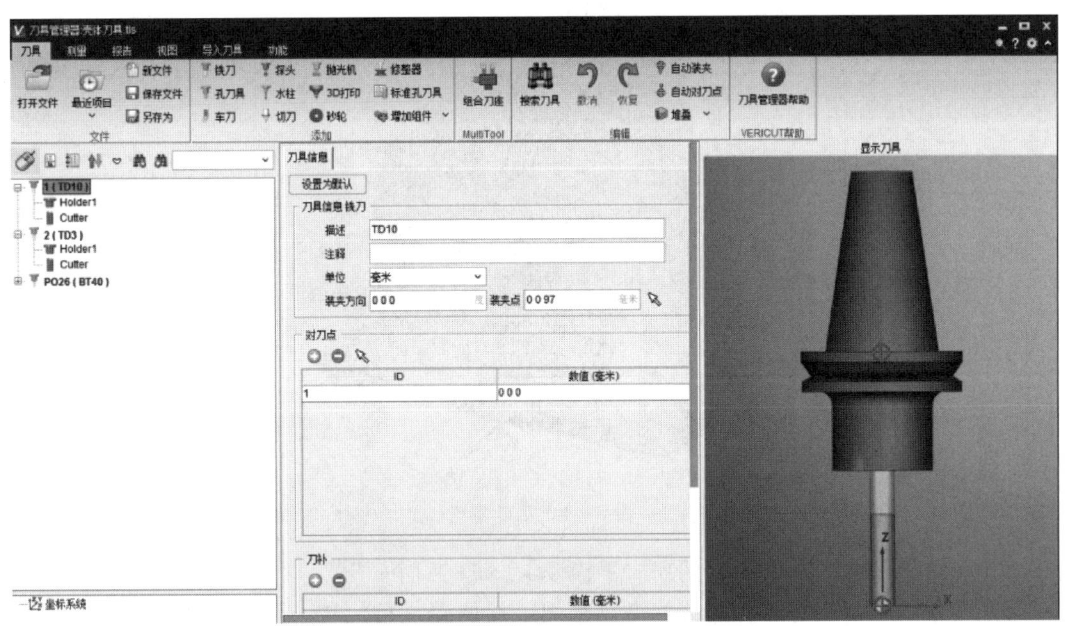

图 8.49　设定刀具参数

④ 仿真验证　在图形窗口底部单击“仿真到末端”按钮，观察多轴数控程序的仿真过程，如图 8.50 所示。

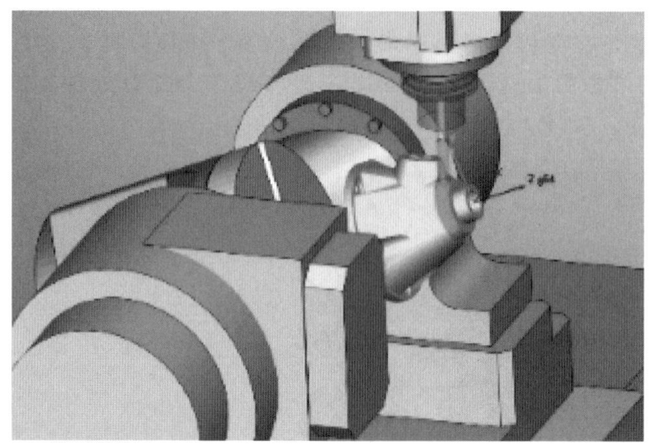

图 8.50　VERICUT 仿真加工

8.2　任务二：桨叶加工

8.2.1　零件加工工艺

如图 8.51 所示为桨叶工件，毛坯为硬铝。底座（110×48）、斜面（60°）已经在上一工序完成，2 个 ϕ11 孔已经加工成 M10 的螺纹孔，用于装夹毛坯。

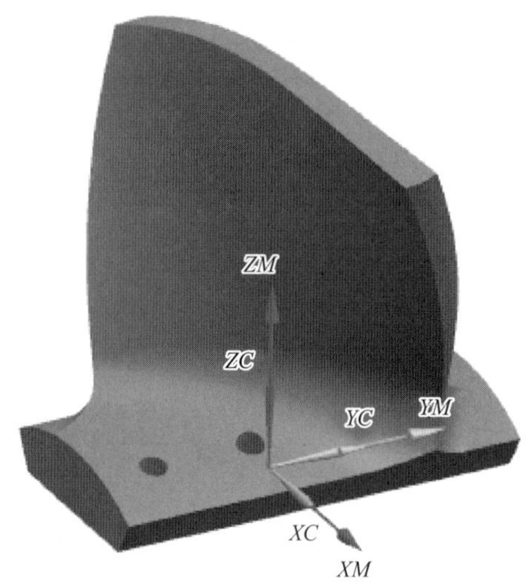

图 8.51　桨叶零件

本道工序需要加工桨叶叶片的所有平面及 R58 圆弧面。

采用专用夹具对工件进行装夹，夹具采用一面两孔进行定位，用 2 个 M10 螺钉固定在工装上。工装利用压板压紧在工作台上。

通过对 3D 模型的分析，在工艺分析的基础上，从实际出发制订工艺方案。对工件的几何形状分析，以 4 道工序完成工件的全部加工内容。

第 1 道工序：叶片正面曲面加工。

第 2 道工序：R58 曲面加工。

第 3 道工序：叶片两侧面加工。

第 4 道工序：叶片顶面加工。

8.2.2 对刀

(1) 刀具选择

T1：ϕ16 球铣刀。

T2：ϕ16 铣刀。

本案例采用相对对刀。工件零点设在五轴零点，需要测量工装表面圆销中心点相对五轴零点的坐标位置。

(2) 找正工件

在 B0 位置，旋转 C 轴，使用百分表沿 X 轴方向移动，在 Y 轴方向调整 2 个定位销的距离差为 28mm，如图 8.52(a) 所示，或者沿 X 移动拉平工装侧面[图 8.52(b)]。此时机床坐标系的 C 轴位置，即工装在工作台上的正确位置，本案例为 C0。如果不为 0，则要在工件偏置中设置或在编程时设置。

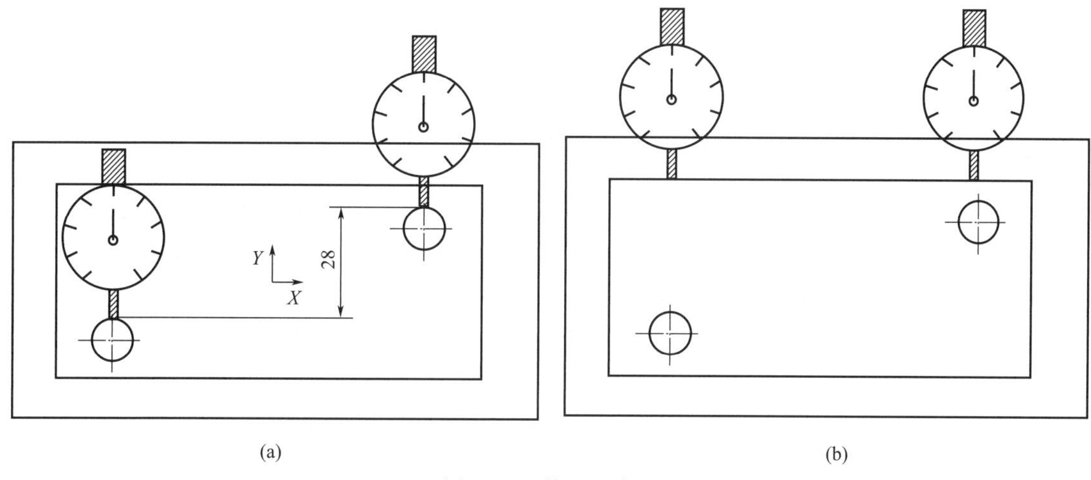

图 8.52　找正示意图

8.2.3 UG 编程

(1) 操作步骤 1 创建加工父级组

① 创建加工几何组

a. 设置加工坐标系。具体操作步骤如下：

双击工序导航器中的 MCS 图标 MCS_MILL，设置安全平面。在“MCS 铣削”对话框中，在“安全设置”选项组的“安全设置选项”下拉列表中选择“球”，半径距离为“200”，如图 8.53 所示。

b. 创建加工几何体。具体操作步骤如下：

在工序导航器中双击“WORKPIECE”图标，弹出“工件”对话框。

单击“几何体”选项组中“指定部件”选项后的“选择或编辑部件几何体”按钮，弹出“部件几何体”对话框，选择模型，单击“确定”按钮，返回“工件”对话框。

单击“几何体”选项组中“指定毛坯”选项后的“选择或编辑毛坯几何体”按钮，弹出“毛坯几何体”对话框，选择部件偏置，偏置值为 0.5，如图 8.54 所示，连续单击“确定”按

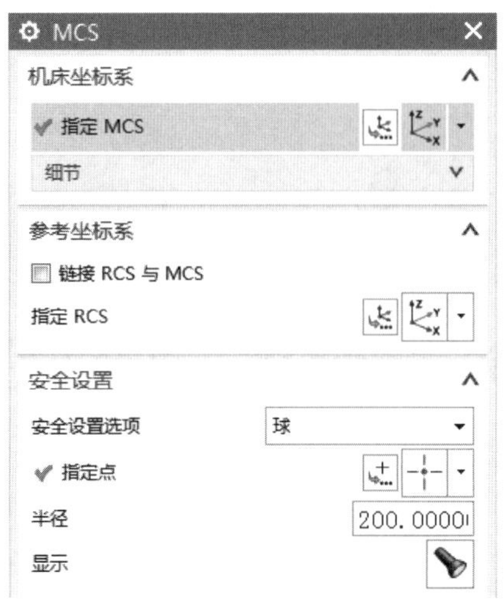

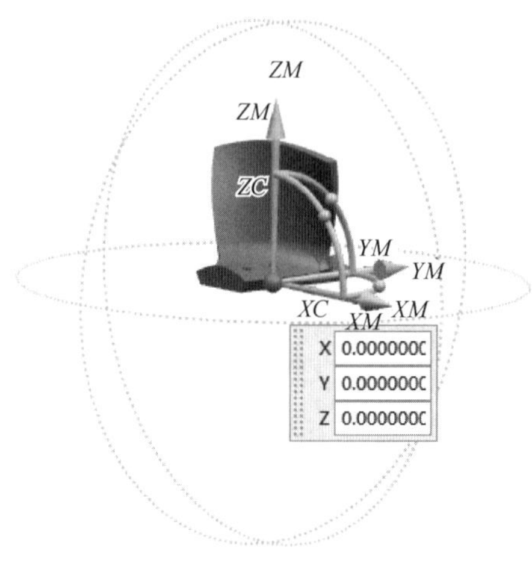

图 8.53　MCS 设置

图 8.54　设置毛坯

钮，完成毛坯设置。

② 创建刀具组

创建铣刀。具体操作步骤如下：

单击创建刀具按钮，弹出“创建刀具”对话框。在“类型”下拉列表中选择“mill_multi-axis”，“刀具子类型”选择 MILL 图标，在“名称”文本框中输入 D16R8，单击“创建刀具”对话框中的“确定”按钮，弹出“铣刀-5 参数”对话框。

创建立铣刀 D16，如图 8.55 所示。

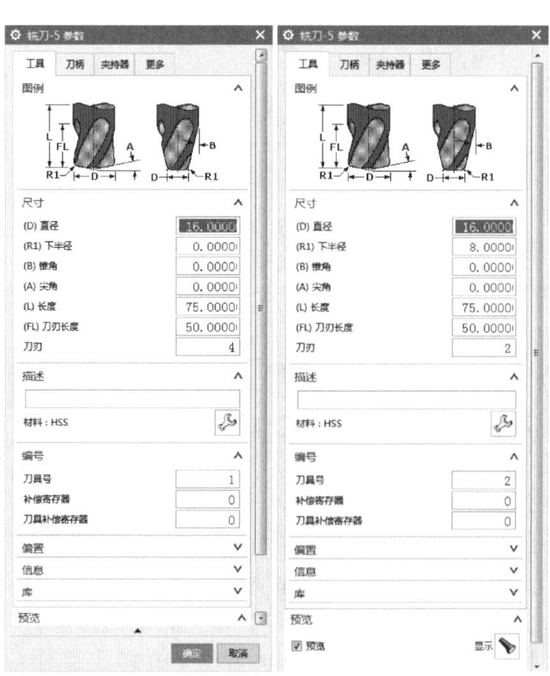

图 8.55　创建刀具

(2) 操作步骤 2 叶片正面曲面加工

① 创建可变轮廓铣工序

a. 单击插入工具栏上的创建工序按钮 ，弹出“创建工序”对话框。在“创建工序”对话框的“类型”下拉列表中选择“mill_multi-axis”，“工序子类型”选择第 1 行第 1 个图标 ，“位置”选项组中“程序”选择“NC _ PROGRAM”，“刀具”选择“D16R8”，“几何体”选择“WORKPIECE”，“方法”选择“MILL _ FINISH”，在“名称”文本框中输入“叶片正面 1”。

b. 单击“确定”按钮。

② 设置驱动方法　在“驱动方法”选项组中选择“方法”为“曲面区域”，如图 8.56 所示。

图 8.56　设置驱动方法

在曲面区域铣削驱动方法对话框中，“指定驱动几何体”按钮 选择如图 8.57 所示底平面作为驱动曲面，调整材料方向线头如图 8.57 所示，“切削模式”为“螺旋”，“步距”为“残留高度”，“最大残留高度”为“0.005”。

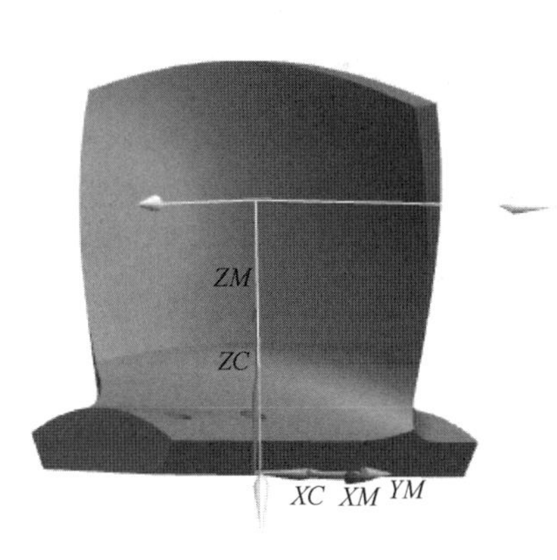

图 8.57　驱动曲面设置

③ 设置投影矢量　在“投影矢量”选项组中选择“刀轴”，如图 8.58 所示。

④ 设置刀轴方向　在“刀轴”选项组中选择“轴”为“相对于驱动体”，侧倾角为“—30”，如图 8.59 所示。

⑤ 设置切削参数　单击“刀轨设置”选项组中的“切削参数”按钮 ，弹出“切削参数”对话框，设置切削加工参数保持为默认状态即可。

⑥ 设置非切削参数　单击“刀轨设置”选项组中的“非切削移动”按钮 ，弹出“非

切削移动”对话框。

图 8.58　投影矢量设置　　　　图 8.59　刀轴设置

a. 单击“进刀”选项卡，在“封闭区域”选项组中，“进刀类型”设为“顺时针螺旋”，“进刀位置”为“距离”，“高度”为“50%刀具”，“斜坡角度”为“2°”。

b. 单击“退刀”选项卡，在“退刀”选项组的“退刀类型”下拉列表中选择“与进刀相同”。单击“非切削移动”对话框中的“确定”按钮，其他参数设置如图 8.60 所示，完成非切削参数的设置。

图 8.60　非切削移动中的“进刀”“退刀”设置

⑦ 设置进给参数　单击“刀轨设置”选项组中的“进给率和速度”按钮，弹出“进给率和速度”对话框。设置“主轴速度（rpm）”为 5000.000，“切削”速度为 1000.000、单位为“mmpm”，其他参数设置如图 8.61 所示。

⑧ 生成刀具路径并验证　在“操作”对话框中完成参数设置后，单击该对话框底部“操作”选项组中的“生成”按钮，可生成该操作的刀具路径，如图 8.62 所示。

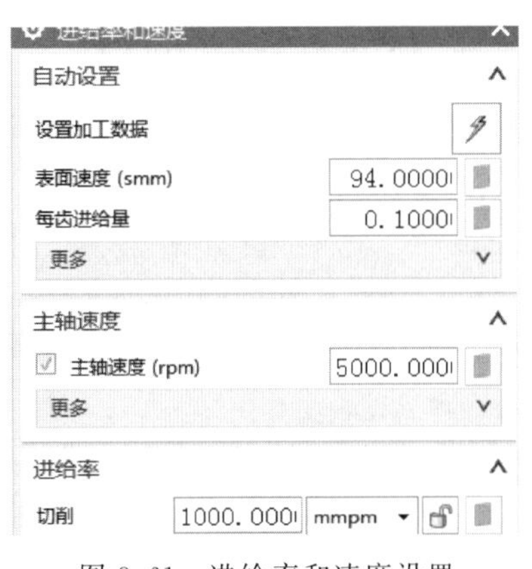

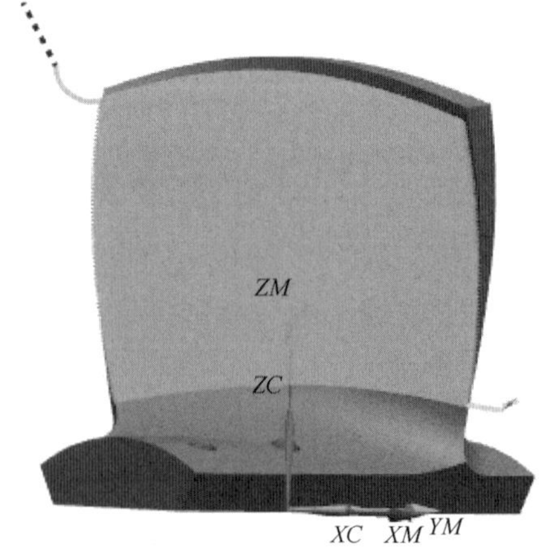

图 8.61　进给率和速度设置　　　　图 8.62　刀具路径

（3）操作步骤 3 叶片正面另一侧加工

① 创建外形轮廓铣工序

a. 在工序导航器的“叶片正面 1”工序上，单击鼠标右键，选择复制。

b. 在新生成的工序上右击鼠标右键，选择粘贴，得到复制刀轨，改工序名为“叶片正面 2”，如图 8.63 所示。

c. 双击“叶片正面 2”工序，对其加工参数进行重新调整。

图 8.63　复制刀轨

② 设置驱动方法　在“驱动方法”选项组中选择“曲面区域”按钮，取消当前的选择，重新选择驱动平面为另一侧叶片大面，如图 8.64 所示。

③ 生成刀具路径并验证　在“操作”对话框中完成参数设置后，单击该对话框底部“操作”选项组中的“生成”按钮，可生成该操作的刀具路径，如图 8.65 所示。

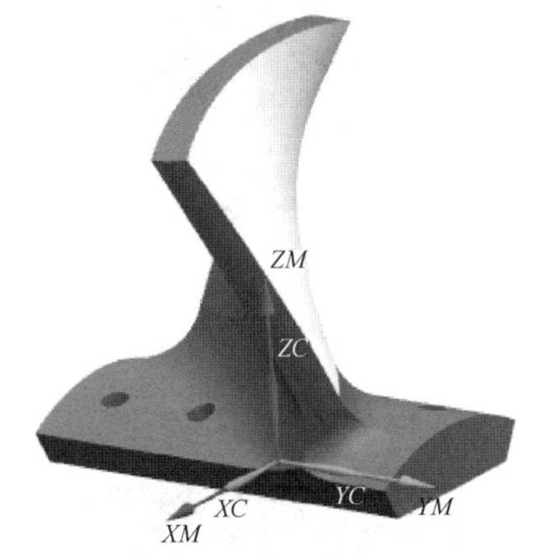

图 8.64　驱动曲面设置

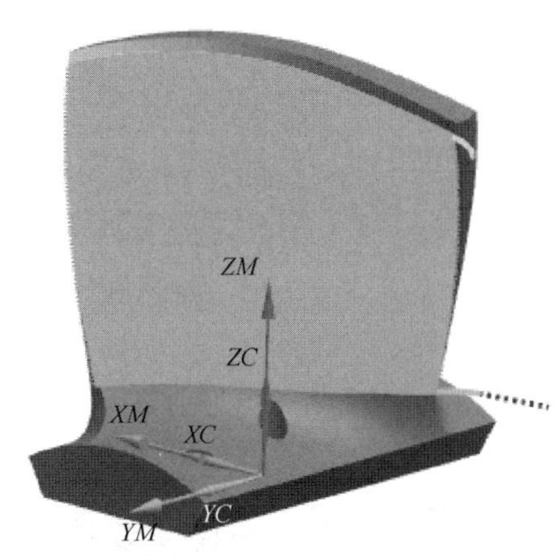

图 8.65　刀具路径

（4）操作步骤 4 圆角过渡曲面加工

为了使加工中的刀具不与工件发生干涉，建立 4 个子坐标系，便于下一步操作生成刀轨。

① 创建几何体

图 8.66　子坐标系

a. 单击插入工具栏上的创建几何体按钮，弹出“创建几何体”对话框。在“创建 MCS”“几何体”中选择“MCS”，在“名称”文本框中输入 MCS_1，如图 8.66 所示。

b. 单击“确定”按钮。

c. 在 MCS 对话框中，选中“安全设置选项”为“使用继承的”，利用鼠标调整坐标系＋Z 的方向至图 8.67 所示。

d. 建立其余三个方向的子坐标系，如图 8.68 所示。

② 创建固定轮廓铣工序

a. 单击插入工具栏上的创建工序按钮，弹出“创建工序”对话框。在“创建工序”对话框的“类型”

图 8.67　设置子坐标系参数

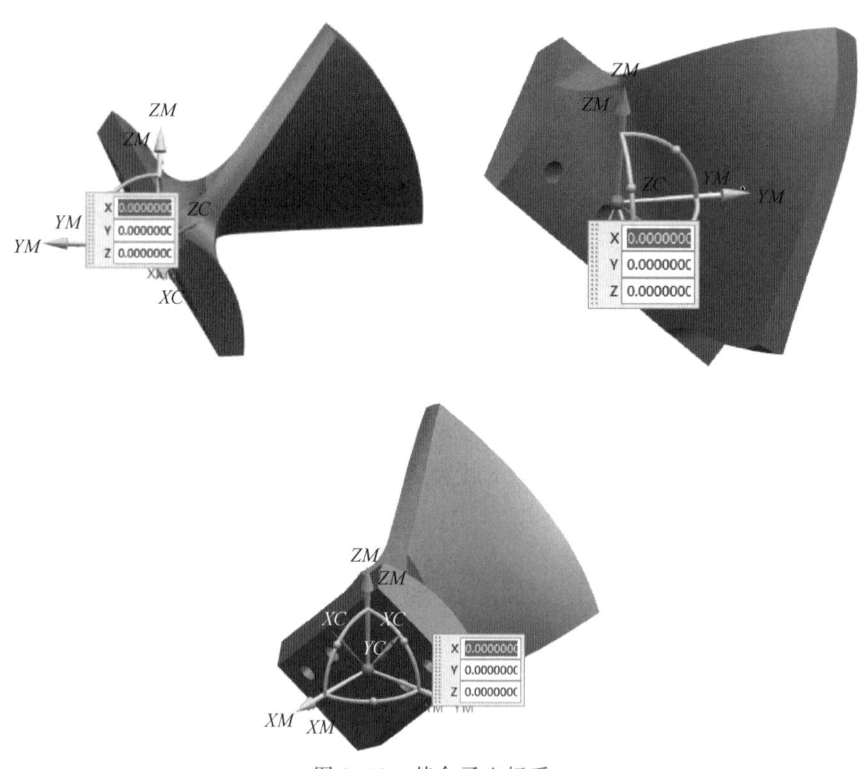

图 8.68　其余子坐标系

下拉列表中选择“mill_multi-axis”，“工序子类型”选择第 1 行第 4 个图标，“位置”选项组中“程序”选择“NC_PROGRAM”，“刀具”选择“D16R8”，“几何体”选择“MCS_2”，“方法”选择“MILL_FINISH”，在“名称”文本框中输入“过渡曲面-1”。

b. 单击“确定”按钮。

③ 设置切削区域　在对话框的“几何体”选项组中选择“指定切削区域”按钮，选中零件的外表面为切削区域，如图 8.69 所示。

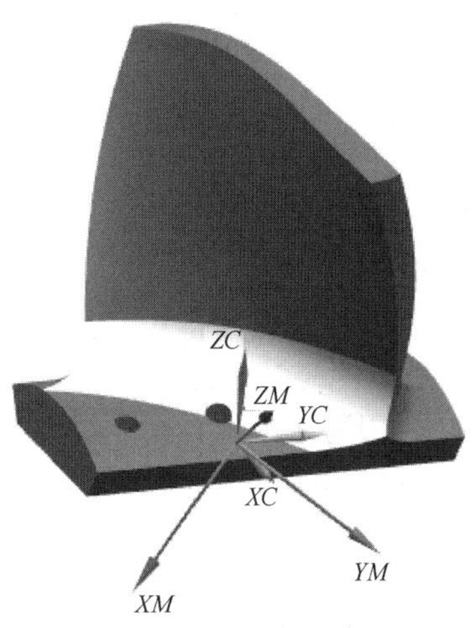

图 8.69　选中切削区域

④ 设置驱动方法　在“驱动方法”选项组中选择“方法”为“曲面区域”，如图 8.70 所示。

图 8.70　设置驱动方法

在曲面区域驱动方法对话框中，“指定驱动几何体”按钮选择如图 8.71 所示底平面作为驱动曲面，调整材料方向线头如图所示；“切削模式”为“往复”，“步距”为“残余高度”，“最大残余高度”为“0.005”。

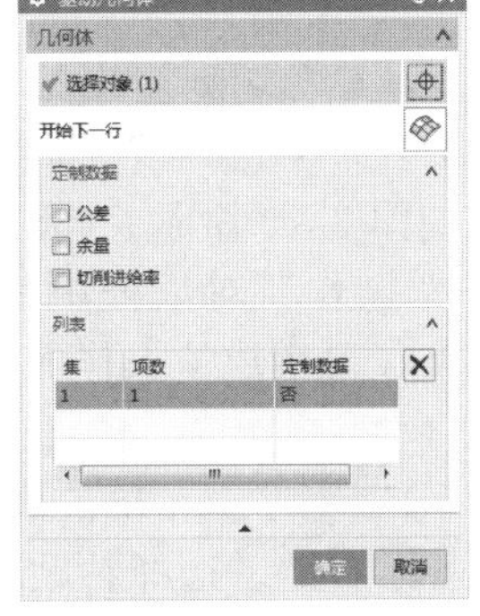

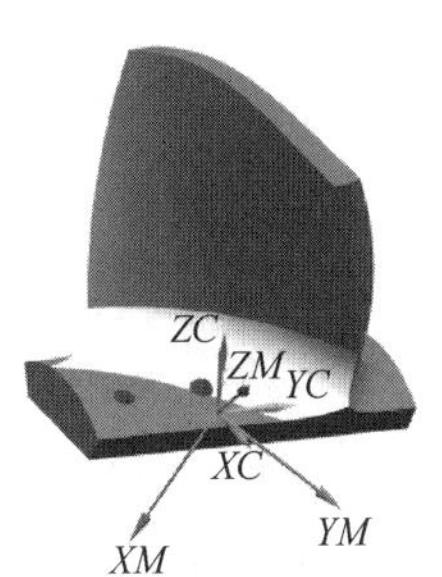

图 8.71　驱动曲面设置

⑤ 设置投影矢量　在“投影矢量”选项组中选择“刀轴”，如图 8.72 所示。

⑥ 设置刀轴方向　在“刀轴”选项组中选择“轴”为“相对于驱动体”，侧倾角为“－30”，如图 8.73 所示。

图 8.72　投影矢量设置　　图 8.73　刀轴设置

⑦ 设置切削参数　单击“刀轨设置”选项组中的“切削参数”按钮，弹出“切削参数”对话框，设置切削加工参数保持为默认状态即可。

⑧ 设置非切削参数　单击“刀轨设置”选项组中的“非切削移动”按钮，弹出“非切削移动”对话框。

a. 单击“进刀”选项卡，在“封闭区域”选项组中，“进刀类型”设为“圆弧-平行于刀轴”，“半径”为“50％刀具”，“圆弧角度”为“120”。

b. 单击“退刀”选项卡，在“退刀”选项组的“退刀类型”下拉列表中选择“与进刀相同”。单击“非切削移动”对话框中的“确定”按钮，其他参数设置如图 8.74 所示，完成非切削参数的设置。

图 8.74　非切削移动中的“进刀”“退刀”设置

⑨ 设置进给参数　单击“刀轨设置”选项组中的“进给率和速度”按钮，弹出“进给率和速度”对话框。设置“主轴速度（rpm）”为 5000.000，“切削”速度为 1000.000，单位为“mmpm”，其他参数设置如图 8.75 所示。

⑩ 生成刀具路径并验证　在“操作”对话框中完成参数设置后，单击该对话框底部“操作”选项组中的“生成”按钮，可生成该操作的刀具路径，如图 8.76 所示。

⑪ 复制刀路

a. 在工序导航器的“过渡曲面 1”工序上，单击鼠标右键，选择复制。

b. 在新生成的工序中，右击鼠标右键，选择粘贴，得到复制刀轨，改工序名为“过渡曲面 2”。

c. 双击“过渡曲面 2”工序，对其加工参数进行重新调整。

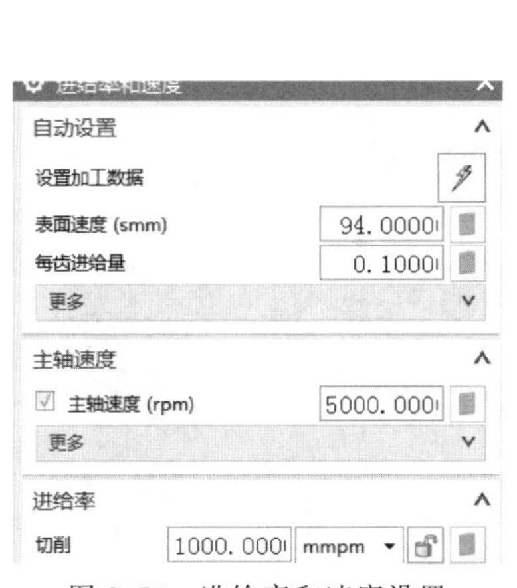

图 8.75　进给率和速度设置

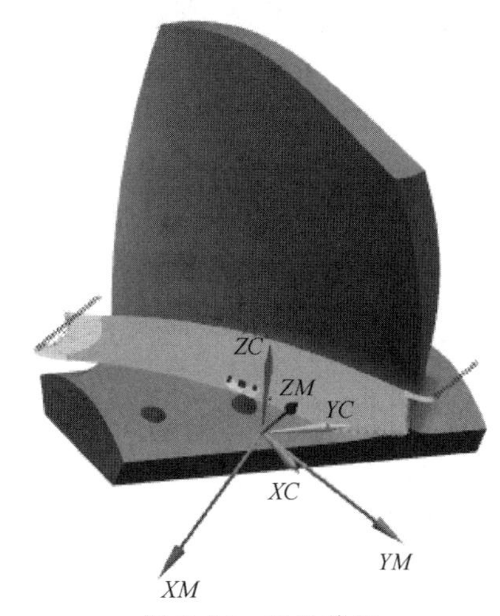

图 8.76　刀具路径

⑫ 设置切削区域　对话框的“几何体”选项组中选择“指定切削区域”按钮，选中零件的外表面为切削区域，如图 8.77 所示。

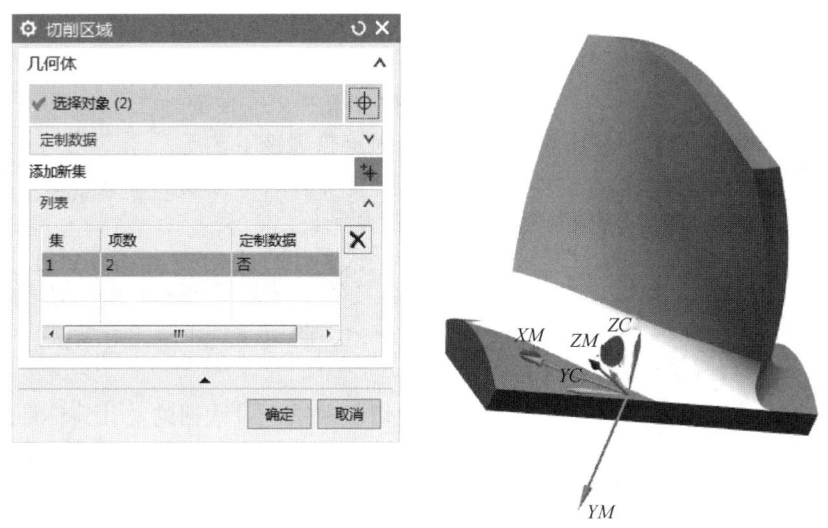

图 8.77　选中切削区域

⑬ 设置驱动方法　在“驱动方法”选项组中选择“方法”为“曲面区域”，如图 8.78 所示。

在曲面区域驱动方法对话框中，“指定驱动几何体”按钮选择如图 8.79 所示底平面作为驱动曲面，调整材料方向线头如图 8.79 所示；“切削模式”为“往复”，“步距”为“残余高度”，“最大残余高度”为“0.005”。

⑭ 生成刀具路径并验证　在“操作”对话框中完成参数设置后，单击该对话框底部“操作”选项组中的“生成”按钮，可生成该操作的刀具路径，如图 8.80 所示。

图 8.78　设置驱动方法

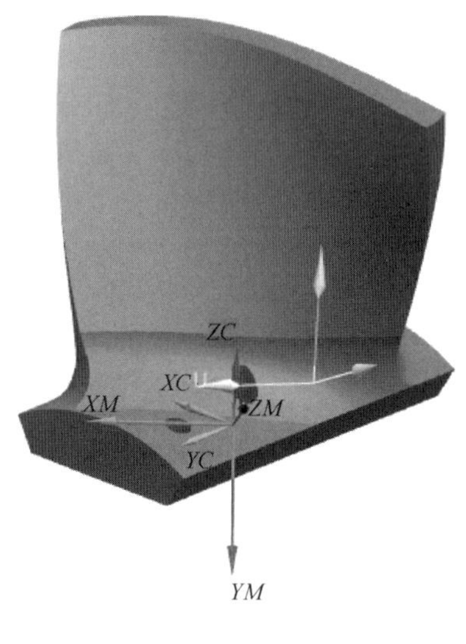

图 8.79　驱动曲面设置

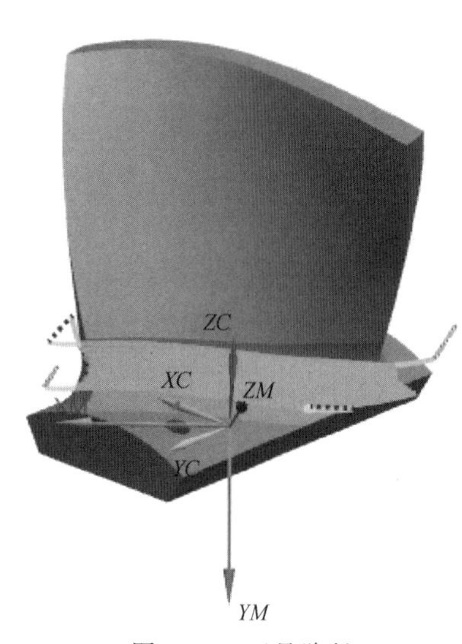

图 8.80　刀具路径

(5) 操作步骤 5 *R*58 曲面加工

① 创建固定轮廓铣工艺

a. 在工序导航器的“过渡曲面 1”工序上，单击鼠标右键，选择复制。

b. 在新生成的工序上，右击鼠标右键，选择粘贴，得到复制刀轨，改工序名为“R58 曲面-1”。

c. 双击“R58 曲面-1”工序，对其加工参数进行重新调整。

② 设置切削区域　对话框的“几何体”选项组中选择“指定切削区域”按钮，选中零件的外表面为切削区域，如图 8.81 所示。

③ 设置驱动方法　在“驱动方法”选项组中选择“方法”为“曲面区域”，如图 8.82 所示。

在曲面区域驱动方法对话框中，“指定驱动几何体”按钮选择如图 8.83 所示底平面作为驱动曲面，调整材料方向线头如图所示；“切削模式”为“往复”，“步距”为“残余高度”，“最大残余高度”为“0.005”。

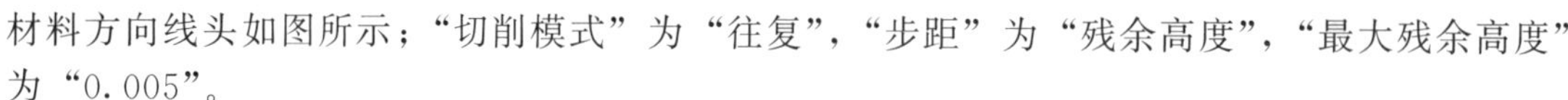

④ 生成刀具路径并验证　在“操作”对话框中完成参数设置后，单击该对话框底部“操作”选项组中的“生成”按钮，可生成该操作的刀具路径，如图 8.84 所示。

按照同样方法，生成 *R*58 曲面其余几个位置的刀路，如图 8.85 所示。

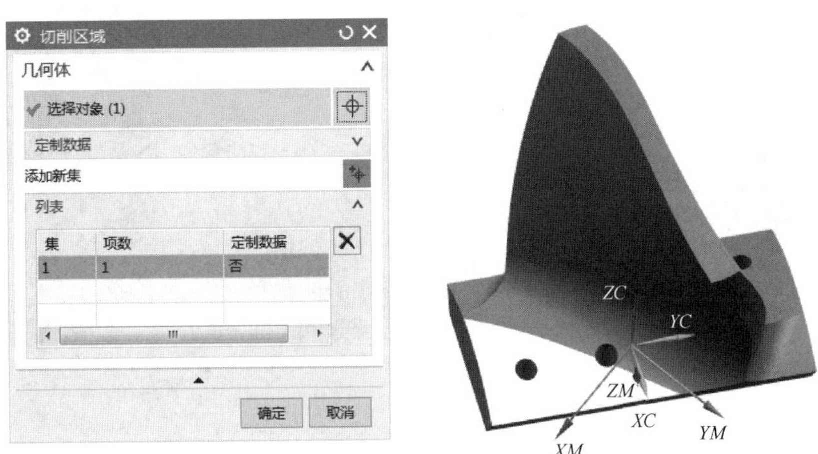

图 8.81　选中切削区域

图 8.82　设置驱动方法

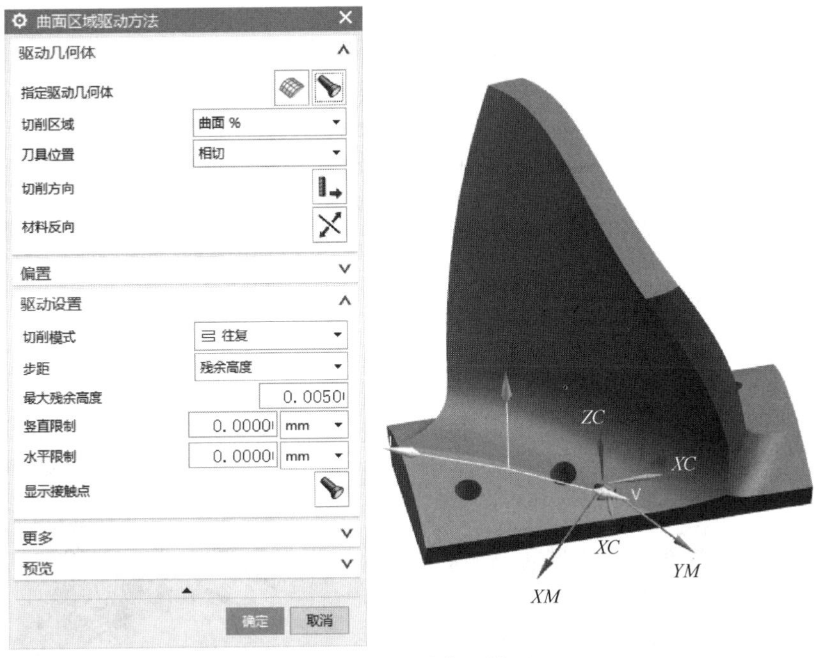

图 8.83　驱动曲面设置

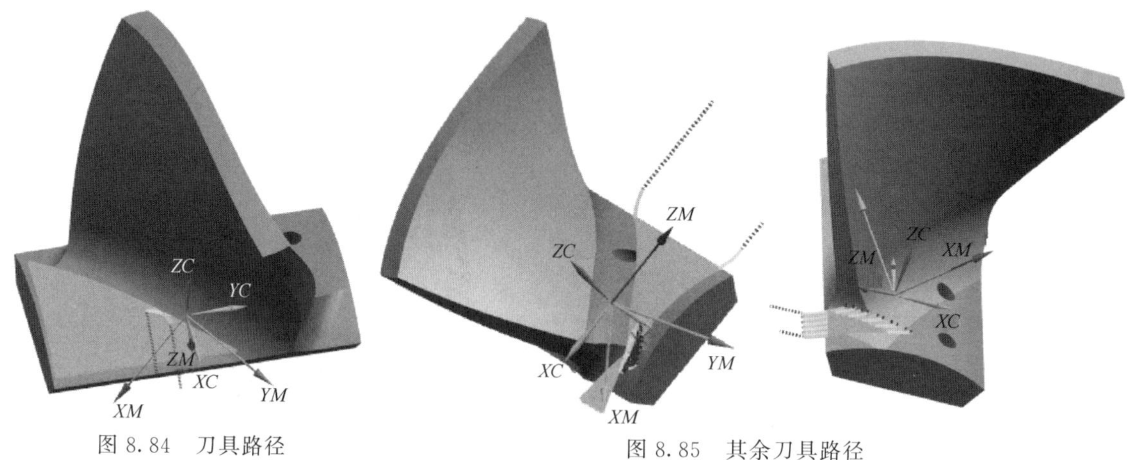

图 8.84　刀具路径　　　　图 8.85　其余刀具路径

(6) 操作步骤 6 侧面曲面加工

① 创建固定轮廓铣工艺

a. 在工序导航器的“过渡曲面 1”工序上，单击鼠标右键，选择复制。

b. 在新生成的工序上，右击鼠标右键，选择粘贴，得到复制刀轨，改工序名为“侧面曲面-1”。

c. 双击“侧面曲面-1”工序，对其加工参数进行重新调整。

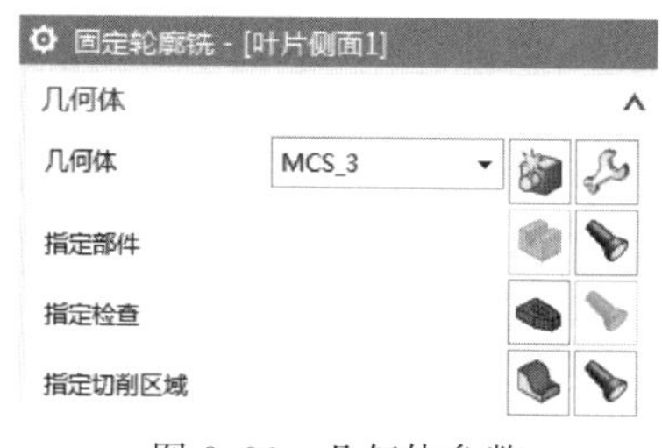

图 8.86　几何体参数

② 几何体　将“几何体”选项选择 MCS_3，如图 8.86 所示。

③ 设置切削区域　对话框的“几何体”选项组中选择“指定切削区域”按钮，选中零件的外表面为切削区域，如图 8.87 所示。

④ 设置驱动方法　在“驱动方法”选项组中选择“方法”为“流线”，如图 8.88 所示。

在流线驱动方法对话框中，“指定驱动几何体”为“流线”，选择方法为“自动”；“切削模式”为“往复上升”，“步距”为“残余高度”，“最大残余高度”为“0.005”，选择侧面，自动生成流线，如

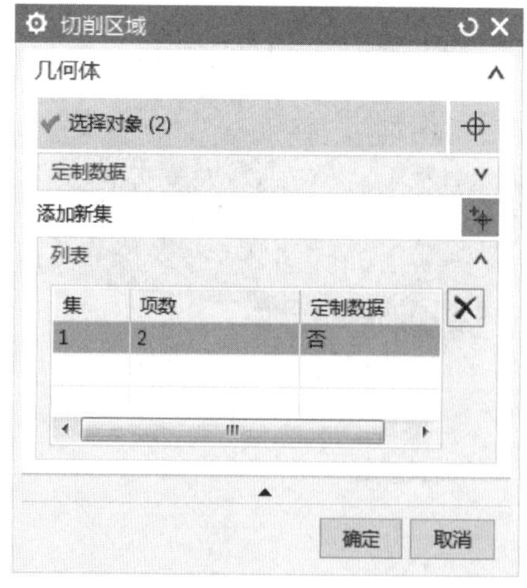

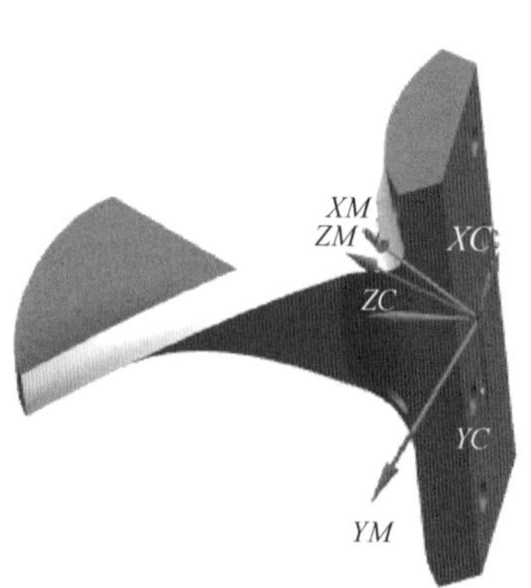

图 8.87　选中切削区域

图 8.89 所示。

图 8.88　设置驱动方法

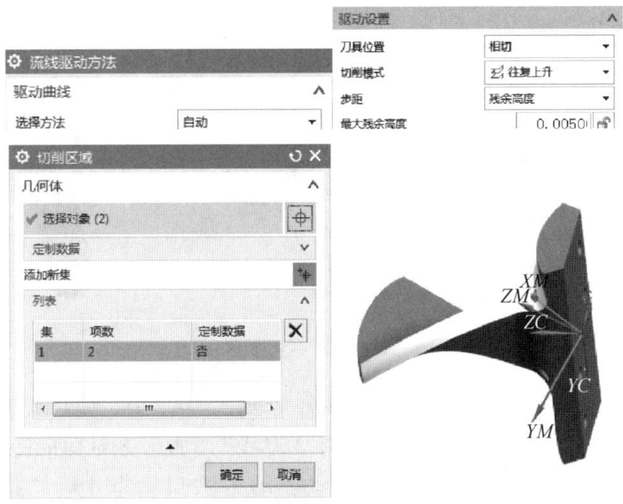

图 8.89　流线参数设置

⑤ 生成刀具路径并验证　在“操作”对话框中完成参数设置后，单击该对话框底部“操作”选项组中的“生成”按钮，可生成该操作的刀具路径，如图 8.90 所示。

(7) 操作步骤 7 侧面曲面加工

① 创建固定轮廓铣工艺

a. 在工序导航器的“侧面曲面-1”工序上，单击鼠标右键，选择复制。

b. 在新生成的工序上右击鼠标右键，选择粘贴，得到复制刀轨，改工序名为“侧面曲面-2”。

c. 双击“侧面曲面-2”工序，对其加工参数进行重新调整。

② 几何体　将“几何体”选项选择 MCS_4，如图 8.91 所示。

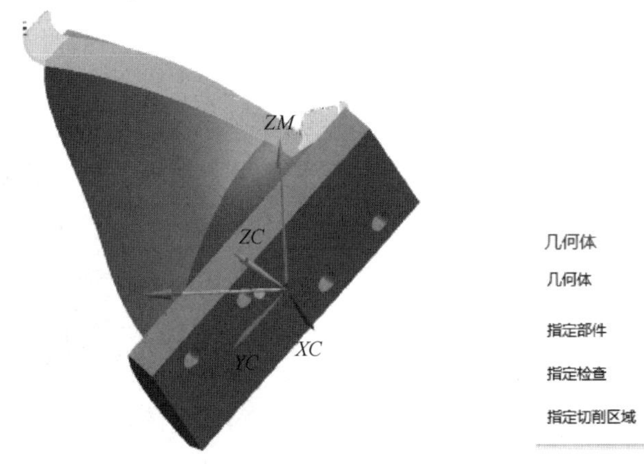

图 8.90　刀具路径

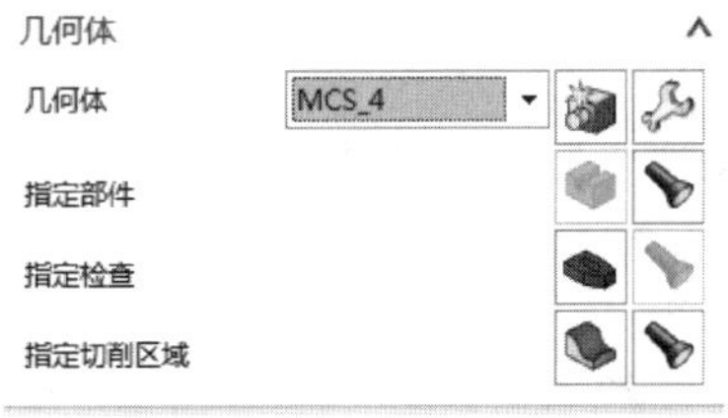

几何体

几何体　MCS_4

指定部件

指定检查

指定切削区域

图 8.91　几何体参数

③ 设置切削区域　对话框的“几何体”选项组中选择“指定切削区域”按钮，选中零件的外表面为切削区域，如图 8.92 所示。

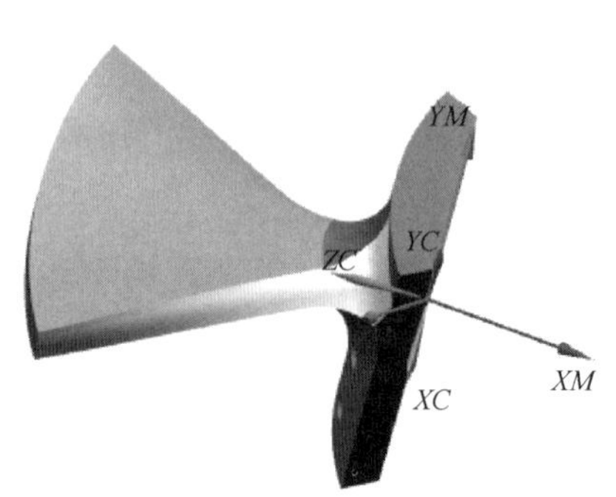

图 8.92　选中切削区域

图 8.93　设置驱动方法

④ 设置驱动方法　在“驱动方法”选项组中选择“方法”为“流线”，如图 8.93 所示。

在流线驱动方法对话框中，“指定驱动几何体”为“流线”，选择方式为“自动”；“切削模式”为“往复上升”，“步距”为“残余高度”，“最大残余高度”为“0.005”，选择侧面，自动生成流线，如图 8.94 所示。

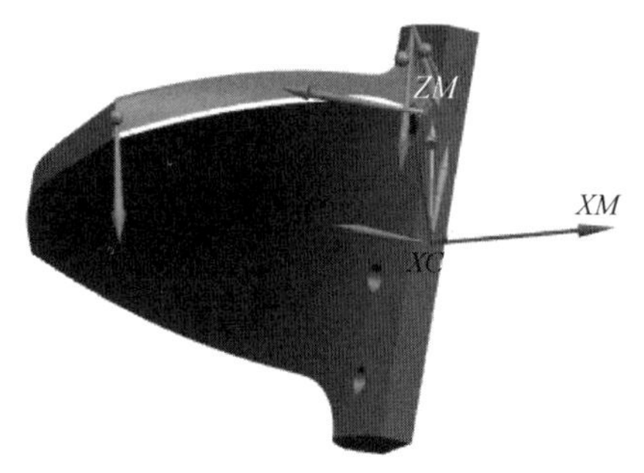

图 8.94　流线参数设置

⑤ 生成刀具路径并验证　在“操作”对话框中完成参数设置后，单击该对话框底部“操作”选项组中的“生成”按钮，可生成该操作的刀具路径，如图 8.95 所示。

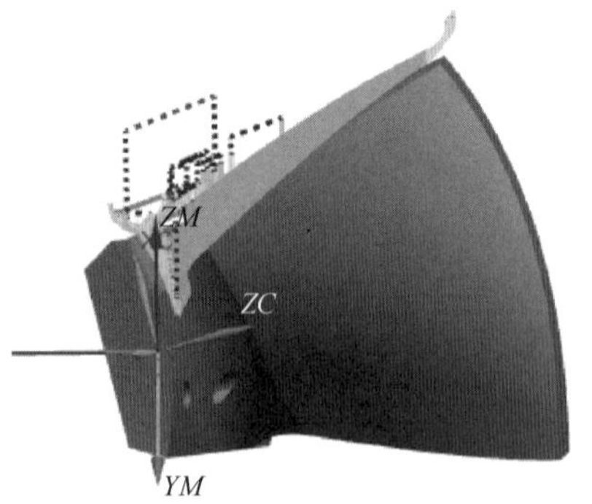

图 8.95　刀具路径

(8) 操作步骤 8 顶面曲面加工

① 创建固定轮廓铣工艺

a. 在工序导航器的“侧面曲面-1”工序上，单击鼠标右键，选择复制。

b. 在新生成的工序上右击鼠标右键，选择粘贴，得到复制刀轨，改工序名为“顶面曲面”。

c. 双击“顶面曲面”工序，对其加工参数进行重新调整。

② 几何体　将“几何体”选项选择 MCS，如图 8.96 所示。

③ 设置切削区域　对话框的“几何体”选项组中选择“指定切削区域”按钮，选中零件的外表面为切削区域，如图 8.97 所示。

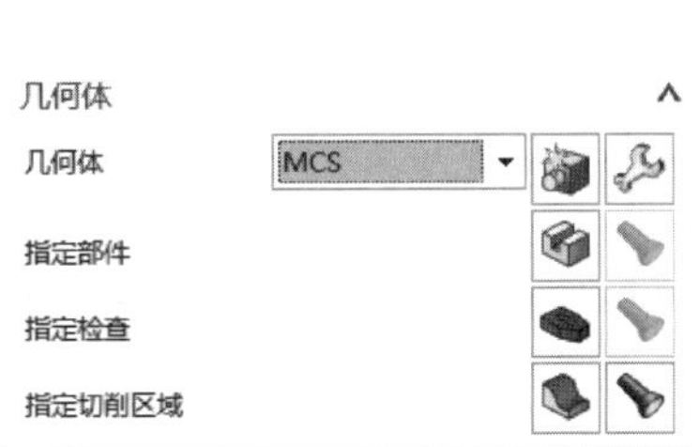

图 8.96　几何体参数

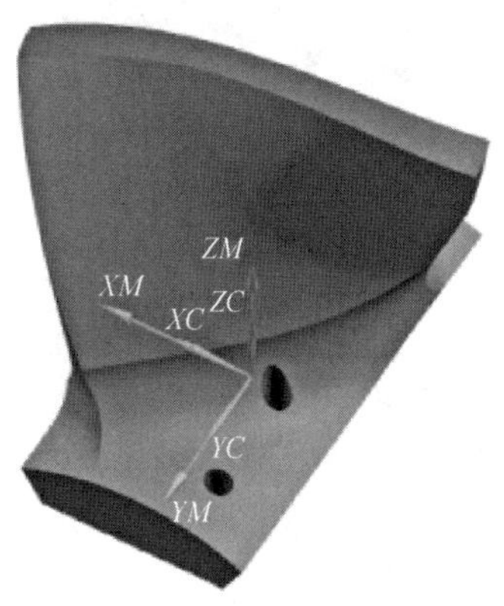

图 8.97　选中切削区域

④ 设置驱动方法　在“驱动方法”选项组中选择“方法”为“曲线/点”，拾取顶面曲面的一条长边作为驱动体，如图 8.98 所示。

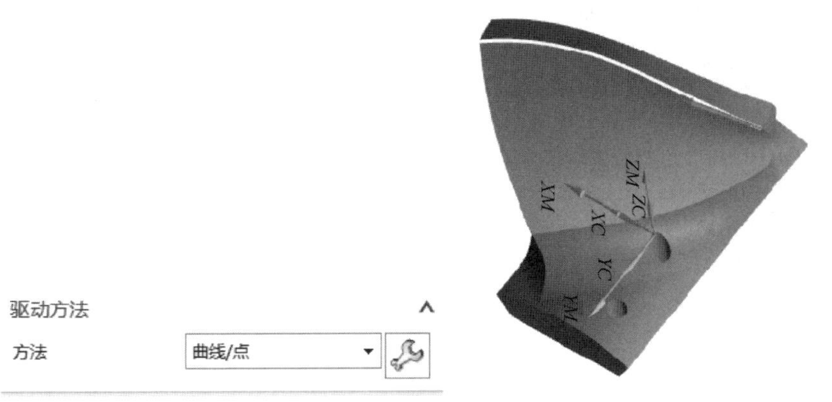

图 8.98　设置驱动方法

⑤ 生成刀具路径并验证　在“操作”对话框中完成参数设置后，单击该对话框底部“操作”选项组中的“生成”按钮，可生成该操作的刀具路径，如图 8.99 所示。

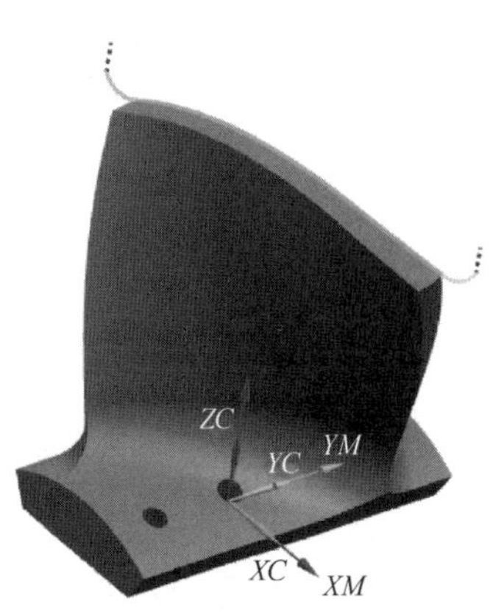

图 8.99　刀具路径

8.3　任务三：叶轮加工

8.3.1　零件加工工艺

(1) 叶轮零件（图 8.100）分析

① 叶轮的形状复杂，其叶片多为非可展扭曲直纹面，只能采用五坐标以上的机床进行加工。

② 叶轮相邻叶片的空间较小，而且在径向上随着半径

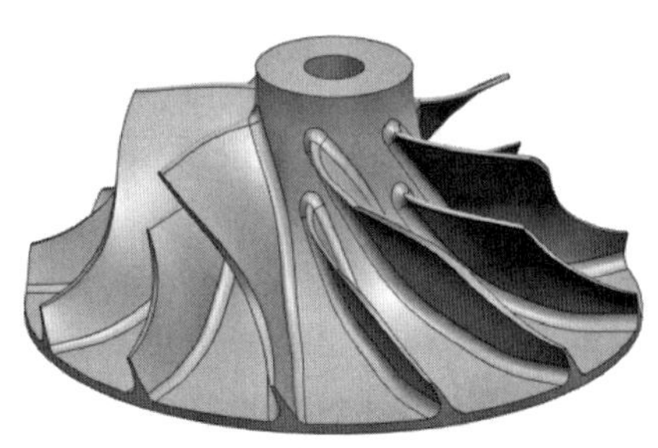

图 8.100　叶轮零件图

的减小通道越来越窄，因此，加工叶轮叶片曲面时，除了刀具与被加工叶片之间发生干涉外，刀具极易与相邻叶片发生干涉。

③ 由于叶轮叶片的厚度较薄，在加工过程中存在比较严重的弹塑性变形。

④ 刀位规划时的约束条件多，自动生成无干涉刀位轨迹较困难。

⑤ 叶轮的技术要求内容与常规零件相同，包括形状、尺寸、位置、表面粗糙度等。为了获得良好的启动性能，叶轮表面必须具有良好的光顺性，精度要求集中于叶片、轮毂的表面与叶根圆角处，表面粗糙度要求小于 $Ra1.6\mu m$。

(2) 毛坯选用

零件材料为 A2618 航空铝合金，尺寸为 ϕ130mm×80mm。零件毛坯已经在数控车床上加工完成。

(3) 叶轮加工工艺

第 1 道工序：叶轮毛坯粗加工。

第 2 道工序：叶轮流道粗加工。

第 3 道工序：叶轮流道精加工。

第 4 道工序：叶轮叶片精加工。

第 5 道工序：叶轮圆角精加工。

8.3.2 叶轮对刀

对刀如图 8.101 所示，叶轮各部分名称见图 8.102。

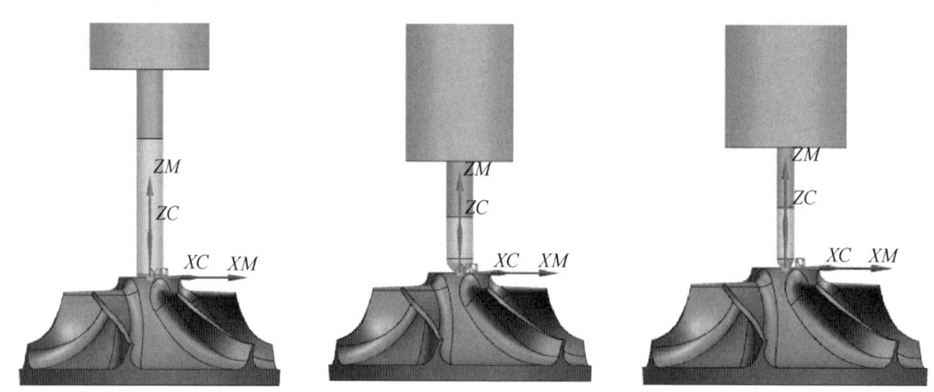

图 8.101　对刀示意图

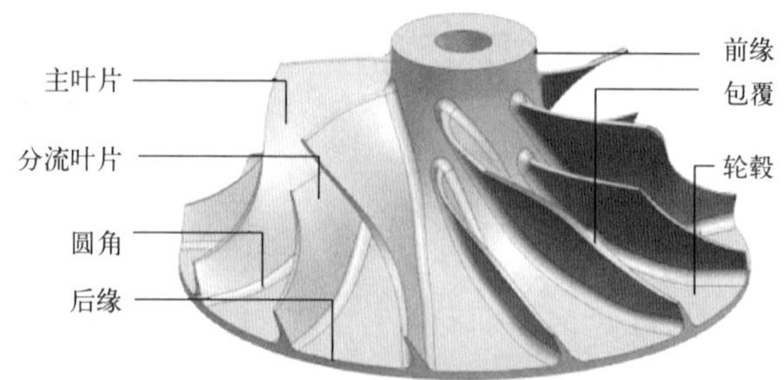

图 8.102　叶轮各部分名称

T1：D10R1 圆鼻刀；T2：D10R5 球铣刀；T3：D6R3 球铣刀。

刀具在对刀时，采用绝对对刀方式，均采用找上平面中心位置，作为编程原点。

8.3.3　UG 编程

(1) 操作步骤 1 准备毛坯

① 创建刀具组　创建铣刀。具体操作步骤如下：

单击创建刀具按钮，弹出“创建刀具”对话框。在“类型”下拉列表中选择“mill_contour”，“刀具子类型”选择 MILL 图标，在“名称”文本框中输入 D10R1，单击“创建刀具”对话框中的“确定”按钮，弹出“铣刀-5 参数”对话框。

在“类型”下拉列表中选择“mill_multi_blade”，创建立球头铣刀 B10、B6，如图 8.103 所示。

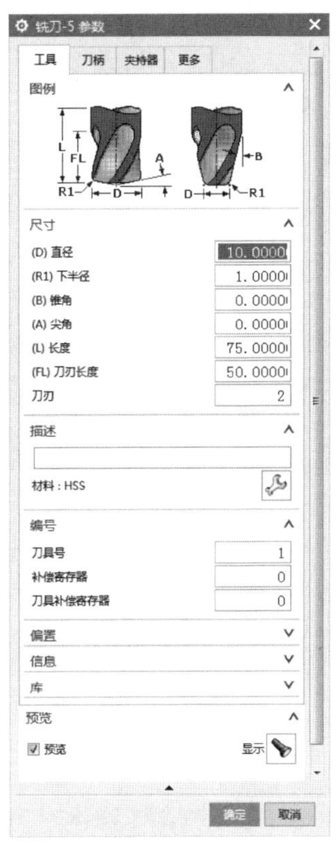

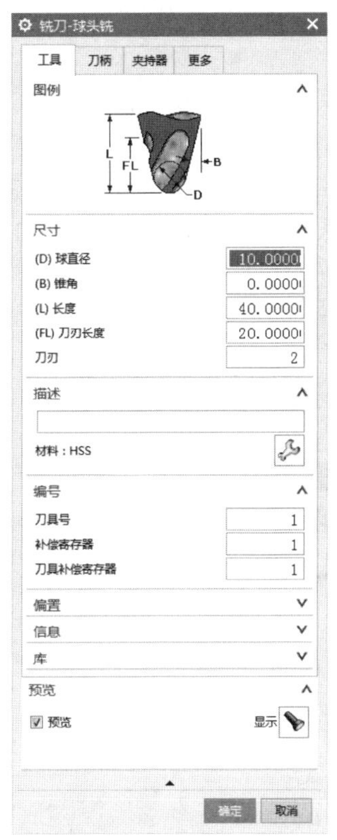

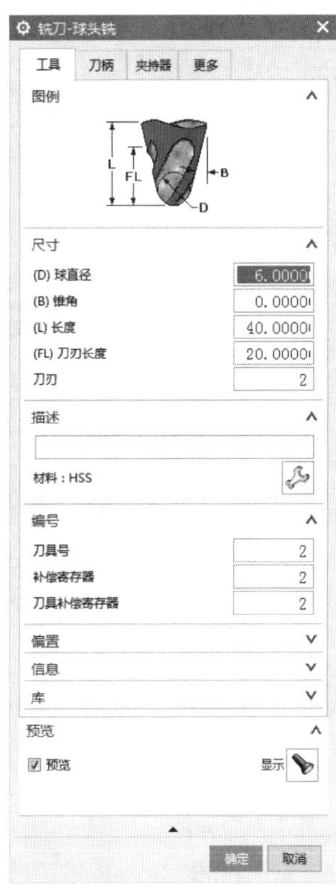

图 8.103　创建刀具

② 创建几何体

a. 指定部件，根据叶轮的轮廓建立一个毛坯模型，按切换隐藏按键 Ctrl+Shift+B，选中。

b. 毛坯几何体选择包容圆柱体，如图 8.104 所示。

③ 创建型腔铣工序

a. 单击插入工具栏上的创建工序按钮，弹出“创建工序”对话框。在“创建工序”对话框的“类型”下拉列表中选择“mill_contour”，“工序子类型”选择第 1 行第 1 个图标，“位置”选项组中“程序”选择“NC_PROGRAM”，“刀具”选择“D10R1”，“几何体”选择“WORKPIECE”，“方法”选择“MILL_SEMI_FINISH”，单击确定，如图 8.105

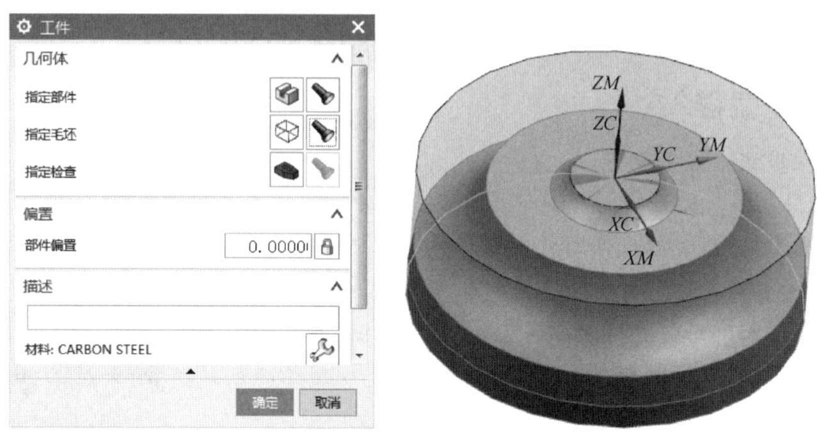

图 8.104　叶轮毛坯

所示。

b. 设置刀轴方向。“刀轴”选项组中选择“轴”为“＋ZM 轴”。

c. 设置刀轨参数。在“刀轨设置”选项组中设置相关参数，在“切削模式”下拉列表中选择“跟随周边”，“步距”选择刀具平直百分比，“平面直径百分比”输入 65，“公共每刀切削深度”选择“恒定”，“最大距离”输入 1，如图 8.106 所示。

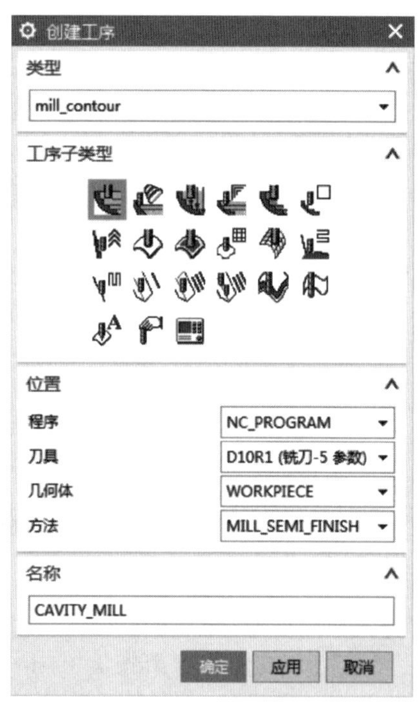

图 8.105　工序设置

图 8.106　刀轨参数设置

d. 设置切削参数。单击“刀轨设置”选项组中的“切削参数”按钮，弹出“切削参数”对话框，设置切削加工参数。单击“策略”选项卡，选择“切削方向”为“顺铣”，“切削顺序”为“层优先”，“刀路方向”为“自动”，其他参数设置如图 8.107 所示。单击“拐角”选项卡，选择“光顺”为“所有刀路”，选择“半径”为刀具的 50%，“步距限制”为 5.00000。

e. 单击“确定”按钮，完成切削参数的设置。

④ 设置非切削参数　单击“刀轨设置”选项组中的“非切削移动”按钮，弹出“非切削移动”对话框。

a. 单击“进刀”选项卡，在“封闭区域”选项组中，“进刀类型”设为“螺旋”，其他参数设置如图 8.108 所示。

b. 单击“退刀”选项卡，在“退刀”选项组的“退刀类型”下拉列表中选择“与进刀相同”。单击“非切削移动”对话框中的“确定”按钮，完成非切削参数的设置。

⑤ 设置进给参数　单击“刀轨设置”选项组中的“进给率和速度”按钮，弹出“进给率和速度”对话框。设置“主轴速度（rpm）”为 500.000，“切削”速度为 2000.000，单位为“mmpm”，其他参数设置如图 8.109 所示。

⑥ 生成刀具路径并验证　在“操作”对话框中完成参数设置后，单击该对话框底部“操作”选项组中的“生成”按钮，可生成该操作的刀具路径，如图 8.110 所示。

图 8.107　“策略”设置

图 8.108　非切削移动中的“进刀”“退刀”设置

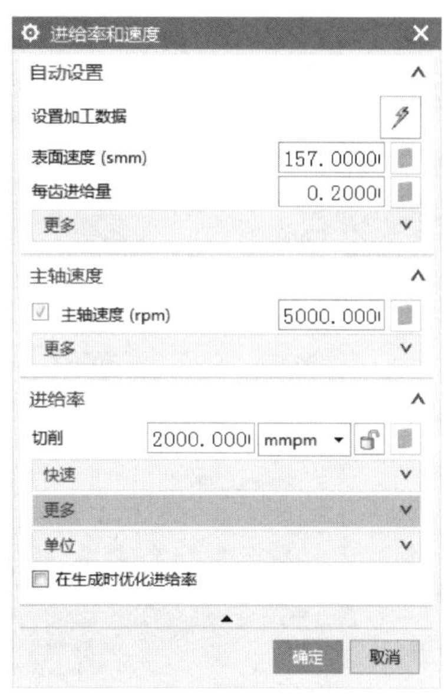

图 8.109　进给率和速度设置

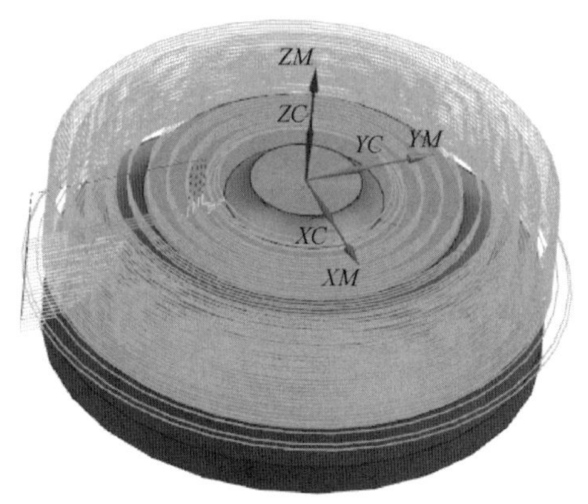

图 8.110　刀具路径

(2) 操作步骤 2 叶轮粗加工

① 创建叶片几何体

具体操作步骤如下：

单击插入工具栏上的创建工序按钮，弹出“创建几何体”对话框。在“创建几何体”对话框的“类型”下拉列表中选择“mill_multi_blade”，建立“WORKPIECE”，选中叶轮毛坯作为毛坯，叶轮作为部件，如图 8.111 所示。

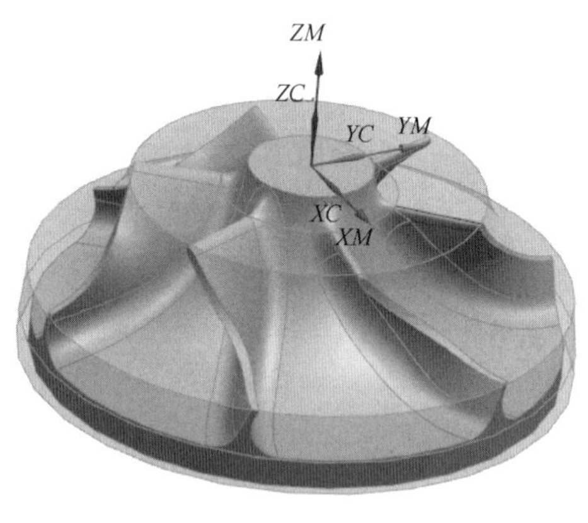

图 8.111　指定部件及叶片毛坯

在“创建几何体”对话框的“类型”下拉列表中选择“mill_multi_blade”，“几何体子类型”选择第 3 个图标，“位置”选项组中选择“WORKPIECE”，在“名称”文本框中输入“MULTI_BLADE_GEOM”，如图 8.112 所示。

双击“几何视图”中的“MULTI_BLADE_GEOM”，弹出定义对话框，如图 8.113 所示，根据图 8.102 选中各个位置，完成多叶片几何体的定义，见图 8.114。

② 创建多叶片粗铣工序

图 8.112　叶片几何体

图 8.113　多叶片几何体

a. 单击插入工具栏上的创建工序按钮，弹出“创建工序”对话框。在“创建工序”对话框的“类型”下拉列表中选择“mill_multi_blade”，“工序子类型”选择第 1 行第 1 个图标，“位置”选项组中“程序”选择“NC_PROGRAM”，“刀具”选择“B10”，“几何体”选择“MULTI_BLADE_GEOM”，“方法”选择“MILL_SEMI_FINISH”，在“名称”文本框中输入“叶片粗加工”。

b. 单击“确定”按钮。

③ 设置驱动方法　点击修改轮毂粗加工按钮，调出参数设置对话框，按照图 8.115 进行设置。

④ 设置切削层参数　单击“刀轨设置”选项组中的“切削层”按钮，弹出“切削层”对话框，设置切削层参数，深度模式选择“从包覆插补至轮毂”，每刀切削深度“恒定”，距离为“30％刀具”，如图 8.116 所示。

⑤ 设置切削参数　单击“刀轨设置”选项组中的“切削参数”按钮，弹出“切削参数”对话框，设置切削加工参数保持为默认状态即可。

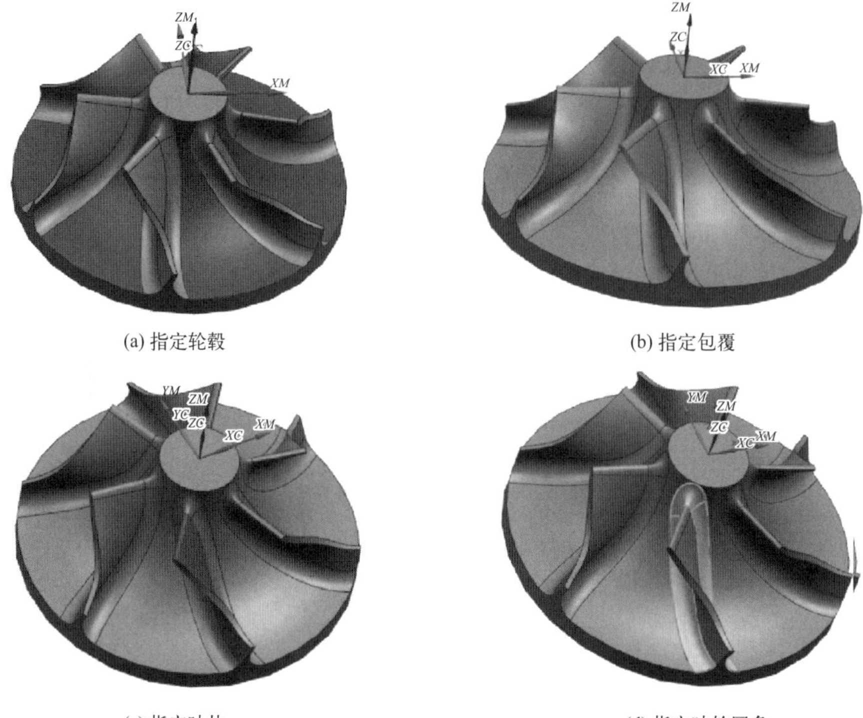

(a) 指定轮毂　　(b) 指定包覆

(c) 指定叶片　　(d) 指定叶轮圆角

图 8.114　定义多叶片几何体

图 8.115　设置驱动参数

图 8.116　设置切削层参数

⑥ 设置非切削参数　单击“刀轨设置”选项组中的“非切削移动”按钮，弹出“非切削移动”对话框。

a. 单击“光顺”选项卡，选中“替代为光顺连接”，“光顺长度”设为“50%刀具”，“光顺高度”设为“15%刀具”，“最大步距”为“2500%刀具”，其他参数设置如图 8.117 所示。

b. 单击“进刀”选项卡，在“开放区域”选项组中，“进刀类型”设为“光顺”。

c. 单击“退刀”选项卡，在“退刀”选项组的“退刀类型”下拉列表中选择“与进刀相同”。单击“非切削移动”对话框中的“确定”按钮，完成非切削参数的设置，如图 8.118 所示。

⑦ 设置进给参数　单击“刀轨设置”选项组中的“进给率和速度”按钮，弹出“进给率和速度”对话框。设置“主轴速度（rpm）”为 6000.000，“切削”速度为 1500.000，单位为“mmpm”，其他参数设置如图 8.119 所示。

图 8.117　“光顺”参数

图 8.118　非切削移动中的“进刀”“退刀”设置

⑧ 生成刀具路径并验证　在“操作”对话框中完成参数设置后，单击该对话框底部“操作”选项组中的“生成”按钮，可生成该操作的刀具路径，如图 8.120 所示。

⑨ 复制刀具路径并验证　在工序导航图刀轨点击右键选择“对象”，选择“变换”。“变换”对话框中完成参数设置后，单击该对话框底部“确定”，复制 5 个刀具路径，如图 8.121 所示，加上原有的刀轨一共是 6 个刀轨。

（3）操作步骤 3 叶轮轮毂精加工

① 创建轮毂精加工工序

a. 单击插入工具栏上的创建工序按钮，弹出“创建工序”对话框。在“创建工序”对话框的“类型”下拉列表中选择“mill_multi_blade”，“工序子类型”选择第 1 行第 2 个图标，“位置”选项组中“程序”选择“NC_PROGRAM”，“刀具”选择“B10”，“几何体”选择“MULTI_BLADE_GEOM”，“方法”选择“MILL_FINISH”，在“名称”文本框中输入“轮毂精加工”，如图 8.122 所示。

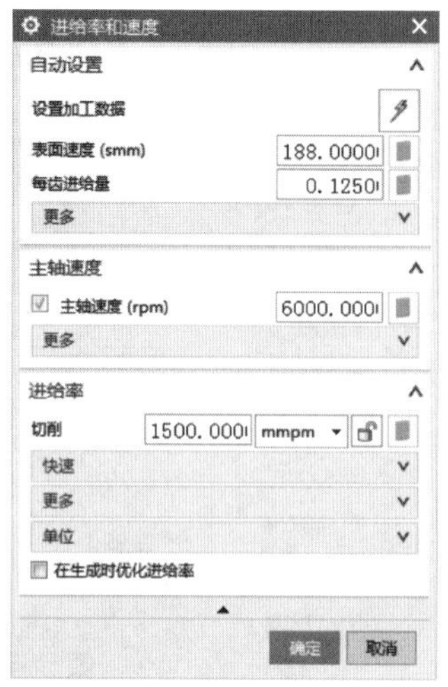

图 8.119　进给率和速度设置

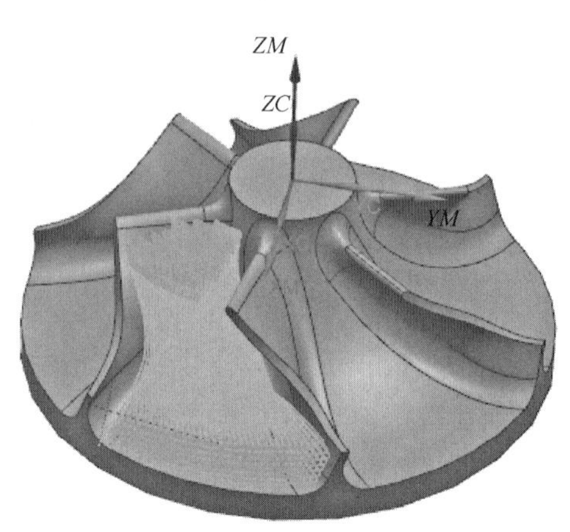

图 8.120　刀具路径

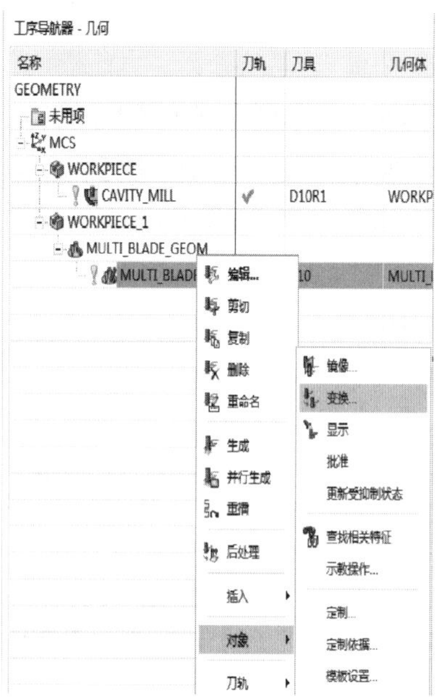

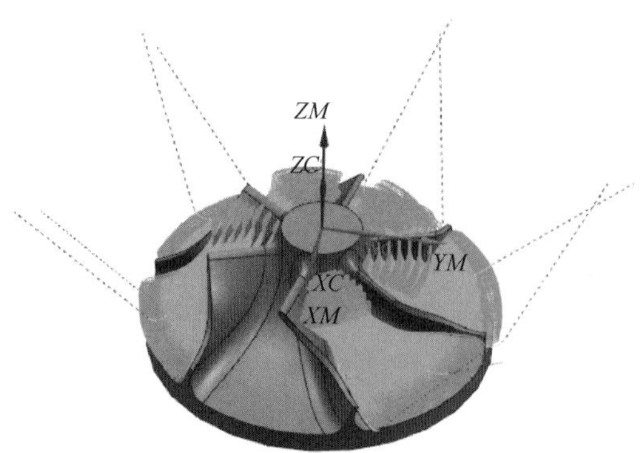

图 8.121　复制刀轨

b. 单击“确定”按钮。

② 设置驱动方法　点击“轮毂精加工”按钮，调出参数设置对话框，按照图 8.123 进行设置。

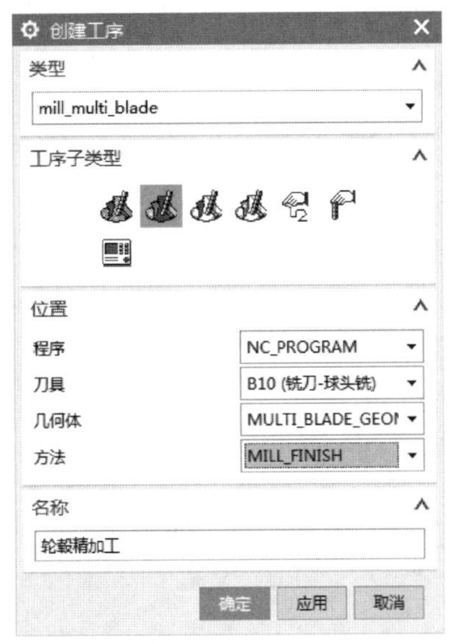

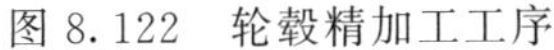

图 8.122　轮毂精加工工序

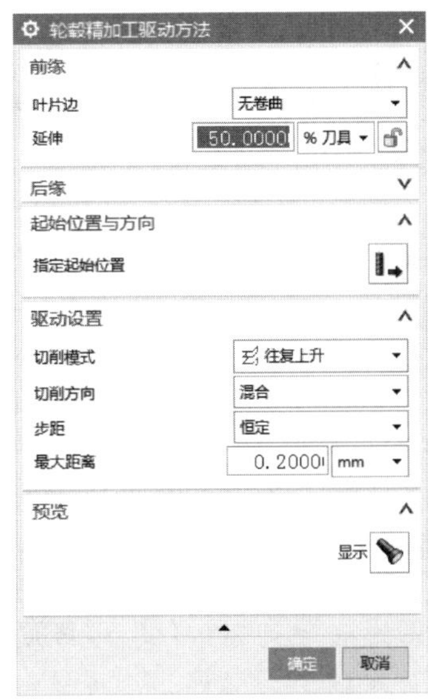

图 8.123　设置驱动参数

③ 设置切削参数　单击“刀轨设置”选项组中的“切削参数”按钮，弹出“切削参数”对话框，设置切削加工参数保持为默认状态即可。

④ 设置非切削参数　单击“刀轨设置”选项组中的“非切削移动”按钮，弹出“非切削移动”对话框。

a. 单击“光顺”选项卡，选中“替代为光顺连接”，“光顺长度”设为“50％刀具”，“光顺高度”设为“15％刀具”，“最大步距”为“2500％刀具”，其他参数设置如图 8.124 所示。

图 8.124　“光顺”参数

b. 单击“进刀”选项卡，在“开放区域”选项组中，“进刀类型”设为“光顺”。

c. 单击“退刀”选项卡，在“退刀”选项组的“退刀类型”下拉列表中选择“光顺”。单击“非切削移动”对话框中的“确定”按钮，完成非切削参数的设置，如图 8.125 所示。

图 8.125　非切削移动中的“进刀”“退刀”设置

⑤ 设置进给参数　单击“刀轨设置”选项组中的“进给率和速度”按钮，弹出“进给率和速度”对话框。设置“主轴速度（rpm）”为 6000.000，“切削”速度为 1500.000，单位为“mmpm”，其他参数设置如图 8.126 所示。

⑥ 生成刀具路径并验证　在“操作”对话框中完成参数设置后，单击该对话框底部“操作”选项组中的“生成”按钮，可生成该操作的刀具路径，如图 8.127 所示。

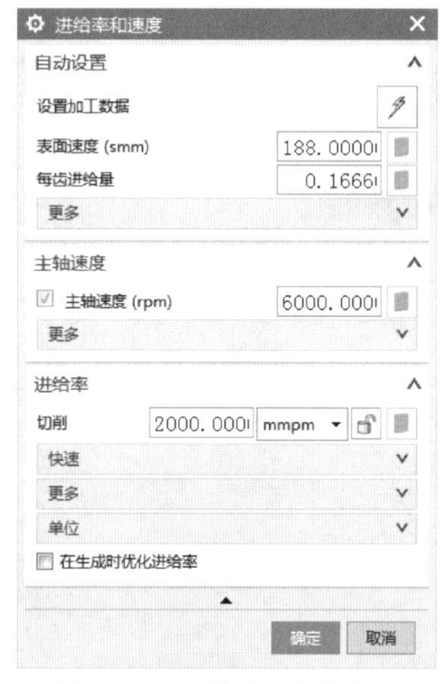

图 8.126　进给率和速度设置

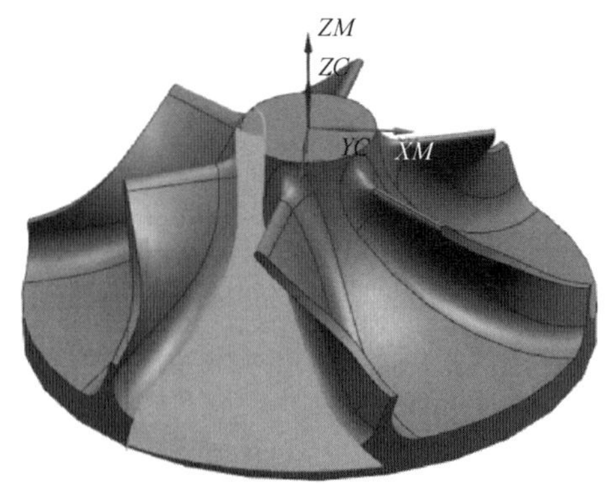

图 8.127　刀具路径

⑦ 复制刀具路径并验证　在工序导航图刀轨点击右键选择“对象”，选择“变换”。“变换”对话框中完成参数设置后，单击该对话框底部“确定”，复制 5 个刀具路径，如

图 8.128 所示。

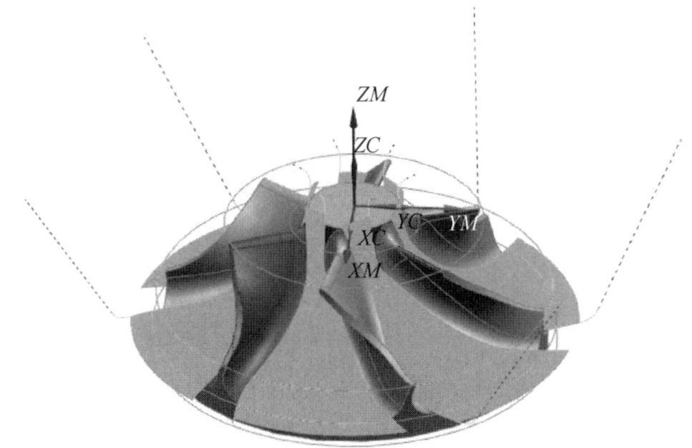

图 8.128　复制刀轨

(4) 操作步骤 4 叶片精加工

① 创建叶片精铣工序

a. 单击插入工具栏上的“创建工序”按钮，弹出“创建工序”对话框。在“创建工序”对话框的“类型”下拉列表中选择“mill_multi_blade”，“工序子类型”选择第 1 行第 3 个图标，“位置”选项组中“程序”选择“NC_PROGRAM”，“刀具”选择“B6”，“几何体”选择“MULTI_BLADE_GEOM”，“方法”选择“MILL_FINISH”，在“名称”文本框中输入“叶片精加工”，如图 8.129 所示。

b. 单击“确定”按钮。

② 设置驱动方法　点击“叶片精加工”按钮，调出参数设置对话框，按照图 8.130 进行设置。

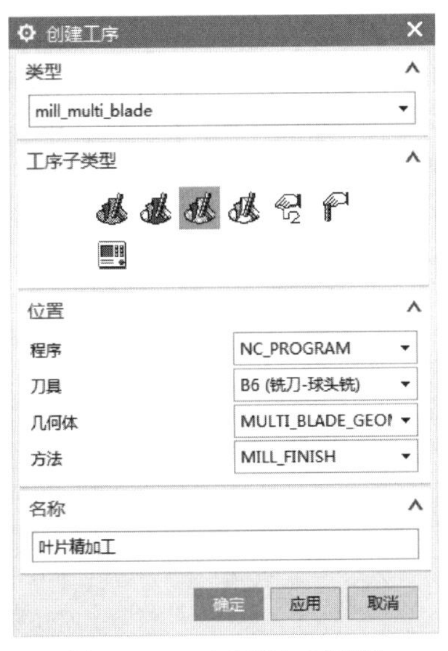

图 8.129　叶片精加工工序

图 8.130　设置驱动参数

③ 设置切削层参数　单击“刀轨设置”选项组中的“切削层”按钮，弹出“切削层”对话框，设置切削层参数，深度模式选择“从包覆插补至轮毂”，每刀切削深度“恒定”，距

离为“0.1mm”，如图 8.131 所示。

④ 设置切削参数　单击“刀轨设置”选项组中的“切削参数”按钮，弹出“切削参数”对话框，设置切削加工参数保持为默认状态即可。

⑤ 设置非切削参数　单击“刀轨设置”选项组中的“非切削移动”按钮，弹出“非切削移动”对话框。

a. 单击“光顺”选项卡，选中“替代为光顺连接”，“光顺长度”设为“50%刀具”，“光顺高度”设为“50%刀具”，“最大步距”为“2500%刀具”，其他参数设置如图 8.132 所示。

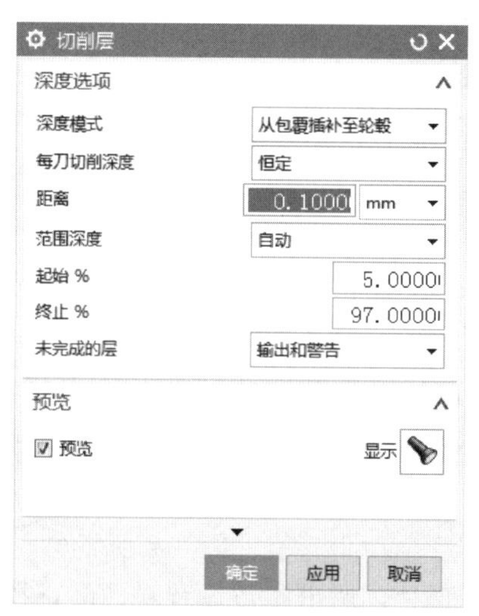

图 8.131　设置切削层参数

图 8.132　“光顺”参数

b. 单击“进刀”选项卡，在“开放区域”选项组中，“进刀类型”设为“光顺”。

c. 单击“退刀”选项卡，在“退刀”选项组的“退刀类型”下拉列表中选择“光顺”。单击“非切削移动”对话框中的“确定”按钮，完成非切削参数的设置如图 8.133 所示。

⑥ 设置进给参数　单击“刀轨设置”选项组中的“进给率和速度”按钮，弹出“进给率和速度”对话框。设置“主轴速度（rpm）”为 8000.000，“切削”速度为 2000.000，

图 8.133　非切削移动中的“进刀”“退刀”设置

单位为“mmpm”，其他参数设置如图 8.134 所示。

⑦ 生成刀具路径并验证　在“操作”对话框中完成参数设置后，单击该对话框底部“操作”选项组中的“生成”按钮，可生成该操作的刀具路径，如图 8.135 所示。

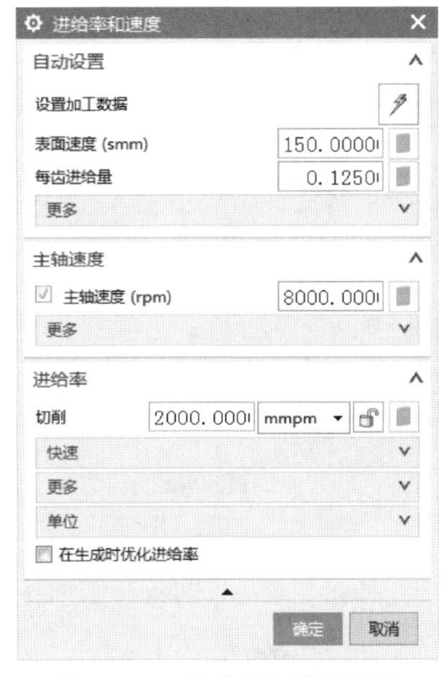

图 8.134　进给率和速度设置

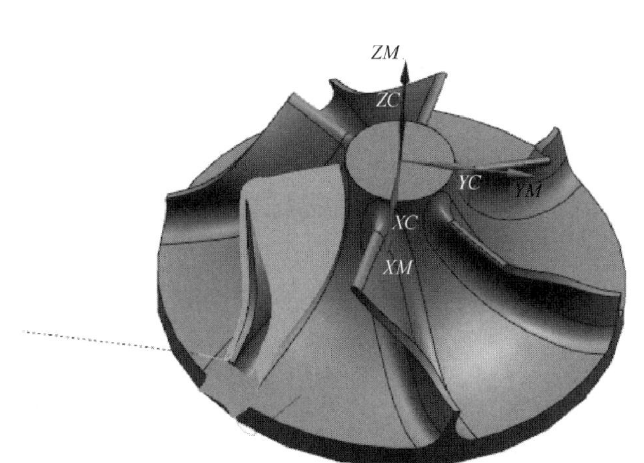

图 8.135　刀具路径

⑧ 复制刀具路径并验证　在工序导航图刀轨点击右键选择“对象”，选择“变换”。“变换”对话框中完成参数设置后，单击该对话框底部“确定”，复制 5 个刀具路径，如图 8.136 所示。

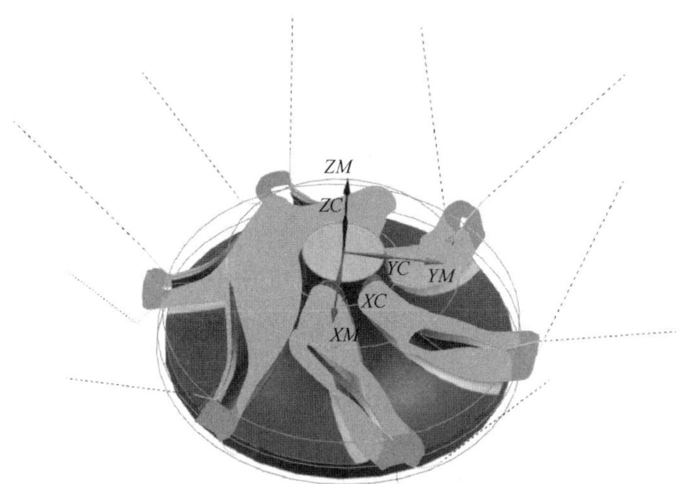

图 8.136　复制刀轨

(5) 操作步骤 5 叶轮圆角精加工

① 创建叶轮圆角精铣工序

a. 单击插入工具栏上的“创建工序”按钮，弹出“创建工序”对话框。在“创建工序”对话框的“类型”下拉列表中选择“mill_multi_blade”，“工序子类型”选择第 1 行第 4

个图标，“位置”选项组中“程序”选择“NC_PROGRAM”，“刀具”选择“B10”，“几何体”选择“MULTI_BLADE_GEOM”，“方法”选择“MILL_FINISH”，在“名称”文本框中输入“叶轮圆角精加工”，如图 8.137 所示。

b. 单击“确定”按钮。

② 设置驱动方法　点击修改叶片粗加工按钮，调出参数设置对话框，按照图 8.138 进行设置。

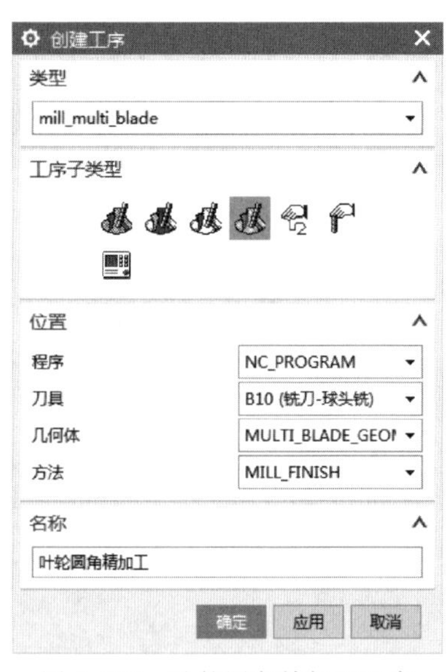

图 8.137　叶轮圆角精加工工序

图 8.138　设置驱动参数

③ 设置切削参数　单击“刀轨设置”选项组中的“切削参数”按钮，弹出“切削参数”对话框，设置切削加工参数保持为默认状态即可。

④ 设置非切削参数　单击“刀轨设置”选项组中的“非切削移动”按钮，弹出“非切削移动”对话框。

a. 单击“光顺”选项卡，选中替代为光顺连接，“光顺长度”设为“50% 刀具”，“光顺高度”设为“15%刀具”，“最大步距”为“50%刀具”，其他参数设置如图 8.139 所示。

b. 单击“进刀”选项卡，在“开放区域”选项组中，“进刀类型”设为“光顺”。

c. 单击“退刀”选项卡，在“退刀”选项组的“退刀类型”下拉列表中选择“光顺”。单击“非切削移动”对话框中的“确定”按钮，完成非切削参数的设置如图 8.140 所示。

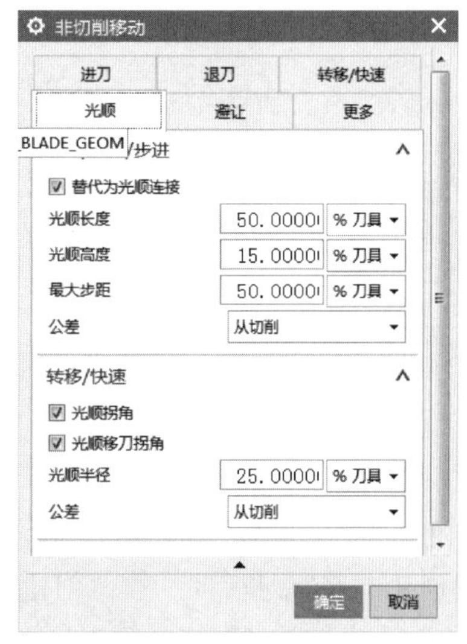

图 8.139　“光顺”参数

图 8.140　非切削移动中的“进刀”“退刀”设置

⑤ 设置进给参数　单击“刀轨设置”选项组中的“进给率和速度”按钮，弹出“进给率和速度”对话框。设置“主轴速度（rpm）”为 6000.000，“切削”速度为 2000.000，单位为“mmpm”，其他参数设置如图 8.141 所示。

⑥ 生成刀具路径并验证　在“操作”对话框中完成参数设置后，单击该对话框底部“操作”选项组中的“生成”按钮，可生成该操作的刀具路径，如图 8.142 所示。

图 8.141　进给率和速度设置

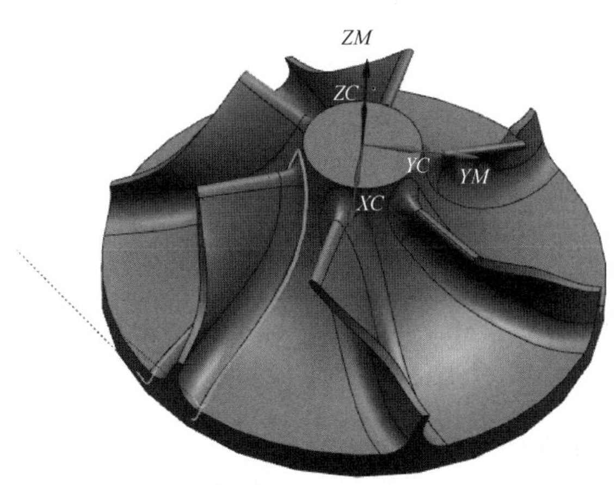

图 8.142　刀具路径

⑦ 复制刀具路径并验证　在工序导航图刀轨点击右键选择“对象”，选择“变换”。“变换”对话框中完成参数设置后，单击该对话框底部“确定”，复制 5 个刀具路径，如图 8.143 所示。

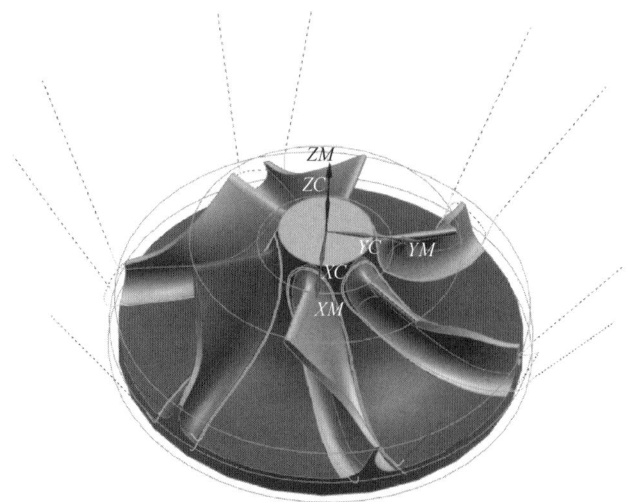

图 8.143　复制刀轨

8.4　任务四：五角星零件加工

五角星零件如图 8.144 所示。

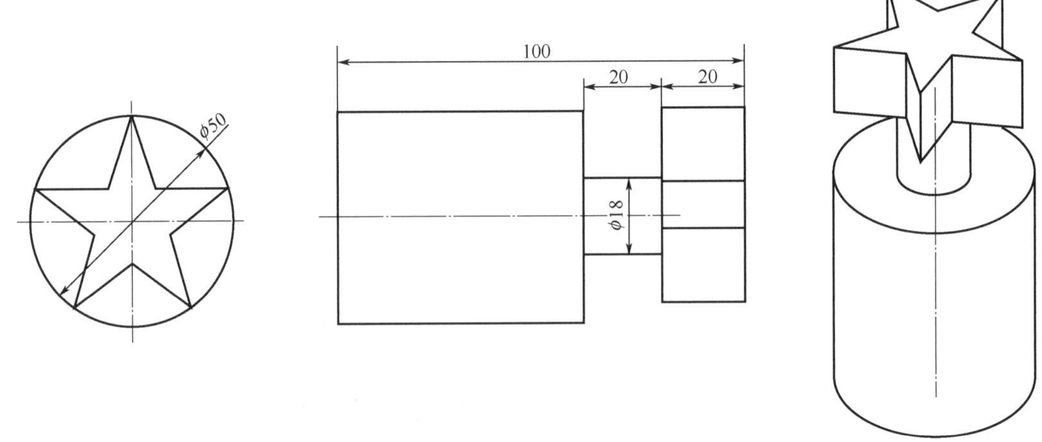

图 8.144　五角星零件

该零件材质为 2A12，其中 ϕ18×20 在车床上完成。

8.4.1　五角星零件的工艺分析

(1) 确定定位基准

工件坐标系选择在五角星圆柱体中心线，即 X、Y 选择在工件的回转中心，Z 选择在五角星上端面。采用四轴数控加工中心加工，使用 A 轴转台装夹工件 ϕ50 位置。

(2) 工艺方案

通过对 3D 模型的分析，在工艺分析的基础上，从实际出发制订工艺方案。以 2 道工序完成工件的全部加工内容。

第 1 道工序：五角星粗加工。

第 2 道工序：五角星精加工。

8.4.2　对刀

对刀示意图见图 8.145。

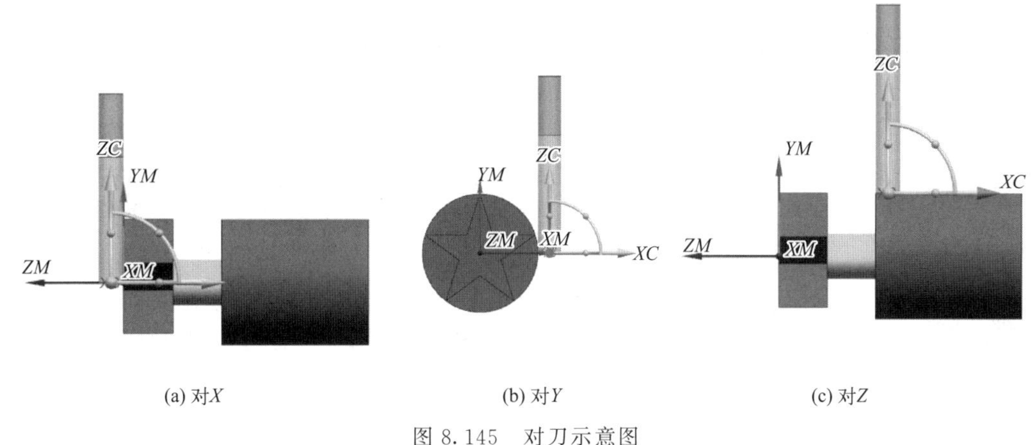

图 8.145　对刀示意图

T1：ϕ10 立铣刀

本例中工件毛坯采用安装孔固定在底座上，以便于加工。

刀具在对刀时，采用绝对对刀方式，均采用上平面中心位置作为编程原点。

8.4.3　UG 编程

(1) 操作步骤 1 创建加工父级组

① 创建加工几何组　设置加工坐标系。具体操作步骤如下：

双击工序导航器中的 MCS 图标 MCS_MILL，设置安全平面。在“MCS”对话框中，在“安全设置”选项组的“安全设置选项”下拉列表中选择“圆柱”，半径距离为“50”，如图 8.146 所示。

② 创建刀具组　创建铣刀。具体操作步骤如下：

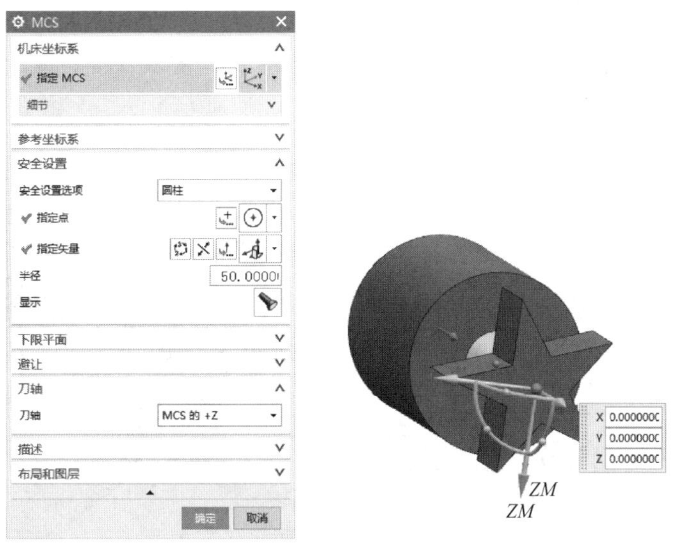

图 8.146　MCS 设置

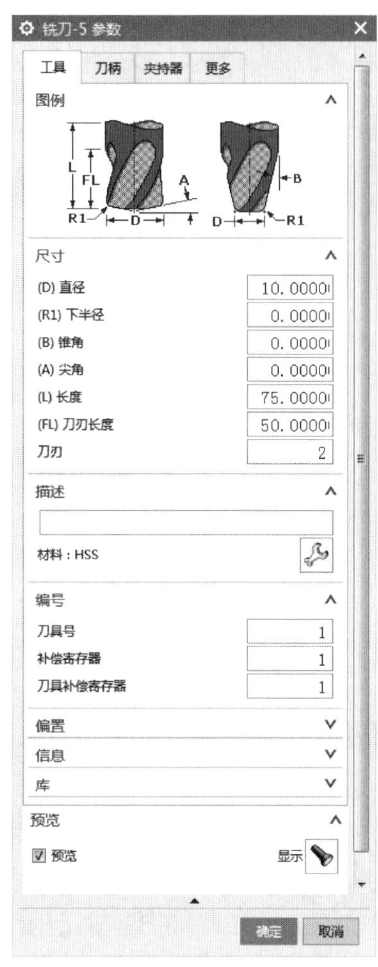

图 8.147　创建刀具

单击创建刀具按钮，弹出“创建刀具”对话框。在“类型”下拉列表中选择“mill_planar”，“刀具子类型”选择 MILL 图标，在“名称”文本框中输入 D10，单击“创建刀具”对话框中的“确定”按钮，弹出“铣刀-5 参数”对话框，见图 8.147。

（2）操作步骤 2 五角星粗加工

① 创建底壁铣工序

a. 单击插入工具栏上的创建工序按钮，弹出“创建工序”对话框。在“创建工序”对话框的“类型”下拉列表中选择“mill_planar”，“工序子类型”选择第 1 行第 1 个图标，“位置”选项组中“程序”选择“NC_PROGRAM”，“刀具”选择“D10”，“几何体”选择“MCS”，“方法”选择“MILL_SEMI_FINISH”，在“名称”文本框中输入“轮廓粗加工 1”。

b. 单击“确定”按钮。

② 制定切削部件　选中整个模型作为切削部件。

③ 选择铣削区域底面　在“几何体”选项组的“指定切削区底面”选项后单击“选择或编辑切削区域几何体”按钮，弹出“切削区域”对话框，选择图 8.148 所示区域作为切削区域，单击“确定”按钮。

④ 选择壁几何体　点击“几何体”选项组的“壁几何体”按钮，弹出“壁几何体”对话框，选择图 8.149 所示区域作为壁几何体，单击“确定”按钮。

⑤ 设置刀轴方向　“刀轴”选项组中选择“轴”为“指定矢量”，选择“垂直于第一个面”。

⑥ 设置刀轨参数　在“刀轨设置”选项组中设置相关参数，在“切削区域空间范围”下拉列表中选择“底面”，“最大距离”选择刀具的 50%，

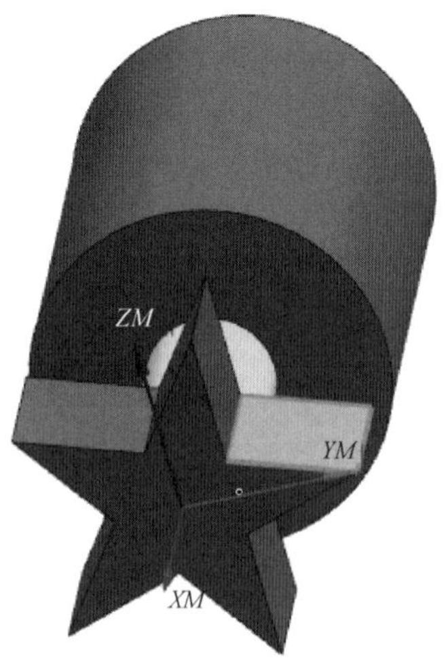

图 8.148　切削区域底面设置

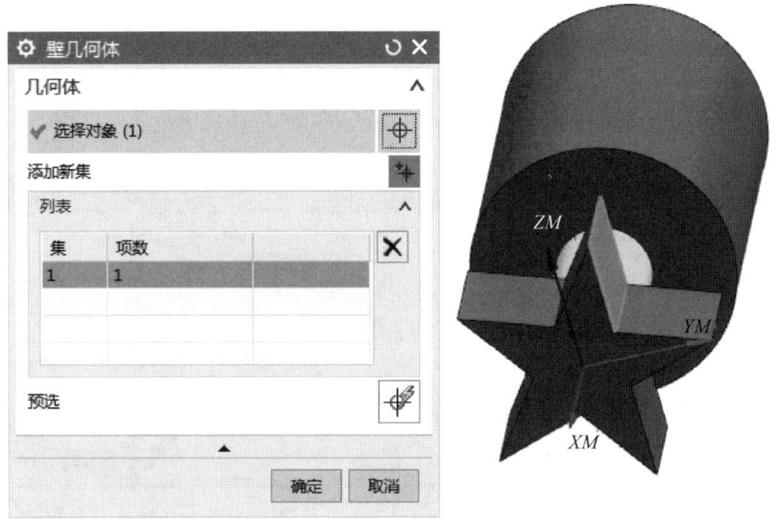

图 8.149　“壁几何体”设置

“底面毛坯厚度”输入 0.3，“每刀切削深度”输入 0.3，如图 8.150 所示。

图 8.150　设置刀轨参数

⑦ 设置切削参数　单击“刀轨设置”选项组中的“切削参数”按钮，弹出“切削参数”对话框，设置切削加工参数。

a. 单击“策略”选项卡，选择“切削方向”为“顺铣”，“切削角”为“自动”，其他参数设置如图 8.151 所示。

b. 单击“拐角”选项卡，选择“光顺”为“None”，其他参数设置如图 8.152 所示。

c. 单击“确定”按钮，完成切削参数的设置。

⑧ 设置非切削参数　单击“刀轨设置”选项组中的“非切削移动”按钮，弹出“非切削移动”对话框。

a. 单击“进刀”选项卡，设置进刀参数。

b. 单击“退刀”选项卡，在“退刀”选项组的“退刀类型”下拉列表中选择“与进刀相同”，如图 8.153 所示。

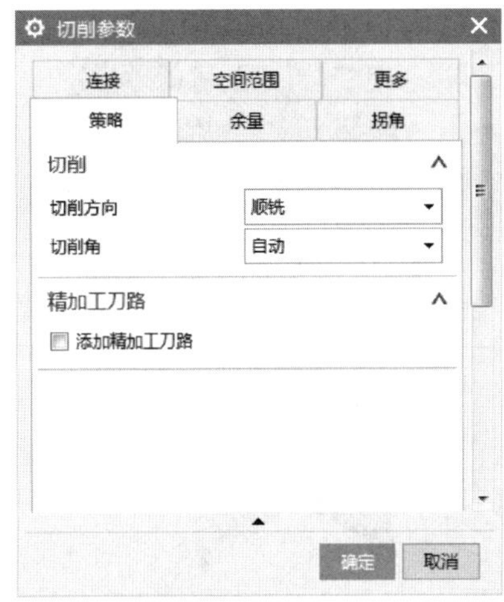

图 8.151　“策略”参数

图 8.152　“拐角”参数

图 8.153　“进刀”“退刀”参数

c. 单击“非切削移动”对话框中的“确定”按钮，完成非切削参数的设置。

⑨ 设置进给参数　单击“刀轨设置”选项组中的“进给率和速度”按钮，弹出“进给率和速度”对话框。设置“主轴速度（rpm）”为 2000.000、“切削”速度为 1000.000，单位为“mmpm”，其他参数设置如图 8.154 所示。

⑩ 生成刀具路径并验证　在“操作”对话框中完成参数设置后，单击该对话框底部“操作”选项组中的“生成”按钮，可生成该操作的刀具路径，如图 8.155 所示。

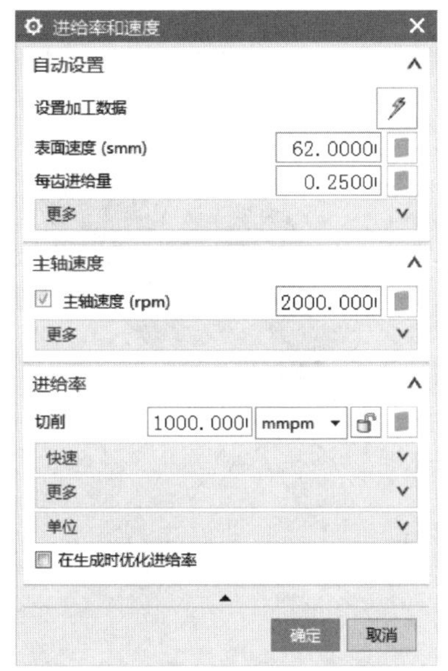

图 8.154　“进给率和速度”参数设置

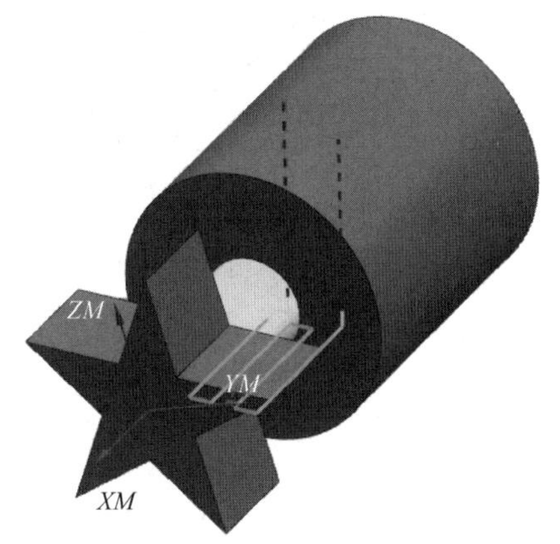

图 8.155　刀具路径

⑪ 复制刀具路径

a. 在工序导航器的“轮廓粗加工 1”工序上，单击鼠标右键，选择复制。

b. 在新生成的工序，右击鼠标右键，选择粘贴，得到复制刀轨，改工序名为“轮廓粗加工 2”，如图 8.156 所示。

c. 双击“轮廓粗加工 2”工序，对其加工参数进行重新调整。

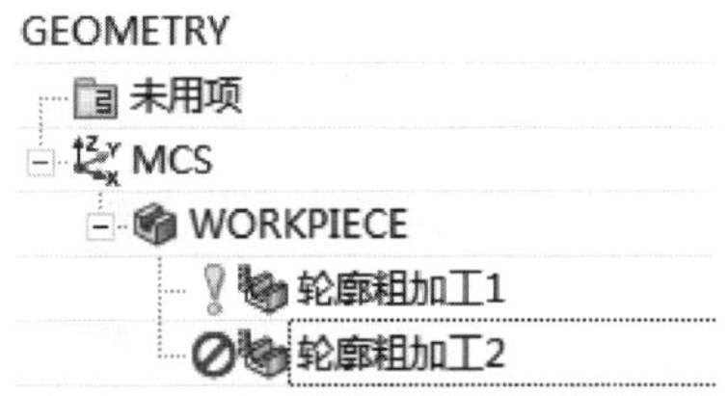

图 8.156　复制刀轨

⑫ 选择壁几何体　点击“几何体”选项组的“壁几何体”按钮，弹出“壁几何体”对话框，选择图 8.157 所示区域作为壁几何体，单击“确定”按钮。

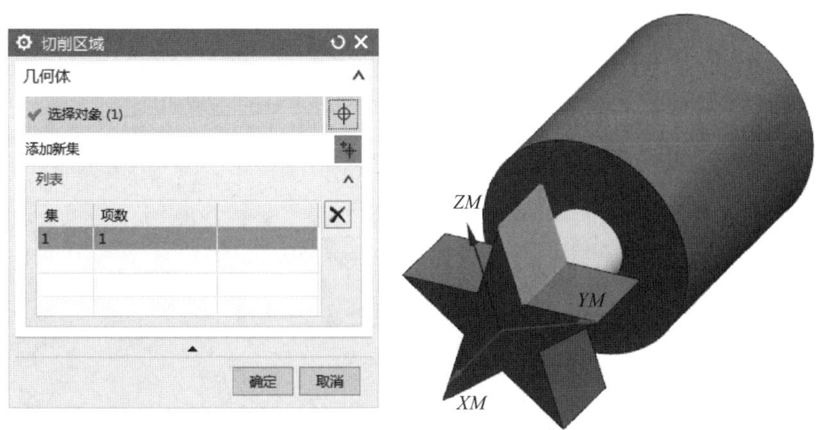

图 8.157　“壁几何体”设置

⑬ 生成刀具路径并验证　在“操作”对话框中完成参数设置后，单击该对话框底部“操作”选项组中的“生成”按钮，可生成该操作的刀具路径，如图 8.158 所示。

⑭ 变换刀轨　在工序导航图刀轨点击右键选择“对象”，选择“变换”。“变换”对话框中完成参数设置后，单击该对话框底部“确定”，复制 4 个刀具路径，如图 8.159 所示。

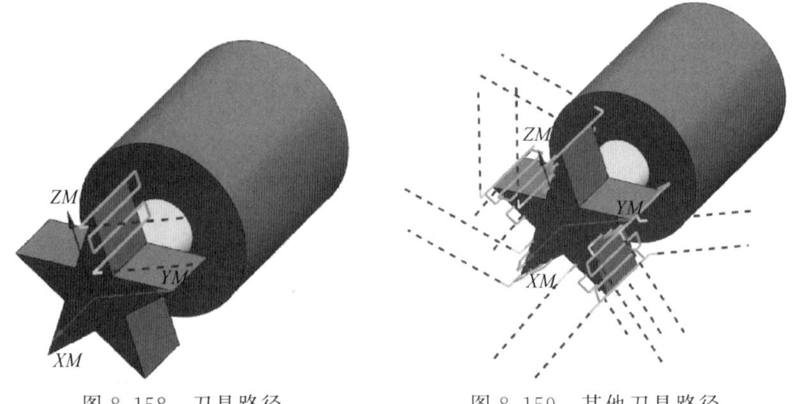

图 8.158　刀具路径　　　　图 8.159　其他刀具路径

(3) 操作步骤 3 五角星精加工

① 复制后调整加工方法“MILL_FINISH”。

② 调整转速和进给率，设置“主轴速度（rpm）”为 5000.000，“切削”速度为 2000.000，单位为“mmpm”，生成两个精加工程序。

③ 将 2 个精加工程序进行变换，变换为 5 份，仿真加工如图 8.160 所示。

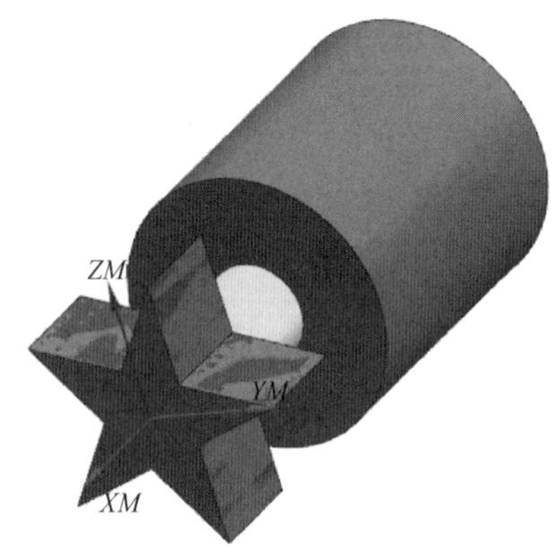

图 8.160　仿真结果

附录

附录1　1+X等级考试初级样题

多轴数控加工职业技能等级实操考核
任务书
（初级）

一、考核要求

1. CAD/CAM软件由考点提供，考生不得使用自带软件；考生根据清单自带刀具、夹具、量具、工具等，禁止使用清单中所列规格之外的刀具，否则考核师有权决定终止考核。

2. 考生考核场次和考核工位由考点统一安排。

3. 考核时间为连续180分钟。

4. 考生按规定时间到达指定地点，凭身份证进入考场。

5. 考生考核前15分钟进入考核工位，清点工具，确认现场条件无误；考核时间到方可开始操作。考生迟到15分钟取消考核资格。

6. 考生不得携带通信工具和其他未经允许的资料、物品进入考核场地，不得中途退场。如出现较严重的违规、违纪、舞弊等现象，考核师有权取消考核成绩。

7. 考生自备劳保用品（工作服、安全鞋、安全帽、防护镜），考核时应按照专业安全操作要求穿戴个人劳保防护用品，并严格遵照操作规程进行考核，符合安全、文明生产要求。

8. 考生的着装及所带用具不得出现标识。

9. 考核时间为连续进行，包括数控编程、零件加工、检测和清洁整理时间；考生休息、饮食和如厕时间都计算在考核时间内。

10. 考核过程中，考生须严格遵守相关操作规程，确保设备及人身安全，并接受考核师的监督和警示；如考生在考核中因违章操作出现安全事故，取消考核资格，成绩记零分。

11. 机床在工作中发生故障或产生不正常现象时应立即停机，保持现场，同时应立即报告当值考核师。

12. 考生完成考核项目后，提请考核师到工位处检查确认并登记相关内容，考核终止时间由考核师记录，考生签字确认；考生结束考核后不得再进行任何操作。

13. 考生不得擅自修改数控系统内的机床参数。

14. 考核师在考核结束前15分钟对考生作出提示。当听到考核结束指令时，考生应立即停止操作，不得以任何理由拖延考核时间。离开考核场地时，不得将草稿纸等与考核有关的物品带离考核现场。

二、考核内容

考试现场操作的方式，以批量加工中试切件为考核项目，根据零件图纸要求，以现场操作的方式，运用手工和CAD/CAM软件进行加工程序编制，操作多轴数控机床和其他工具，完成零件的加工和装配。具体完成以下考核任务：

1. 职业素养与文明生产。(10 分)
2. 执行数控加工工艺过程卡，完成图纸零件的数控加工。(6 分)
3. 零件编程及加工：(84 分)
(1) 按照任务书要求，完成零件的加工。(20 分)
(2) 零件主要尺寸精度、表面粗糙度达到合格要求。(60 分)
(3) 根据自检表完成零件的部分尺寸自检。(4 分)

三、考核提供的考件及夹具要求

1. 毛坯选择 ϕ62×36、内孔 ϕ18 的精毛坯，材料为铝 2A12，如图 1 所示。

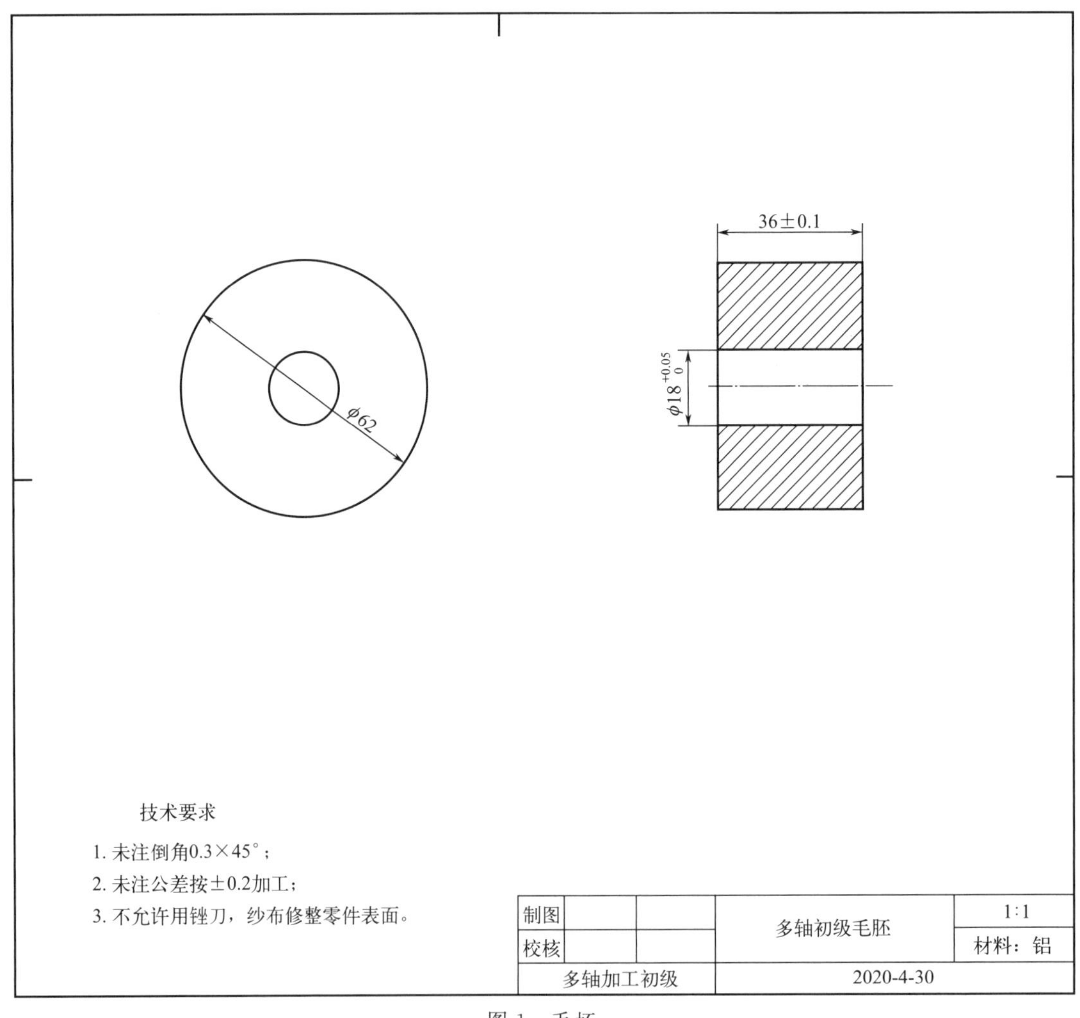

图 1　毛坯

注：每一名考生每次考试过程中只允许使用一个毛坯。
2. 考核点提供夹具（图 2）。

四、考核图纸

考核图纸见图 3。

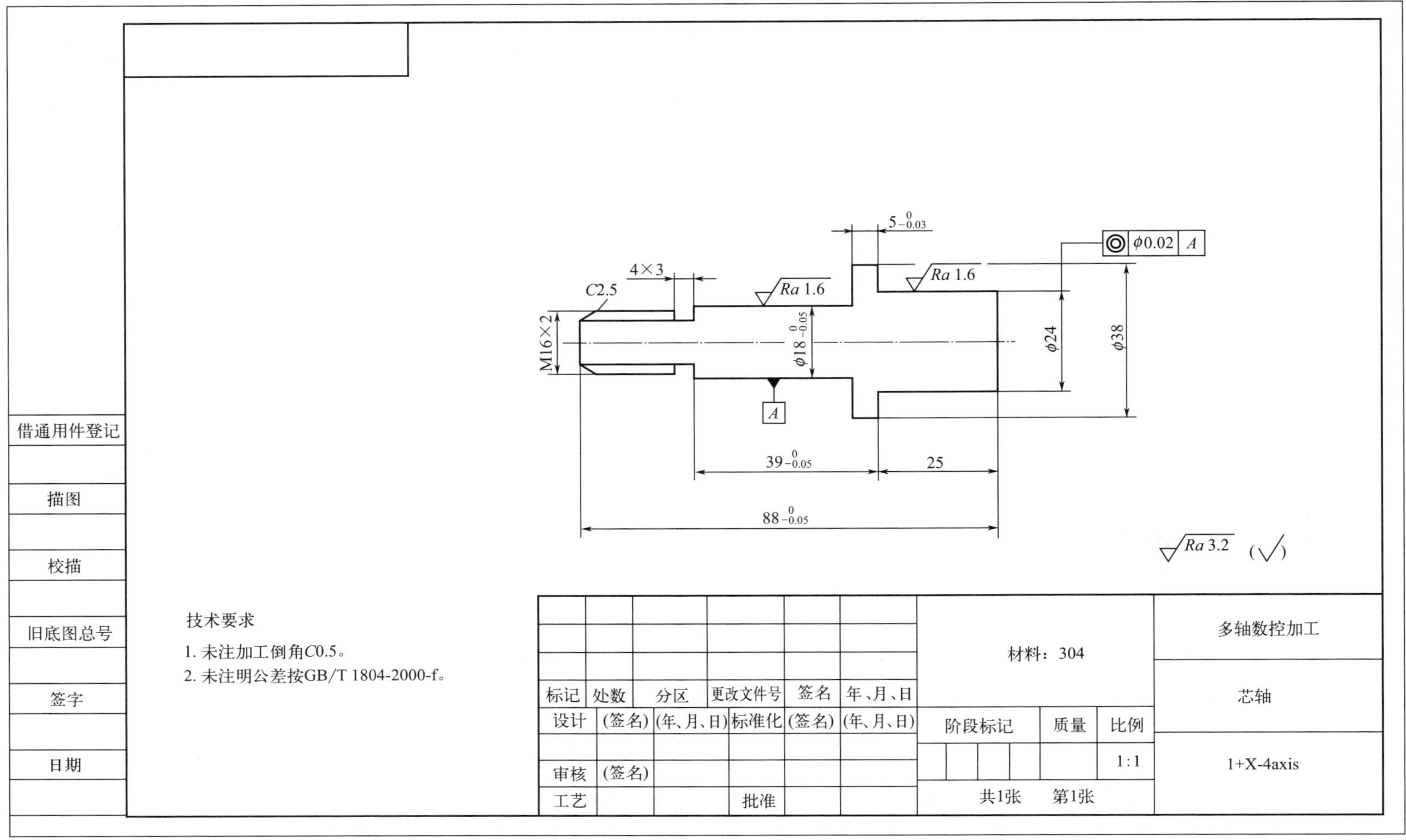

5-0.03
φ0.02 A
4×3
C2.5
Ra 1.6
Ra 1.6
M16×2
φ18-0.05
φ24
φ38
A
39-0.05
25
88-0.05
Ra 3.2 (√)
借通用件登记
描图
校描
旧底图总号
签字
日期
技术要求
1. 未注加工倒角C0.5。
2. 未注明公差按GB/T 1804-2000-f。
标记
处数
分区
更改文件号
签名
年、月、日
设计
(签名)
(年、月、日)
标准化
(签名)
(年、月、日)
审核
(签名)
工艺
批准
材料：304
阶段标记
质量
比例
1:1
共1张
第1张
多轴数控加工
芯轴
1+X-4axis

图 2　夹具

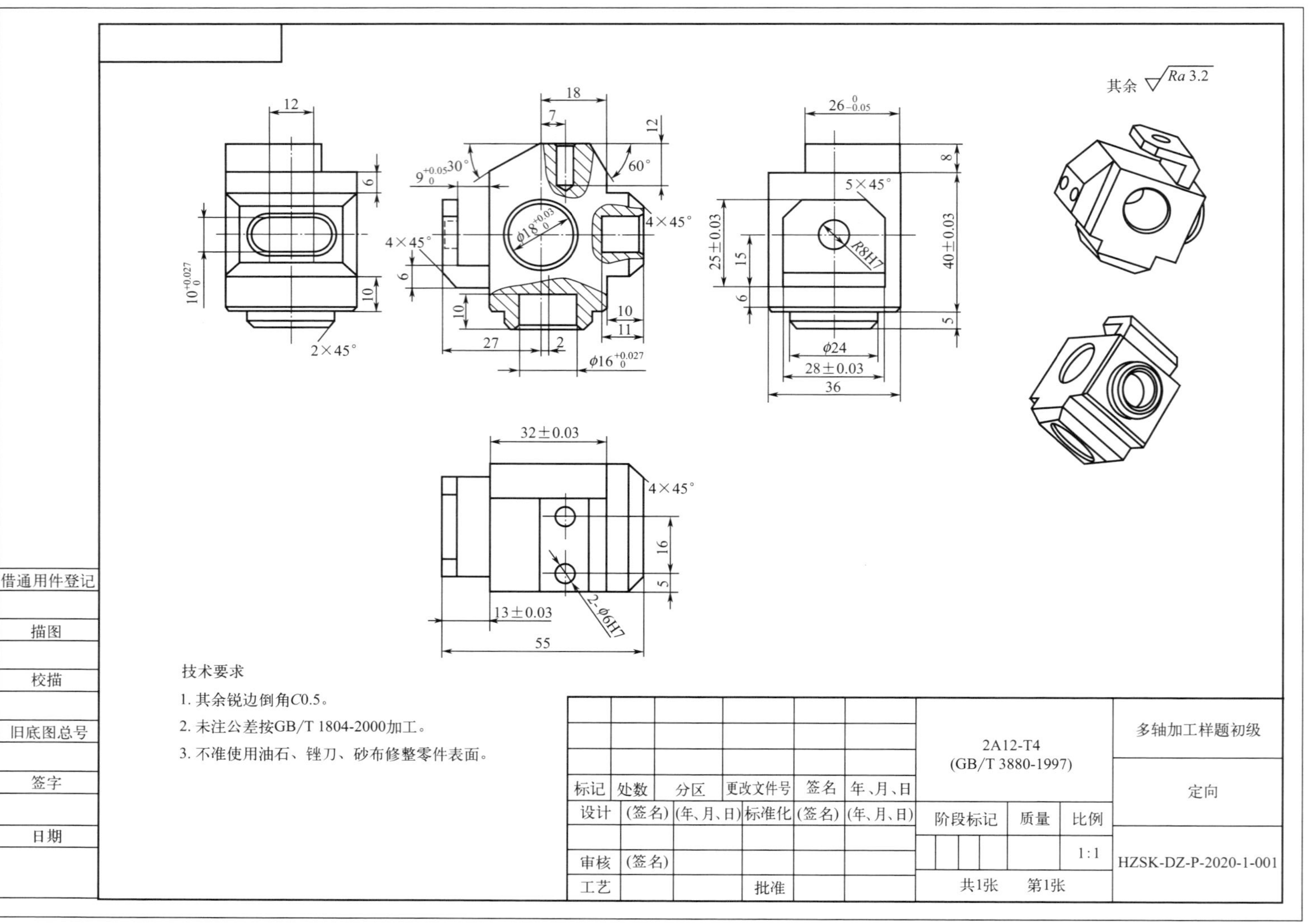
其余 Ra 3.2
技术要求
1. 其余锐边倒角C0.5。
2. 未注公差按GB/T 1804-2000加工。
3. 不准使用油石、锉刀、砂布修整零件表面。
2A12-T4
(GB/T 3880-1997)
多轴加工样题初级
定向
HZSK-DZ-P-2020-1-001
标记 处数 分区 更改文件号 签名 年、月、日
设计 (签名) (年、月、日) 标准化 (签名) (年、月、日)
审核 (签名)
工艺 批准
阶段标记 质量 比例
1:1
共1张 第1张
借通用件登记
描图
校描
旧底图总号
签字
日期

图 3　考核图纸

五、数控加工工艺过程卡

<table>
<tr><td rowspan="2">零件名称</td><td rowspan="2" colspan="2">多面体 1</td><td rowspan="2">数控加工
工艺过程卡</td><td>毛坯种类</td><td>圆料</td><td>共 1 页</td></tr>
<tr><td>材料</td><td>铝 2A12</td><td>第 1 页</td></tr>
<tr><td>工序号</td><td>工序名称</td><td colspan="3">工序内容</td><td>设备</td><td>工艺装备</td></tr>
<tr><td>1</td><td>备料</td><td colspan="3">毛坯选择 $\phi62\times36$ 内孔为 $\phi18$ 的精毛坯，材料为铝 2A12</td><td></td><td></td></tr>
<tr><td>2</td><td>多轴加工</td><td colspan="3">定向开粗，精铣侧壁、底面，加工 L 形凸台、键槽、十字凸台、外圆凸台，使其尺寸达到图纸要求</td><td>多轴机床</td><td>芯轴</td></tr>
<tr><td>3</td><td>多轴加工</td><td colspan="3">点孔及钻 $\phi8_{-0.02}^{0}$ 孔达到图纸要求及其倒角</td><td>多轴机床</td><td>芯轴</td></tr>
<tr><td>4</td><td>钳</td><td colspan="3">锐边倒钝，去毛刺</td><td>钳台</td><td>台虎钳</td></tr>
<tr><td>5</td><td>清洗</td><td colspan="3">用清洁剂清洗零件</td><td></td><td></td></tr>
<tr><td>6</td><td>检验</td><td colspan="3">按图样尺寸检测</td><td></td><td></td></tr>
<tr><td></td><td></td><td colspan="3"></td><td></td><td></td></tr>
<tr><td></td><td></td><td colspan="3"></td><td></td><td></td></tr>
<tr><td>编制</td><td></td><td>日期</td><td></td><td>审核</td><td>日期</td><td></td></tr>
</table>

六、零件自检表

<table>
<tr><td>零件名称</td><td colspan="4">多面体 1</td><td colspan="2">允许读数误差</td><td colspan="2">±0.007mm</td><td rowspan="3">考评员
评价</td></tr>
<tr><td rowspan="2">序号</td><td rowspan="2">项目</td><td rowspan="2">尺寸要求</td><td rowspan="2">使用的量具</td><td colspan="4">测量结果</td><td rowspan="2">项目判定</td></tr>
<tr><td>No. 1</td><td>No. 2</td><td>No. 3</td><td>平均值</td></tr>
<tr><td>1</td><td>长度</td><td>13±0.03</td><td></td><td></td><td></td><td></td><td></td><td>合否</td><td></td></tr>
<tr><td>2</td><td>长度</td><td>32±0.03</td><td></td><td></td><td></td><td></td><td></td><td>合否</td><td></td></tr>
<tr><td>3</td><td>外圆</td><td>$\phi18_{0}^{+0.03}$</td><td></td><td></td><td></td><td></td><td></td><td>合否</td><td></td></tr>
<tr><td colspan="3">结论（对上述三个测量尺寸进行评价）</td><td colspan="6">合格品　　次品　　废品</td><td></td></tr>
<tr><td colspan="2">处理意见</td><td colspan="7"></td><td></td></tr>
</table>

考核师签字：　　　　　　考生签字：

日期　　　　　　　　　　日期

附录2 1+X等级考试中级样题

多轴数控加工职业技能等级实操考核 任务书 （中级）

一、考核要求

1. CAD/CAM软件由考点提供，考生不得使用自带软件；考生根据清单自带刀具、夹具、量具、工具等，禁止使用清单中所列规格之外的刀具，否则考核师有权决定终止考核。

2. 考生考核场次和考核工位由考点统一安排。

3. 考核时间为连续240分钟。

4. 考生按规定时间到达指定地点，凭身份证进入考场。

5. 考生考核前15分钟进入考核工位，清点工具，确认现场条件无误；考核时间到方可开始操作。考生迟到15分钟取消考核资格。

6. 考生不得携带通信工具和其他未经允许的资料、物品进入考核场地，不得中途退场。如出现较严重的违规、违纪、舞弊等现象，考核师有权取消考核成绩。

7. 考生自备劳保用品（工作服、安全鞋、安全帽、防护镜），考核时应按照专业安全操作要求穿戴个人劳保防护用品，并严格遵照操作规程进行考核，符合安全、文明生产要求。

8. 考生的着装及所带用具不得出现标识。

9. 考核时间为连续进行，包括数控编程、零件加工、检测和清洁整理时间；考生休息、饮食和如厕时间都计算在考核时间内。

10. 考核过程中，考生须严格遵守相关操作规程，确保设备及人身安全，并接受考核师的监督和警示；如考生在考核中因违章操作出现安全事故，取消考核资格，成绩记零分。

11. 机床在工作中发生故障或产生不正常现象时应立即停机，保持现场，同时应立即报告当值考核师。

12. 考生完成考核项目后，提请考核师到工位处检查确认并登记相关内容，考核终止时间由考核师记录，考生签字确认；考生结束考核后不得再进行任何操作。

13. 考生不得擅自修改数控系统内的机床参数。

14. 考核师在考核结束前15分钟对考生作出提示。当听到考核结束指令时，考生应立即停止操作，不得以任何理由拖延考核时间。离开考核场地时，不得将草稿纸等与考核有关的物品带离考核现场。

二、考核内容

考试现场操作的方式，以批量加工中试切件为考核项目，根据零件图纸要求，以现场操作的方式，运用手工和CAD/CAM软件进行加工程序编制，操作多轴数控机床和其他工具，完成零件的加工和装配。具体完成以下考核任务：

1. 职业素养与文明生产。(10分)

2. 根据机械加工工艺过程卡，完成指定零件的机械加工工序卡（附件一）、数控加工刀具卡（附件二）、数控加工程序单（附件三）。(12分)

3. 零件编程及加工：（78 分）

（1）按照任务书要求，完成零件的加工。（16 分）

（2）零件主要尺寸精度、表面粗糙度达到合格要求。（58 分）

（3）根据自检表完成零件的部分尺寸自检。（4 分）

三、考核提供的考件及夹具要求

1. 毛坯选择 $\phi80\times50$ 内孔 $\phi18$ 的精毛坯，材料为铝 2A12，如图 1 所示。

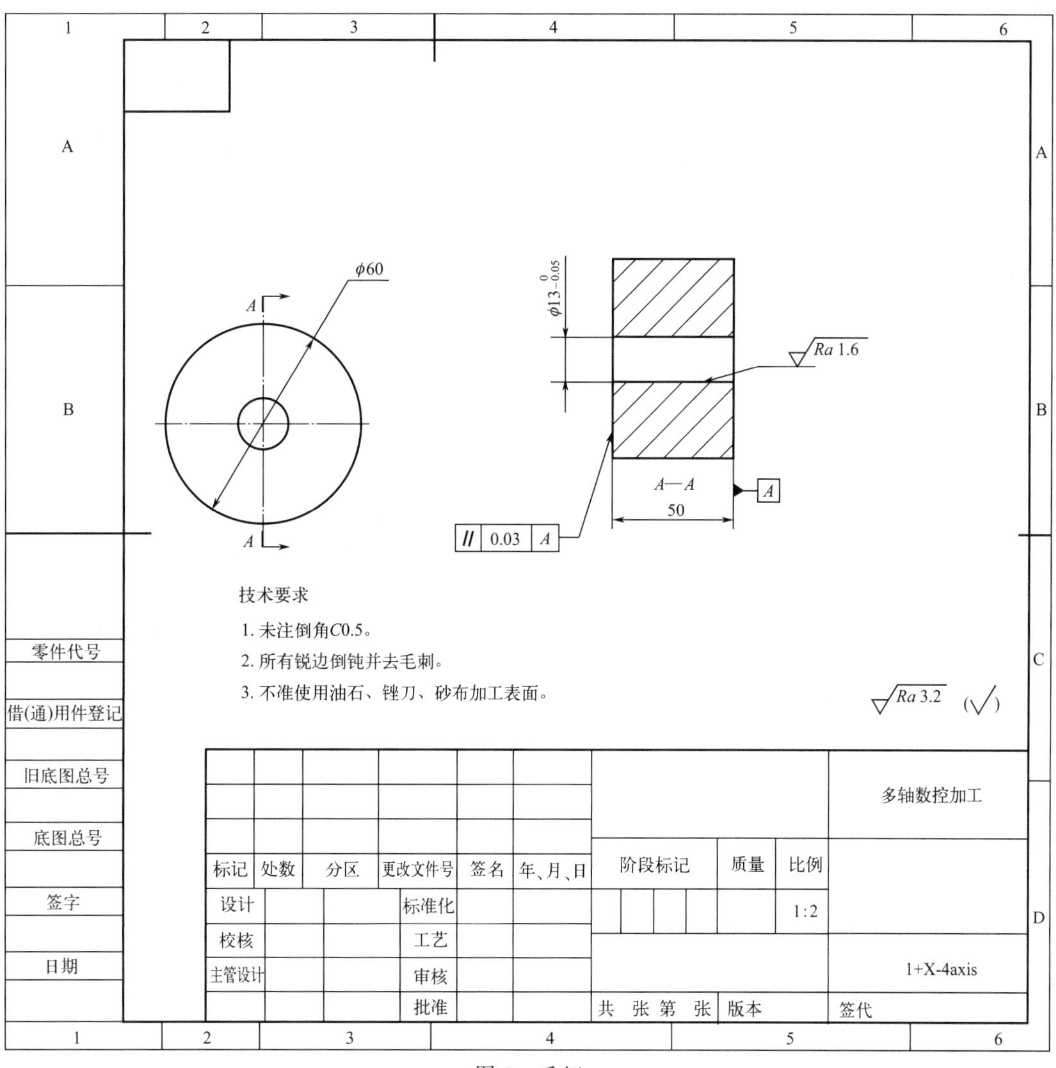

图 1 毛坯

注：每一名考生每次考试过程中只允许使用一个毛坯。

2. 考核点提供夹具（图 2）。

四、考核图纸

考核图纸见图 3。

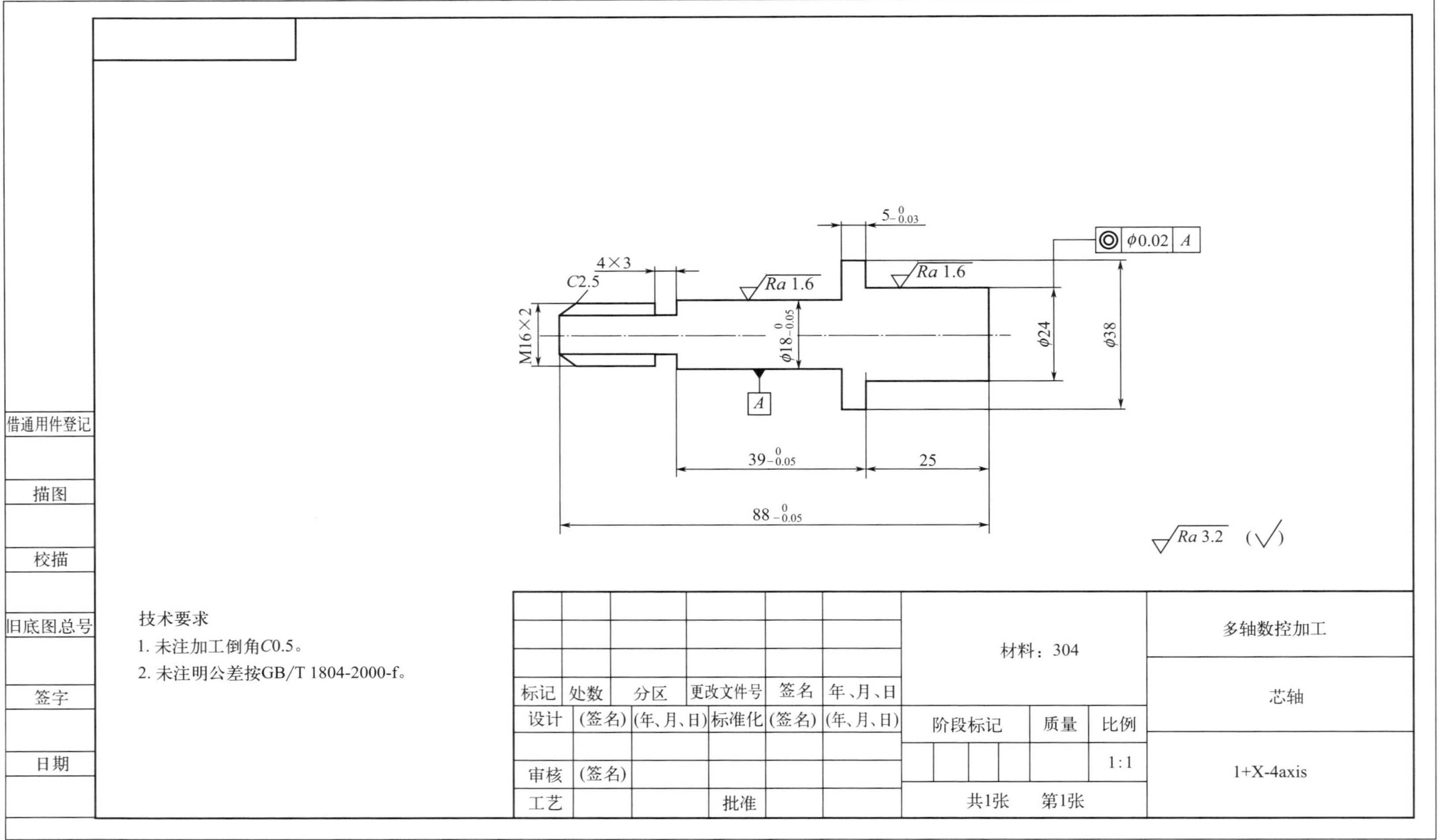

5$_{-0.03}^{0}$
φ0.02 A
4×3
C2.5
Ra 1.6
Ra 1.6
M16×2
φ18$_{-0.05}^{0}$
φ24
φ38
A
39$_{-0.05}^{0}$
25
88$_{-0.05}^{0}$
Ra 3.2 (√)
借通用件登记
描图
校描
旧底图总号
签字
日期
技术要求
1. 未注加工倒角C0.5。
2. 未注明公差按GB/T 1804-2000-f。
标记
处数
分区
更改文件号
签名
年、月、日
设计
(签名)
(年、月、日)
标准化
(签名)
(年、月、日)
审核
(签名)
工艺
批准
材料：304
阶段标记
质量
比例
1:1
共1张
第1张
多轴数控加工
芯轴
1+X-4axis

图 2　夹具

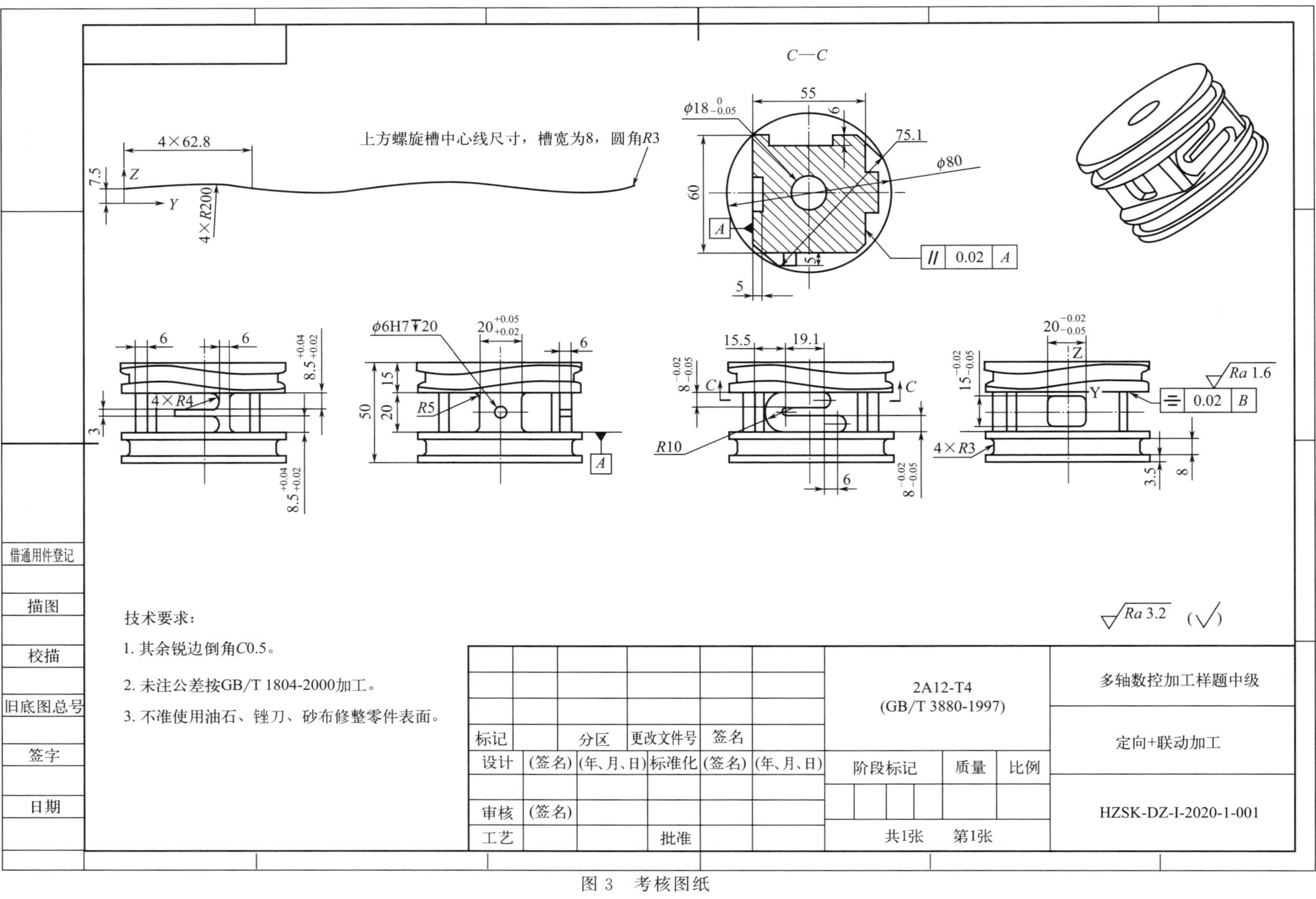
C—C
上方螺旋槽中心线尺寸，槽宽为8，圆角R3
技术要求：
1. 其余锐边倒角C0.5。
2. 未注公差按GB/T 1804-2000加工。
3. 不准使用油石、锉刀、砂布修整零件表面。
多轴数控加工样题中级
定向+联动加工
HZSK-DZ-I-2020-1-001
2A12-T4
(GB/T 3880-1997)
阶段标记
质量
比例
共1张
第1张
标记
分区
更改文件号
签名
设计
(签名)
(年、月、日)
标准化
(签名)
(年、月、日)
审核
(签名)
工艺
批准
借通用件登记
描图
校描
旧底图总号
签字
日期

图 3　考核图纸

五、数控加工工艺过程卡

零件名称	基座 1	数控加工工艺过程卡	毛坯种类	圆料	共 1 页
			材料	铝 2A12	第 1 页

工序号	工序名称	工序内容	设备	工艺装备
1	备料	毛坯选择 ϕ80×50 内孔为 ϕ18 的精毛坯，材料为 2A12		
2	多轴加工	定向开粗，精铣侧壁、底面，加工螺旋线槽、90°对称阶梯槽、U 形槽、J 形槽、E 向视图中央长槽、2 处环形圆弧槽，使其尺寸达到图纸要求	多轴机床	芯轴
3	多轴加工	点孔及钻 ϕ6H7 孔达到图纸要求及其倒角	多轴机床	芯轴
4	钳	锐边倒钝，去毛刺	钳台	台虎钳
5	清洗	用清洁剂清洗零件		
6	检验	按图样尺寸检测		

编制		日期		审核		日期	

附件一、数控加工工序卡

零件名称	基座 1	机械加工工序卡	工序号	20	工序名称		共 页
							第 页
材料		毛坯状态		机床设备		机床设备	

工步号	工步内容	刀具规格	刀具材料	量具	背吃刀量	进给量 /(mm/min)	主轴转速 /(r/min)

编制		日期		审核		日期	

考核师签字：　　　　考生签字：

日期　　　　日期

附件二、数控加工刀具卡

零件名称	基座 1		数控加工刀具卡			工序号	20	
工序名称			设备名称			设备型号		
工步号	刀具号	刀具名称	刀柄型号	刀具			补偿量/mm	备注
				直径 备注/mm	刀长/mm	刀尖 半径/mm		
编制		审核		批准		共　页	第　页	

考核师签字：　　　　　　　　考生签字：

日期　　　　　　　　　　　日期

附件三、数控加工程序单

数控加工程序单		产品名称		零件名称	基座 1	共　页
		工序号	20	工序名称		第　页
序号	程序编号	工序内容	刀具	切削深度 （相对最高点）	备注	
装夹示意图：				装夹说明：		
编程/日期			审核/日期			

考核师签字：　　　　　　　　考生签字：

日期　　　　　　　　　　　日期

六、零件自检表

<table>
<tr><td>零件名称</td><td colspan="4">基座 1</td><td colspan="2">允许读数误差</td><td colspan="2">±0.007mm</td><td rowspan="3">考评员评价</td></tr>
<tr><td rowspan="2">序号</td><td rowspan="2">项目</td><td rowspan="2">尺寸要求</td><td rowspan="2">使用的量具</td><td colspan="4">测量结果</td><td rowspan="2">项目判定</td></tr>
<tr><td>No. 1</td><td>No. 2</td><td>No. 3</td><td>平均值</td></tr>
<tr><td>1</td><td>长度</td><td>$20^{+0.02}_{-0.05}$</td><td></td><td></td><td></td><td></td><td></td><td>合否</td><td></td></tr>
<tr><td>2</td><td>长度</td><td>15±0.03</td><td></td><td></td><td></td><td></td><td></td><td>合否</td><td></td></tr>
<tr><td>3</td><td>内圆</td><td>$\phi 18^{0}_{-0.05}$</td><td></td><td></td><td></td><td></td><td></td><td>合否</td><td></td></tr>
<tr><td colspan="3">结论(对上述三个测量尺寸进行评价)</td><td colspan="6">合格品　　次品　　废品</td><td></td></tr>
<tr><td colspan="2">处理意见</td><td colspan="7"></td><td></td></tr>
</table>

考核师签字：　　　　考生签字：

日期　　　　日期

附录 3　1+X 等级考试高级样题

多轴数控加工职业技能等级
实操考核任务书
（高级）

一、考核大纲

1. 考核方式

考核分为理论知识考试、技能操作考核等考核方式。理论知识考试采用闭卷方式，职业素养与技能操作考核同步考核，采用现场实际操作方式。理论知识考试与技能操作考核均实行 100 分制，两项成绩皆合格者方能取得职业技能等级证书，每项成绩的有效期为半年。

考核时间：理论知识考试时间为 60 分钟，技能操作考核时间为 300 分钟。考核项目见表 1。

表 1　多轴数控加工高级考核项目

<table>
<tr><th rowspan="2">工作领域</th><th rowspan="2">工作任务</th><th rowspan="2">职业技能要求</th><th colspan="4">考核方式</th></tr>
<tr><th>理论</th><th>占比/%</th><th>实操</th><th>占比/%</th></tr>
<tr><td rowspan="8">1. 工艺与程序编制</td><td rowspan="6">1.1 工艺与夹具设计</td><td>1.1.1 能够根据机械制图国家标准，运用机械加工的理论知识，完成零件结构特点和加工技术要求的分析</td><td rowspan="6">√</td><td rowspan="6">25</td><td rowspan="6">√</td><td rowspan="6">10</td></tr>
<tr><td>1.1.2 能够根据机械制图国家标准，使用 CAD 软件，运用绘图方法和技巧，完成包含曲线、曲面特征的零件图的绘制</td></tr>
<tr><td>1.1.3 能根据机床说明书，运用五轴数控机床的理论知识，完成五轴数控机床床身结构、主轴系统、进给系统等机构装配图的读识</td></tr>
<tr><td>1.1.4 能够根据机械加工工艺原则，使用机械加工工艺手册，结合零件及机床特点，完成零件的五轴数控加工工艺的编写</td></tr>
<tr><td>1.1.5 能够根据机床夹具设计手册，运用机床夹具设计方法，设计五轴数控加工的专用夹具及辅助装置</td></tr>
<tr><td>1.1.6 能够根据零件加工工作任务要求，运用高速加工技术，完成五轴数控加工高速加工工艺的编制</td></tr>
<tr><td rowspan="2">1.2 自动编程与仿真</td><td>1.2.1 能够根据零件加工的要求，使用 CAD/CAM 软件，完成零件的实体、曲线曲面等造型</td><td rowspan="2">√</td><td rowspan="2">5</td><td rowspan="2">√</td><td rowspan="2">20</td></tr>
<tr><td>1.2.2 能够根据工作任务的要求，使用 CAD/CAM 软件，完成不同 CAD/CAM 软件之间的文件格式转换及数据模型的编辑与修复工作</td></tr>
</table>

续表

工作领域	工作任务	职业技能要求	考核方式			
			理论	占比/%	实操	占比/%
1. 工艺与程序编制	1.2 自动编程与仿真	1.2.3 能够根据五轴和高速数控加工要求，运用刀具路径的设定和优化方法，完成五轴数控加工的程序编写 1.2.4 能够根据五轴和高速加工的安全要求，运用CAM软件的加工刀路及实体仿真功能，完成刀具路径的准确性检验并解决五轴数控加工干涉问题 1.2.5 能够根据五轴数控系统的要求，使用后置处理方法，完成五轴数控机床后置处理器的选择并生成数控加工程序 1.2.6 能够根据五轴机床安全操作规程的要求，使用五轴数控仿真软件，完成加工过程的仿真、加工代码检查和干涉检查	√	5	√	20
2. 零件多轴数控加工与检测	2.1 加工准备	2.1.1 能够根据零件加工要求及机床特点，使用夹具的调整工具，完成加工定位基准的选择确定，并正确安装、调整夹具 2.1.2 能够根据工艺规程，运用组合夹具的调试方法，使用组合夹具完成异型零件的装夹 2.1.3 能够根据零件加工精度要求，运用误差分析方法，完成五轴数控机床夹具定位误差的分析计算 2.1.4 能够根据高速加工工艺要求，运用高速加工刀具系统的理论知识，完成高速加工刀具、刀柄的选择与安装 2.1.5 能够根据零件加工需要，使用刃磨工具或设备，完成专用刀具的刃磨	√	10	√	10
	2.2 五轴数控机床精度控制	2.2.1 能够根据五轴数控机床测头使用规范的要求，运用机床测头校正方法，完成数控机床测头精度的校正 2.2.2 能够根据五轴数控机床加工精度控制的要求，运用精度调整方法和使用工具，完成机床精度的调整 2.2.3 能够根据五轴数控机床加工精度控制的要求，运用修正刀具补偿值或修改程序的方法，完成零件加工精度的控制。	√	15	√	20

续表

工作领域	工作任务	职业技能要求	考核方式			
			理论	占比/%	实操	占比/%
2.零件多轴数控加工与检测	2.3五轴数控加工与质量分析	2.3.1能够根据工作任务的要求，运用五轴数控机床分度定向功能，在锁定旋转轴的情况下完成凸台、凹槽、螺纹、孔系、曲面等特征的加工，并达到以下要求： (1)尺寸公差等级：IT7 (2)定位公差等级：IT7 (3)表面粗糙度：$Ra\,1.6\mu m$	√	20	√	35
		2.3.2能够根据工艺规程要求，运用五轴数控机床，采用五轴联动加工方法，完成零件的加工				
		2.3.3能够根据工艺规程要求，运用高速加工工艺知识，完成高速加工机床参数的合理设置				
		2.3.4能够根据零件图要求，使用测量工具和设备，完成零件的加工精度的检测				
		2.3.5能够根据零件测量结果，运用误差分析的方法，完成加工质量的判断和寻找误差产生的原因				
		2.3.6能够根据产品的生产纲领和质量要求，运用质量管理的理论知识，完成质量优化的策略及加工工艺优化方案的制定				
	2.4生产组织与技术培训	2.4.1能够根据人力资源管理的制度，运用组织管理办法，完成班组会议的组织、团队工作计划的制定以及团队成员工作任务的合理分配和有效协调	√	5	×	
		2.4.2能够根据生产管理的制度，运用生产控制调度的方法，完成团队工作进度的控制、团队成员和团队整体的工作成效检查和评价以及工作改进方案制定				
		2.4.3能够根据质量管理的制度，运用质量控制的方法与手段，完成企业各项质量标准和管理规范的宣传和贯彻、个人和团队的工作质量的提以及生产安全和现场管理水平提高				
		2.4.4能够根据人力资源管理的制度，运用职业培训的方法，完成员工理论知识和加工操作的现场培训以及本职业初级、中级岗位人员提升理论知识和机床操作能力的指导				
		2.4.5能够根据所指导对象的实际情况，运用职业培训的方法，完成个性化的培训方案的制定，并能够根据团队工作目标和团队成员实际情况完成团队能力提升计划的制定与实施				

续表

工作领域	工作任务	职业技能要求	考核方式			
			理论	占比/%	实操	占比/%
3. 五轴数控机床维护	3.1 五轴数控机床日常维护	3.1.1 能够根据五轴数控机床的维护手册，使用机床维护维修的方法与工具，完成机床机械、电气、气压、液压及数控系统的日常检查和维护 3.1.2 能够根据五轴数控机床的维护手册，运用设备管理的理论知识，完成机床保养方案的制定与实施以及保养和使用情况的记录 3.1.3 能够根据设备管理制度，运用设备保养的方法，结合机床实际使用情况和技术状态，完成机床检修的计划、检修情况的记录，确保多轴数控机床处于正常技术状态	√	2	√	5
	3.2 五轴数控机床精度检验	3.2.1 能够根据五轴数控机床精度检验要求，使用检测仪器，完成五轴数控机床的几何精度检测 3.2.2 能够根据五轴数控机床精度检验要求，使用检测仪器，完成五轴数控机床的定位精度检测 3.2.3 能够根据五轴数控机床精度检验要求，运用测试标准件试加工的方法，完成五轴数控机床的工作精度检测 3.2.4 能够根据五轴数控机床精度检验要求，使用检测仪器和工具，完成五轴数控机床床身的水平调整	√	4	×	
	3.3 五轴数控机床故障分析	3.3.1 能够根据数控系统的报警信息，使用数控机床手册，完成机床液压、气动系统常见故障的判断分析及确认故障原因 3.3.2 能够根据数控系统的报警信息，使用数控机床手册，完成机床润滑、冷却系统常见故障的判断分析及确认故障原因 3.3.3 能够根据数控系统的报警信息，使用数控机床手册，完成主轴部件常见故障的判断分析及确认故障原因 3.3.4 能够根据数控系统的报警信息，使用数控机床手册，完成自动换刀及排屑装置常见故障的判断分析及确认故障原因	√	4	×	

续表

工作领域	工作任务	职业技能要求	考核方式			
			理论	占比/%	实操	占比/%
4. 新技术应用	4.1 多轴车铣复合加工	4.1.1 能够根据多轴车铣复合加工的理论知识，运用多轴车铣复合机床的分析方法，完成多轴车铣复合机床类型的区分以及车铣复合机床加工特性和适应范围的分析	√	5	×	
		4.1.2 能够根据多轴车铣复合机床结构和加工特性，完成常用车铣复合工艺系统产品的识别以及车铣复合刀具系统、夹具系统结构和功能的说明				
		4.1.3 能够根据零件结构特点和加工要求，运用多轴车铣复合加工的理论知识，完成多轴车铣复合加工方式的选择				
		4.1.4 能够根据多轴车铣复合机床的特性，完成车铣复合加工设备的操作，实现对零件的车削、铣削、镗削等复合加工				
	4.2 数控机床远程运行及维护	4.2.1 能够根据数控机床批量和实际需求，使用计算机网络技术，完成数控机床联网方案的选用	√	2	×	
		4.2.2 能够根据数控机床远程运维操作手册，使用远程运维平台，完成不同时间段产量情况的统计、产量分析以及加工时间和开机率的统计分析				
		4.2.3 能够根据数控机床远程运维操作手册，使用远程运维平台和故障案例库调用，完成故障解决方案的生成及数控机床故障的自主维修				
		4.2.4 能够根据数控机床远程运维操作手册，使用远程运维平台，完成数控机床故障的在线报修				
	4.3 智能制造工程实施	4.3.1 能够根据智能制造单元使用说明书，使用智能制造单元控制系统，完成生产任务调度及产品加工的管理	√	3	×	
		4.3.2 能根据工作任务要求，使用工业机器人虚拟仿真软件，完成工业机器人与数控机床加工的离线编程				
		4.3.3 能根据工作任务要求，使用CAD/CAM软件，完成关键制造工艺的数值模拟以及加工、装配的可视化仿真的建立				
		4.3.4 能够根据离散型智能制造模式的概念、特点、目标和要素条件，结合企业经营战略和产品特性，运用智能制造的理论知识，完成企业在智能制造转型过程中的生产布局、设备配置等技术方案制定				
合计			理论	100		100

2. 理论知识考试方案

（1）组卷

理论知识组卷从题库中选题，题型包括：单选题、多选题、判断题。方案用于确定理论知识考试的题型、题量、分值和配分等参数。

（2）考试方式

采用计算机机考，从题库抽题组卷，自动评卷。

总配分为 100 分，考核时间 60 分钟。

（3）理论知识组卷方案（见表 2）

表 2　理论知识组卷方案

题型	考试方式	鉴定题量	分值(分/题)	配分/分
单选题	闭卷	50	0.8	40
判断题		25	0.4	10
多选题		25	2	50
小计	—	100	—	100

3. 操作技能与职业素养考核方案

（1）组卷

鉴定考卷包含任务书、考件工程图、准备单、评分细则等文件。

（2）考试方式

编程题和操作题在鉴定设备上进行。

总配分为 100 分，考核时间 300 分钟。

（3）考试材料

考核用材料为铝合金 2A12，数量 1 件。

（4）加工要素（见表 3）

考核加工要素包括平面中的平面、垂直面、斜面、阶梯面、倒角铣削加工，轮廓中的直线、圆弧组成的平面轮廓（型腔、岛屿）铣削加工，曲面中常规曲面特征（以拉伸、旋转、扫掠的方式建模）及网格类、弯边类型曲面的铣削加工，孔类中（通孔、盲孔）的钻孔、扩孔、铰孔、铣孔等加工内容，槽类中的直槽、键槽、T 形槽等加工内容，特殊造型中叶片类薄壁特征加工、弯管类造型加工。

表 3　命题中的加工要素表

加工要素	考件
平面	必要
垂直面	必要
斜面	必要
阶梯面	必要
倒角	必要
平面轮廓(型腔、岛屿)	必要
常规曲面特征铣削	必要
网格类、弯边类型曲面特征铣削	可选
钻孔、扩孔、铰孔、铣孔、攻螺纹	必要

续表

加工要素	考件
镗孔	可选
直槽、键槽、T形槽	可选
特殊造型加工	可选
表面粗糙度要求	必要
定位公差要求	必要
五轴联动加工要求	必要

(5) 加工精度要求

加工等级最高为：尺寸公差等级达IT7级，定位公差等级达IT7级，表面粗糙度达到$Ra1.6\mu m$。

(6) 工作任务评分标准（见表4）

表4　工作任务评分表

序号	一级指标	比例	二级指标	分值
1	零件加工	90%	工件完成程度	5
			工件加工的尺寸精度	55
			定位公差要求	15
			表面粗糙度要求	15
2	职业素养与操作安全	10%	6S及职业规范	10
			安全文明生产(扣分制)	−5

(7) 考核设备

1) 考点配置的五轴加工中心其回转工作台直径不小于200mm，主轴转速不小于8000r/min；五轴加工中心数控系统应具备TCPM（刀具中心点管理）功能。每个考点建议配置五轴加工中心5～10台。

2) 现场每台机床配置装有CAD/CAM软件的高性能计算机及相应的机床附件。五轴加工要求配置仿真软件，加工程序在仿真无误后方能上机床加工。

3) 刀量具考生自带，清单由考试中心提前3个月公布。

4) 考点应使用三坐标检测设备测量工件。

5) 考点应配备摄像及加工设备现场数据采集装置，使考试中心可以实时监控考点并留下历史记录。

(8) 考核人员配置

考核人员与考生的比例不小于1∶3。

(9) 场地要求

1) 采光

应符合GB 50033的有关规定。

2) 照明

应符合GB 50034的有关规定。

3) 通风

应符合GB 50016和工业企业通风的有关要求。

4) 防火

应符合 GB 50016 有关厂房、仓库防火的规定。

5）安全与卫生

应符合 GBZ 1 和 GB/T 12801 的有关要求。安全标志应符合 GB 2893 和 GB 2894 的有关要求。

4. 其他考核

根据各试点院校及企业的需要，可以以答辩、研发成果、项目课题等替代相关考核成绩，从而获取职业技能等级证书。具体的形式和内容，由相关单位与培训评价组织武汉华中数控股份有限公司共同制定。

二、考核要求

1. CAD/CAM 软件由考点提供，考生不得使用自带软件；考生根据清单自带刀具、夹具、量具、工具等，禁止使用清单中所列规格之外的刀具，否则考核师有权决定终止考核。

2. 考生考核场次和考核工位由考点统一安排。

3. 考核时间为连续的 300 分钟。

4. 考生按规定时间到达指定地点，凭身份证进入考场。

5. 考生考核前 15 分钟进入考核工位，清点工具，确认现场条件无误；考核时间到方可开始操作。考生迟到 15 分钟取消考核资格。

6. 考生不得携带通信工具和其他未经允许的资料、物品进入考核场地，不得中途退场。如出现较严重的违规、违纪、舞弊等现象，考核师有权取消考核成绩。

7. 考生自备劳保用品（工作服、安全鞋、安全帽、防护镜），考核时应按照专业安全操作要求穿戴个人劳保防护用品，并严格遵照操作规程进行考核，符合安全、文明生产要求。

8. 考生的着装及所带用具不得出现标识。

9. 考核时间为连续进行，包括数控编程、零件加工、检测和清洁整理时间；考生休息、饮食和如厕时间都计算在考核时间内。

10. 考核过程中，考生须严格遵守相关操作规程，确保设备及人身安全，并接受考核师的监督和警示；如考生在考核中因违章操作出现安全事故，取消考核资格，成绩记零分。

11. 机床在工作中发生故障或产生不正常现象时应立即停机，保持现场，同时应立即报告当值考核师。

12. 考生完成考核项目后，提请考核师到工位处检查确认并登记相关内容，考核终止时间由考核师记录，考生签字确认；考生结束考核后不得再进行任何操作。

13. 考生不得擅自修改数控系统内的机床参数。

14. 考核师在考核结束前 15 分钟对考生作出提示。当听到考核结束指令时，考生应立即停止操作，不得以任何理由拖延考核时间。离开考核场地时，不得将草稿纸等与考核有关的物品带离考核现场。

三、考核内容

考生在规定时间内，根据部件和零件图纸要求，以现场操作的方式，运用手工和 CAD/CAM 软件进行加工程序编制，操作多轴数控机床和其他工具，完成零件的加工和装配。

四、考核图纸

考核图纸见图 1。

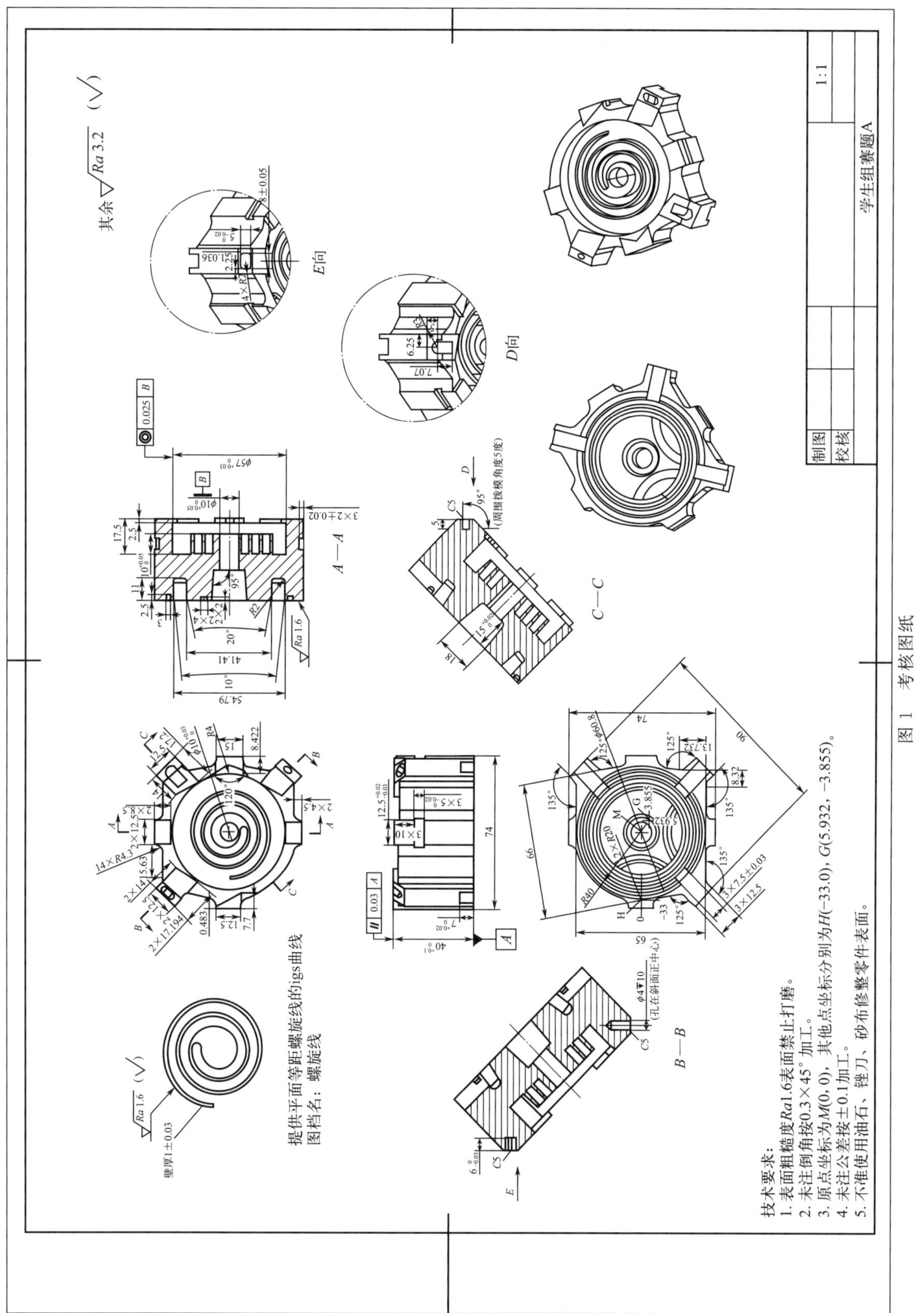

其余 Ra 3.2 (√)
E向
D向
A—A
B—B
C—C
(周圈拔模角度5度)
(孔在斜面正中心)
提供平面等距螺旋线的igs曲线
图档名：螺旋线
壁厚1±0.03
技术要求：
1. 表面粗糙度Ra1.6表面禁止打磨。
2. 未注倒角按0.3×45°加工。
3. 原点坐标为M(0,0)，其他点坐标分别为H(−33.0)，G(5.932，−3.855)。
4. 未注公差按±0.1加工。
5. 不准使用油石、锉刀、砂布修整零件表面。
1:1
学生组赛题A
制图
校核

图1 考核图纸

五、多轴数控加工职业技能等级实操考核（高级）考核准备单

多轴数控加工职业技能等级实操考核（高级）
毛坯及工量具准备清单

1. 考点设备

种类	机床型号	主要技术指标
五轴数控加工中心	TOM540	1. 最大行程：*X* 轴≥500mm，*Y* 轴≥360mm，*Z* 轴≥300mm，*A* 轴可倾斜角度≥−30°至+110°，*C* 轴回转角度 360°（任意） 2. 工作台：工作台（盘面）尺寸≥ϕ200mm，工件最大回转直径≥ϕ160mm 3. 主轴额定功率：≥3.7kW 4. 主轴转速：≥8000r/min 5. 刀库容量：≥12T 6. 精度要求：达到国家标准 7. 数控系统配置及主要要求： 1）位置控制分辨率≤0.001mm 2）*X*/*Y*/*Z* 轴交流伺服驱动 3）主轴交流伺服驱动 4）五轴联动 5）采用总线式数控系统 6）满足系统采用模块化、开放式体系结构，基于工业现场总线技术。总线控制、速度≥100Mb/s、≥4 通道、控制绝对编码器功能、纳米插补技术、高速刚性攻螺纹、多主轴控制、三维实体防碰撞技术、模块化、开放式体系结构、支持总线式远程 I/O 单元，支持 CF 卡、USB 以太网等程序展和数据交功能，具有智能曲面优化加工功能、热误差补偿功能、空间误差补偿功能、工艺参数优化功能、智能刀具寿命管理功能、机床健康保障功能

2. 考件

件 1：方料（图 2）。

尺寸：76mm×76mm×45mm。

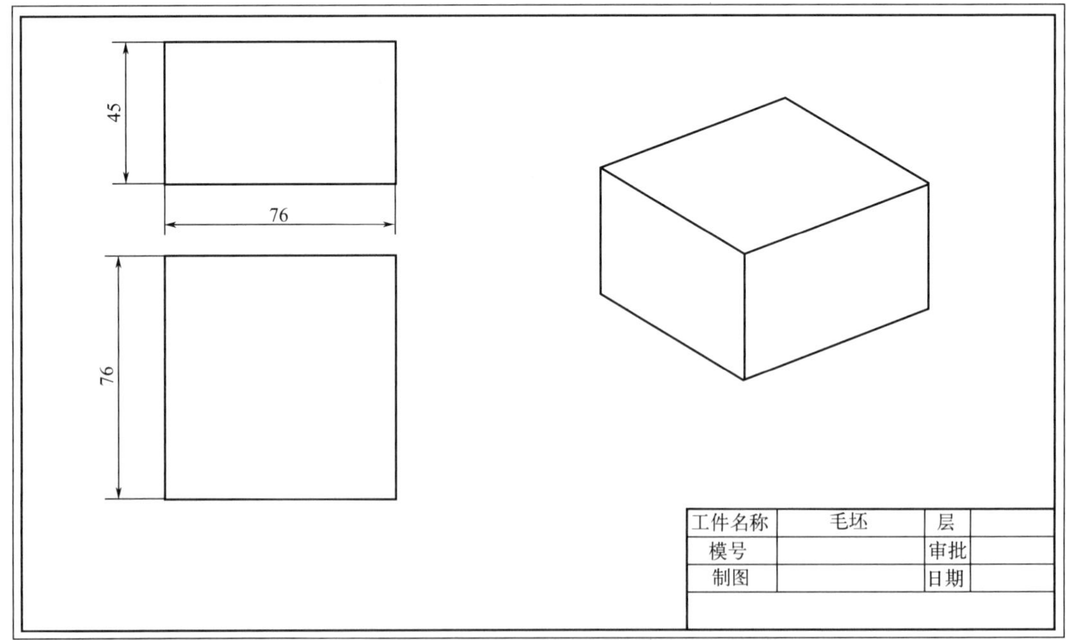

图 2　件 1

3. CAD/CAM 软件

序号	软件品牌
1	NX10
2	MasterCAM17
3	…

4. 工具及附件清单

（1）考点提供的工具及附件清单

序号	名称	规格	数量
1	油石		1块
2	毛刷		1把
3	棉布		若干
4	胶木榔头		1个
5	活动扳手		1个
6	卸刀扳手		1个
7	锉刀		1把
8	DNC连线及通信软件		各1
9	高性能电脑		1台

（2）考生自带的刀具、量具及附件清单

① 刀具清单

序号	名称	规格	数量
1	平底立铣刀	ϕ10、ϕ8、ϕ6、ϕ4、ϕ2	1
2	球刀	ϕ6、ϕ4、ϕ2	1
3	中心钻	ϕ3	1
4	钻头	ϕ8	1
5	钢板尺	150	1
6	倒角刀	ϕ6	1
7	刀柄	BT30	自定

② 工量具清单

序号	名称	规格	数量
1	百分表		1
2	杠杆百分表		1
3	磁力表座		1
4	外径千分尺	0～25mm	1
5		25～50mm	1
6	内径千分尺	0～25mm	1
7	游标卡尺	0～150mm	1

续表

序号	名称	规格	数量
8	深度千分尺	0～100mm	1
9	螺纹通止规	M5×0.8	1
10	对刀工具		自定

5. 考点提供的夹具

夹具：四爪单动卡盘。

六、考核评分表

多轴数控加工职业技能等级实操考核（高级）考核评分表

项目		多轴数控加工		考核变更号码			得分			
评分人										
审核人							等级	高级		
序号	考核项目	考核内容及要求			配分	评分标准	检测结果	扣分	得分	备注
1	零件（90分）	完成情况（20分）	1	*A* 向视图特征	2	未完成不得分				
			2	*B* 向视图特征	2	未完成不得分				
			3	*C* 向视图特征	3	未完成不得分				
			4	*D* 向视图特征	1	未完成不得分				
			5	*E* 向视图特征	3	未完成不得分				
			6	*F* 向视图特征	2	未完成不得分				
			7	箭头特征	1	未完成不得分				
			8	直径3密封凹槽	1	未完成不得分				
			9	直径10通孔	2	未完成不得分				
			10	3处宽度7.5凹槽	3	未完成不得分				
		表面粗糙度（5分）	整体 *Ra*3.2		5	每处降一级扣0.5分				
		重要面尺寸精度（65分）	1	$\phi 10^{+0.02}_{0}$	3	每超差0.01扣1分				
			2	15	3	超差不得分				
			3	2×8.5	4	超差不得分				
			4	螺旋线高度$10^{+0.05}_{0}$	3	每超差0.01扣1分				
			5	$\phi 57^{+0.05}_{0}$	3	每超差0.01扣1分				
			6	3×2±0.02	6	每超差0.01扣1分				
			7	8±0.05	3	每超差0.01扣1分				
			8	$6^{0}_{-0.03}$	3	每超差0.01扣1分				
			9	$40^{+0.02}_{0}$	3	每超差0.01扣1分				
			10	$7^{+0.03}_{0}$	3	每超差0.01扣1分				
			11	$12.5^{+0.02}_{-0.03}$	3	每超差0.01扣1分				

续表

<table>
<tr><th>序号</th><th>考核项目</th><th colspan="3">考核内容及要求</th><th>配分</th><th>评分标准</th><th>检测结果</th><th>扣分</th><th>得分</th><th>备注</th></tr>
<tr><td rowspan="9">1</td><td rowspan="9">零件（90分）</td><td rowspan="9">重要面尺寸精度（65分）</td><td>12</td><td>3×10</td><td>6</td><td>超差不得分</td><td></td><td></td><td></td><td></td></tr>
<tr><td>13</td><td>$3\times5_{-0.02}^{0}$</td><td>3</td><td>每超差0.01扣1分</td><td></td><td></td><td></td><td></td></tr>
<tr><td>14</td><td>直径4深度10</td><td>3</td><td>超差不得分</td><td></td><td></td><td></td><td></td></tr>
<tr><td>15</td><td>3×7.5±0.03</td><td>6</td><td>每超差0.01扣1分</td><td></td><td></td><td></td><td></td></tr>
<tr><td>16</td><td>3×12.5</td><td>2</td><td>超差不得分</td><td></td><td></td><td></td><td></td></tr>
<tr><td>17</td><td>74</td><td>2</td><td>超差不得分</td><td></td><td></td><td></td><td></td></tr>
<tr><td>18</td><td>90</td><td>2</td><td>超差不得分</td><td></td><td></td><td></td><td></td></tr>
<tr><td>19</td><td>$15_{0}^{+0.02}$</td><td>2</td><td>每超差0.01扣1分</td><td></td><td></td><td></td><td></td></tr>
<tr><td>20</td><td>$5_{-0.02}^{0}$</td><td>2</td><td>每超差0.01扣1分</td><td></td><td></td><td></td><td></td></tr>
<tr><td colspan="3">合计</td><td colspan="8"></td></tr>
<tr><td rowspan="3">2</td><td rowspan="3">安全文明生产（10分）</td><td>文明生产（5分）</td><td>1</td><td>1. 工作态度好
2. 着装规范
3. 未受伤
4. 刀具、工具、量具的放置规范
5. 工件装夹、刀具安装规范
6. 正确使用量具
7. 卫生、设备保养
8. 关机后机床停放位置合理</td><td></td><td>每违反一条扣1分，最多扣5分，扣完为止</td><td></td><td></td><td></td><td></td></tr>
<tr><td>操作规范（5分）</td><td>1</td><td>1. 撞刀
2. 加工中使用锉刀或砂布
3. 加工场地工量具摆放混乱</td><td></td><td>每违反一条扣2分</td><td></td><td></td><td></td><td></td></tr>
<tr><td>其他</td><td>1</td><td colspan="7">发生重大事故（人身和设备安全事故等）、严重违反工艺原则和情节严重的野蛮操作等，由考核师决定取消其实操考证资格</td></tr>
<tr><td colspan="3">合计扣分</td><td colspan="8"></td></tr>
</table>

说明：每检测项目单独扣分，超差扣完为止，不另扣总分。

项目号	得分
加工零件	
安全文明生产	
总得分	
核准签字